《生物数学丛书》编委会

主　　编：陈兰荪

编　　委：（以姓氏笔画为序）

李镇清　　张忠占　　陆征一

周义仓　　徐　瑞　　唐守正

靳　祯　　滕志东

执行编辑：胡庆家

生物数学丛书　26

常微分方程稳定性基本理论及应用

滕志东　张　龙　编著

科学出版社

北　京

内 容 简 介

常微分方程稳定性理论和 Lyapunov 函数方法的重要价值与意义在一百多年来的发展历史中已经得到了充分的证明，形成了从理论到应用的一个非常丰富的体系.

本书较系统地介绍了常微分方程稳定性理论和 Lyapunov 函数方法的基础内容和应用，从中读者可基本了解常微分方程稳定性理论的发展状况和研究方法. 本书共计二十一节内容，可划分为两个部分. 第一部分从第 1 节到第 12 节，内容包括：基本定理，稳定性基本定义，Lyapunov 函数，稳定、渐近稳定、不稳定和全局稳定的基本定理，解的渐近性质，稳定性比较方法，解的有界性定理等. 第二部分从第 13 节到第 21 节，内容包括：Lyapunov 函数构造方法基础和稳定性理论在力学系统、商品价格系统、种群动力系统、传染病模型、控制系统和神经网络的基本应用等.

本书适用于数学各专业高年级本科生和研究生，以及从事微分方程理论及应用教学与科学研究的教师与科技工作者.

图书在版编目(CIP)数据

常微分方程稳定性基本理论及应用/滕志东，张龙编著. —北京：科学出版社，2022.4
(生物数学丛书；26)
ISBN 978-7-03-070499-3

Ⅰ.①常…　Ⅱ.①滕…②张…　Ⅲ.①常微分方程　Ⅳ.①O175.1

中国版本图书馆 CIP 数据核字(2021)第 225878 号

责任编辑：胡庆家　贾晓瑞／责任校对：彭珍珍
责任印制：吴兆东／封面设计：陈　敬

斜 学 出 版 社 出版
北京东黄城根北街 16 号
邮政编码：100717
http://www.sciencep.com
北京中石油彩色印刷有限责任公司 印刷
科学出版社发行　各地新华书店经销
*
2022 年 4 月第 一 版　开本：720×1000 1/16
2024 年 2 月第三次印刷　印张：12 1/4
字数：245 000
定价：88.00 元
(如有印装质量问题，我社负责调换)

《生物数学丛书》序

　　传统的概念：数学、物理、化学、生物学，人们都认定是独立的学科，然而在 20 世纪后半叶开始，这些学科间的相互渗透、许多边缘性学科的产生，各学科之间的分界已渐渐变得模糊了，学科的交叉更有利于各学科的发展，正是在这个时候数学与计算机科学逐渐地形成生物现象建模，模式识别，特别是在分析人类基因组项目等这类拥有大量数据的研究中，数学与计算机科学成为必不可少的工具. 到今天，生命科学领域中的每一项重要进展，几乎都离不开严密的数学方法和计算机的利用，数学对生命科学的渗透使生物系统的刻画越来越精细，生物系统的数学建模正在演变成生物实验中必不可少的组成部分.

　　生物数学是生命科学与数学之间的边缘学科，早在 1974 年就被联合国教科文组织的学科分类目录中作为与 "生物化学" "生物物理" 等并列的一级学科."生物数学" 是应用数学理论与计算机技术研究生命科学中数量性质、空间结构形式，分析复杂的生物系统的内在特性，揭示在大量生物实验数据中所隐含的生物信息. 在众多的生命科学领域，从 "系统生态学""种群生物学""分子生物学" 到 "人类基因组与蛋白质组即系统生物学" 的研究中，生物数学正在发挥巨大的作用，2004 年 Science 杂志在线出了一期特辑，刊登了题为 "科学下一个浪潮——生物数学" 的特辑，其中英国皇家学会院士 Lan Stewart 教授预测，21 世纪最令人兴奋、最有进展的科学领域之一必将是 "生物数学".

　　回顾 "生物数学" 我们知道已有近百年的历史：从 1798 年 Malthus 人口增长模型，1908 年遗传学的 Hardy-Weinberg"平衡原理"，1925 年 Voltera 捕食模型，1927 年 Kermack-Mckendrick 传染病模型到今天令人注目的 "生物信息论"，"生物数学" 经历了百年迅速的发展，特别是 20 世纪后半叶，从那时期连续出版的杂志和书籍就足以反映出这个兴旺景象；1973 年左右，国际上许多著名的生物数学杂志相继创刊，其中包括 Math Biosci，J. Math Biol 和 Bull Math Biol；1974 年左右，由 Springer-Verlag 出版社开始出版两套生物数学丛书：*Lecture Notes in Biomathematics* (二十多年共出书 100 部) 和 *Biomathematics* (共出书 20 册)；新加坡世界科学出版社正在出版 *Book Series in Mathematical Biology and Medicine* 丛书.

　　"丛书" 的出版，既反映了当时 "生物数学" 发展的兴旺，又促进了 "生物数学" 的发展，加强了同行间的交流，加强了数学家与生物学家的交流，加强了生物数学学科内部不同分支间的交流, 方便了对年轻工作者的培养.

从 20 世纪 80 年代初开始, 国内对 "生物数学" 发生兴趣的人越来越多, 他 (她) 们有来自数学、生物学、医学、农学等多方面的科研工作者和高校教师, 并且从这时开始, 关于 "生物数学" 的硕士生、博士生不断培养出来, 从事这方面研究、学习的人数之多已居世界之首. 为了加强交流, 为了提高我国生物数学的研究水平, 我们十分需要有计划、有目的地出版一套 "生物数学丛书", 其内容应该包括专著、教材、科普以及译丛, 例如: 生物数学、生物统计教材; 数学在生物学中的应用方法; 生物建模; 生物数学的研究生教材; 生态学中数学模型的研究与使用等.

中国数学会生物数学学会与科学出版社经过很长时间的商讨, 促成了 "生物数学丛书" 的问世, 同时也希望得到各界的支持, 出好这套丛书, 为发展 "生物数学" 研究, 为培养人才作出贡献.

陈兰荪

2008 年 2 月

前　言

　　稳定性的概念最早来源于力学，主要刻画了干扰性因素对一个力学系统运动的影响. 所谓干扰性因素，就是那些在描述物体运动时由于与基本力相比很小而未曾加以考虑的力. 这些力常常是不确切知道的，它们可以是瞬间的作用，因而引起力学系统初始状态的微小变化. 也可以作用于物体运动的整个过程. 微小的干扰因素对于一个力学系统的不同运动的影响是不一样的. 对于一些运动来说，这种影响并不显著，因而随着时间的变化，受干扰的运动和不受干扰的运动始终相差很小. 反之，对于另一些运动来说，干扰因素的影响就可能很显著，以至于无论干扰因素多么小，随着时间的变化，受干扰的运动和不受干扰的运动可能相差很大. 简单地说，属于第一类的运动我们称为稳定的运动，而属于第二类的运动我们就称为不稳定的运动.

　　特别地，对于一个刚体运动系统来说，它的平衡位置就是这个力学系统的一个特殊状态. 通常我们说这个平衡位置是稳定的，就是指刚体在受到干扰力的作用从它的平衡位置发生微小的移动，但随着时间的推移，仍然能够回到它原有的平衡位置. 反之，如果刚体不能回到它原有的平衡位置，我们就说这个平衡位置是不稳定的. 最明显的例子就是单摆，这里所谓的单摆，是指一端悬挂于一个固定支点的刚性细杆，可以绕支点做 360 度旋转，另一端系一个质点，杆的质量忽略不计，质点在重力作用下可在垂直平面上来回摆动，如下图所示.

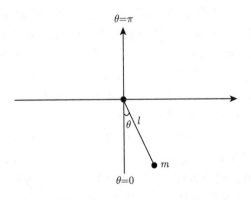

　　单摆的平衡位置有两个：一个是夹角 $\theta = 0$，另一个是夹角 $\theta = \pi$. 显然，我们都知道，$\theta = 0$ 是稳定的平衡位置，而 $\theta = \pi$ 是不稳定的平衡位置.

关于稳定性研究的早期工作主要是研究物体的平衡位置的稳定性问题. 最早的一个稳定性原理是以意大利科学家 Torricelli 命名的一个定律, 即物体的重心处于最低位置的平衡位置是稳定的. 后来, 稳定性的研究逐步发展到研究运动的稳定性. 而且所谓运动, 也不限于物体的运动, 任何事物的变化都是一种运动, 都存在着是否稳定的问题. 因此运动稳定性的研究在现代已经超出了力学的范围, 进入了许多其他的自然科学领域.

稳定性是一个非常具有实用意义的概念. 事实上, 对于任何一项我们将要实施的工程来说, 稳定性问题的研究往往是这个工程能否最终实现, 并且达到理想目标的关键. 以发射人造卫星为例, 我们要求卫星按照预定的轨道运行, 如果这个运动不是稳定的, 这个要求就无法实现或者实现得很不理想, 从而卫星的发射也就不会成功. 大量的工程中都存在着类似的问题. 因此稳定性理论的研究对于科学技术的发展具有重要的意义.

由于任何一个实际的系统, 不论是力学系统、电学系统、生态系统、经济系统, 还是其他学科领域内的系统, 都可以通过建立数学中的微分方程、差分方程, 或者是其他类型的方程来描述, 而这些实际系统的任何一个运动都对应于所建立的数学方程的某一个解. 因此, 一个实际系统的运动的稳定性问题就转化为所对应的数学方程的解的稳定性问题. 稳定性理论研究的核心内容就是要建立各类具有不同实际意义或实际应用的稳定性概念的精确的数学描述, 以及建立关于这些稳定性概念的各种不同的判别准则, 特别是充分必要的判别准则. 然后将这些判别准则应用于实际问题, 用来判断所考察的具体运动是稳定的还是不稳定的, 以及具有怎样的稳定性特征.

为稳定性理论作出开创性贡献的是俄国科学家李雅普诺夫 (A.M. Lyapunov), 他于 1882—1892 年完成的在理论和实际上均具有普遍意义的博士论文《运动稳定性的一般问题》, 首次从数学的角度给出了稳定性的精确定义, 开创了常微分方程的解的稳定性理论. Lyapunov 从类似于物体的总能量的物理概念得到了启示, 提出了后来被人们称为 Lyapunov 函数的研究方法, 将一般常微分方程的解的稳定性的讨论转化为讨论一个标量函数 (Lyapunov 函数) 以及它对常微分方程的全导数的某些特性的研究, 成功地避开了具体求解常微分方程的困难, 从而建立了常微分方程稳定性研究的基本框架.

Lyapunov 的这一工作影响巨大, 在稳定性理论的一百多年来的历史中已经得到了充分的证明. 在理论上, 稳定性理论和 Lyapunov 函数方法已经从原来的常微分方程领域发展到了积分方程、泛函微分方程、差分方程、随机微分方程和偏微分方程领域等等, 从有限维空间发展到了无穷维空间; 在应用上, 已经从力学领域发展到了自动控制、机械、航空、航天、电力、化工、生态、农业、经济、能源、管理和系统工程等许多科学领域. 目前, 稳定性理论和 Lyapunov 函数方法已经形成了从理论到应用的一个非常丰富的体系.

本书较系统地介绍了常微分方程稳定性理论的基础内容和应用, 从中读者可基本了解到常微分方程稳定性理论的发展状况和研究方法. 具备数学分析、线性代数、解析几何、常微分方程基础理论和泛函分析初步知识的读者都可以读通本书.

本书共计二十一节内容, 可划分为两个部分. 第一部分从第 1 节到第 12 节, 主要介绍了常微分方程稳定性理论的基本概念和基本定理. 基本概念包括: 解的稳定性、不稳定性和一致稳定性; 解的吸引性、一致吸引性和全局吸引性; 解的渐近稳定性、一致渐近稳定性和全局渐近稳定性; 解的有界性、等度有界性和一致有界性; 解的最终有界性、等度最终有界性和一致最终有界性; Lyapunov 函数、Lyapunov 函数的全导数、Lyapunov 函数的常号及定号性、Lyapunov 函数的无穷小上界和无穷大性质; 等等. 基本定理包括: 解的稳定性的 Lyapunov 型基本定理; 解的渐近稳定性的 Lyapunov 型基本定理; 解的不稳定性的 Lyapunov 型基本定理; 解的全局渐近稳定性的 Lyapunov 型基本定理; 解的渐近性质的 Lyapunov 型基本定理; 解的一般有界性和最终有界性的 Lyapunov 型基本定理; 稳定性的 Lyapunov 型比较原理; 等等. 第二部分从第 13 节到第 21 节, 主要介绍了 Lyapunov 函数构造理论基础和稳定性理论应用基础. 内容包括: 常系数线性微分方程组的二次型 Lyapunov 函数的存在性; 线性近似决定的稳定性; 二次型 Lyapunov 函数的巴尔巴欣公式; 构造非线性微分方程 Lyapunov 函数的类比法; 力学系统的稳定性问题; 控制系统的稳定性问题; 生态系统的稳定性问题; 动态经济系统的稳定性问题; 传染病动力学系统的稳定性问题; 人工神经网络动力学系统的稳定性问题; 等等.

本书在撰写过程中得到了新疆大学数学与系统科学学院和部分教师的大力支持和积极参与, 特别是麦合布拜教授、夏米西努尔教授、蒋海军教授、张龙教授、聂麟飞教授、胡成教授、张太雷教授 (长安大学理学院) 积极参与了部分内容的撰写, 并提出了许多宝贵的意见, 使得本书的内容更加准确和完善. 在此, 我们表示最诚挚的感谢!

本书编写过程中参考的文献在书后列出, 作者谨致谢意.

作　者

2021 年 3 月

目　录

第 1 节   常微分方程基本概念

1.1   常微分方程的定义

设 $R = (-\infty, \infty)$, R^n 表示 n 维欧氏空间, 对任何向量 $x \in R^n$, x 的模记为 $|x|$. 设 $\Omega \subset R \times R^n$ 是一个区域, $f : \Omega \to R$ 是一个已知的标量函数. 设 $x = x(t)$ 是一个以 $t \in R$ 为自变量的未知函数, 则如下关系式

$$\frac{d^n x}{dt^n} = f\left(t, x, \frac{dx}{dt}, \cdots, \frac{d^{n-1}x}{dt^{n-1}}\right) \tag{1.1}$$

称为一个 n 阶常微分方程, 简称 n 阶方程.

进一步, 设 $f : \Omega \to R^n$ 是一个已知的 n 维向量函数. 设 $x = x(t)$ 是一个以 $t \in R$ 为自变量的 n 维向量未知函数, 则如下关系式

$$\frac{dx}{dt} = f(t, x) \tag{1.2}$$

称为一个 n 维一阶常微分方程组, 简称一阶方程组.

如果我们令

$$x = (x_1, x_2, \cdots, x_n), \quad \frac{dx}{dt} = \left(\frac{dx_1}{dt}, \frac{dx_2}{dt}, \cdots, \frac{dx_n}{dt}\right)$$

和

$$f(t, x) = (f_1(t, x), f_2(t, x), \cdots, f_n(t, x)),$$

则一阶方程组 (1.2) 可以写成如下联立方程组的形式:

$$\begin{cases} \dfrac{dx_1}{dt} = f_1(t, x_1, x_2, \cdots, x_n), \\[2mm] \dfrac{dx_2}{dt} = f_2(t, x_1, x_2, \cdots, x_n), \\[2mm] \quad \cdots\cdots \\[2mm] \dfrac{dx_n}{dt} = f_n(t, x_1, x_2, \cdots, x_n). \end{cases}$$

此外, n 阶方程 (1.1) 也可以通过引进如下的变量转化成一阶方程组的形式. 具体方法如下: 设 $x_1 = x$, $x_2 = \dfrac{dx}{dt}$, $\cdots$, $x_n = \dfrac{d^{n-1}x}{dt^{n-1}}$, 则我们有

$$
\begin{cases}
\dfrac{dx_1}{dt} = x_2, \\[2mm]
\dfrac{dx_2}{dt} = x_3, \\[2mm]
\cdots\cdots \\[2mm]
\dfrac{dx_{n-1}}{dt} = x_n, \\[2mm]
\dfrac{dx_n}{dt} = f(t, x_1, x_2, \cdots, x_n).
\end{cases}
$$

这是一个 n 维的一阶方程组.

由于任何一个 n 阶方程都可以通过上述方法转化为一个 n 维的一阶方程组, 因此从第 2 节开始我们只对一阶方程组进行讨论.

1.2 解 的 定 义

设 $x = x(t)$ 是定义于区间 $I \subset R$ 上的有直到 n 阶导数的标量函数, 如果

$$
\frac{d^n x(t)}{dt^n} \equiv f\left(t, x(t), \frac{dx(t)}{dt}, \cdots, \frac{d^{n-1}x(t)}{dt^{n-1}}\right) \quad \text{对一切} \quad t \in I,
$$

则称 $x(t)$ 是 n 阶方程 (1.1) 定义在区间 I 上的一个解.

设 $x = x(t)$ 是定义于区间 $I \subset R$ 上的有一阶导数的 n 维向量函数, 如果我们有

$$
\frac{dx(t)}{dt} \equiv f(t, x(t)) \quad \text{对一切} \quad t \in I,
$$

则称 $x(t)$ 是一阶方程组 (1.2) 定义在区间 I 上的一个解.

显然, 一个常微分方程可以有许多个解. 将一个方程的所有解放在一起组成一个函数集合, 称为这个方程的解集合. 为了确定常微分方程的某个固定的解, 就需要确定这个解的定解条件. 定解条件通常有初始条件和边界条件. 这里我们主要关心初始条件. 对于 n 阶方程 (1.1), 初始条件通常定义为如下形式:

$$
x(t_0) = x_0, \ \frac{dx(t_0)}{dt} = x_1, \cdots, \frac{d^{n-1}x(t_0)}{dt^{n-1}} = x_{n-1}, \tag{1.3}
$$

其中 $t_0 \in R$ 称为初始时刻, $x_0, x_1, \cdots, x_{n-1}$ 称为初始值, 它们都是已知的值. 对于一阶方程组 (1.2), 初始条件通常定义为如下形式:

$$
x(t_0) = x_0, \tag{1.4}
$$

其中 $t_0 \in R$ 称为初始时刻, $x_0 \in R^n$ 称为初始值, 并且它们都是已知的值.

确定 n 阶方程 (1.1) 的满足初始条件 (1.3) 的解的问题称为 n 阶方程 (1.1) 的初值问题, 通常记为

$$
\begin{cases}
\dfrac{d^n x}{dt^n} = f\left(t, x, \dfrac{dx}{dt}, \cdots, \dfrac{d^{n-1}x}{dt^{n-1}}\right), \\[2mm]
x(t_0) = x_0, \dfrac{dx(t_0)}{dt} = x_1, \cdots, \dfrac{d^{n-1}x(t_0)}{dt^{n-1}} = x_{n-1}.
\end{cases}
$$

确定一阶方程组 (1.2) 的满足初始条件 (1.4) 的解的问题称为一阶方程组 (1.2) 的初值问题, 通常记为

$$
\begin{cases}
\dfrac{dx}{dt} = f(t, x), \\[2mm]
x(t_0) = x_0.
\end{cases}
$$

1.3　相空间、轨线、平衡点、周期解

对于一阶方程组 (1.2), 我们称变量 x 所在的空间 R^n 为它的相空间.

设 $x = x(t, t_0, x_0)$ 是一阶方程组 (1.2) 的满足初始条件 (1.4) 的解, 定义区间为 I, 显然 $t_0 \in I$. 则相空间 R^n 中的集合

$$
J = \{x : x = x(t), t \in I\}, \quad J_+ = \{x : x = x(t), t \in I, t \geqslant t_0\}
$$

和

$$
J_- = \{x : x = x(t), t \in I, t \leqslant t_0\}
$$

分别称为解 $x(t, t_0, x_0)$ 所对应的轨线、正半轨线和负半轨线. 有时也称轨线为积分曲线.

对于一阶方程组 (1.2), 如果存在一个常数向量 $x = x^*$ 使得 $f(t, x^*) \equiv 0$ 对一切 $t \in R$, 则称 $x = x^*$ 是它的一个平衡点.

显然, 一阶方程组 (1.2) 的平衡点 $x = x^*$ 也是它的一个解, 并且是常数解.

设 $x = x(t)$ 是方程组 (1.2) 定义于 $[t_0, \infty)$ 上的一个解, 如果存在常数 $\omega > 0$ 使得 $x(t + \omega) = x(t)$ 对一切 $t \in [t_0, \infty)$ 成立, 则称 $x(t)$ 是方程组 (1.2) 的一个周期解, 且 ω 是它的一个周期. 注意, ω 可能不唯一.

设 $T = \inf\{\omega : \omega$ 是周期解 $x(t)$ 的一个周期 $\}$. 如果 $T > 0$, 则 T 也是周期解 $x(t)$ 的一个周期, 称为最小周期. 通常, 我们称 $T > 0$ 是解 $x(t)$ 的周期, 指的就是它的最小周期. 此时 $x(t)$ 也被称作 T-周期解.

平衡点和周期解是方程组 (1.2) 的两类特殊解, 它们在一阶方程组 (1.2) 的解的性质的研究中具有非常重要的作用.

1.4   自治方程、周期方程、线性方程

在常微分方程理论中, 我们通常把方程组 (1.2) 称为非自治的微分方程组, 简称非自治方程组. 若方程组 (1.2) 的右端函数 $f(t, x)$ 不显含时间 t, 即方程组 (1.2) 变为

$$\frac{dx}{dt} = f(x), \tag{1.5}$$

这里 $f(x)$ 是定义在在区域 $G \subset R^n$ 上的已知几维向量函数, 且满足局部的 Lipschitz 条件, 此时我们称为自治的微分方程组简称自治方程组. 若方程组 (1.2) 的右端函数 $f(t, x)$ 关于 t 是周期的, 即存在常数 $\omega > 0$ 使得对任何的 $(t, x) \in R \times G$ 都有

$$f(t + \omega, x) = f(t, x),$$

则我们称方程组 (1.2) 是周期的微分方程组, 也称作 ω-周期方程组. 显然自治的和周期的方程组都是非自治方程组的特殊情况. 若方程组 (1.2) 的右端函数 $f(t, x)$ 关于 x 是线性的, 即

$$f(t, x) = A(t)x + f(t),$$

其中, $A(t)$ 是 $n \times n$ 函数矩阵, $f(t)$ 是 n 维向量函数, 则称方程组 (1.2) 是非齐次线性方程组, 即

$$\frac{dx}{dt} = A(t)x + f(t), \tag{1.6}$$

若有 $f(t) \equiv 0$, 即

$$\frac{dx}{dt} = A(t)x, \tag{1.7}$$

则称为齐次线性方程组, 若还有 $A(t) \equiv A$ 为一个常数矩阵, 即

$$\frac{dx}{dt} = Ax, \tag{1.8}$$

则称为常系数齐次线性方程组.

第 2 节　基本定理

本节将介绍常微分方程解的一些基本定理, 即解的存在唯一性定理、解的延拓定理、解对初值的连续性定理, 以及解对参数的连续性定理, 它们是本书所涉及内容的理论基础.

考虑如下一般形式的 n 维常微分方程组

$$\frac{dx}{dt} = f(t, x), \tag{2.1}$$

其中 $x = (x_1, x_2, \cdots, x_n) \in R^n$, $t \in R$, $f(t, x)$ 是定义于区域 $\Omega \subset R \times R^n$ 上的 n 维向量函数, 即 $f(t, x) = (f_1(t, x), f_2(t, x), \cdots, f_n(t, x)) \in R^n$.

定义 2.1　(1) 称 $f(t, x)$ 在 Ω 上关于 x 满足 Lipschitz 条件, 如果存在常数 $L > 0$ 使得对任意的 (t, x_1), $(t, x_2) \in \Omega$ 都有

$$|f(t, x_1) - f(t, x_2)| \leqslant L|x_1 - x_2|.$$

(2) 称 $f(t, x)$ 在 Ω 上关于 x 满足局部的 Lipschitz 条件, 如果对任意的 $(t_0, x_0) \in \Omega$, 存在 (t_0, x_0) 的一个邻域 $U = U(t_0, x_0) \subset \Omega$ 和一个常数 $L = L(t_0, x_0) > 0$, 使得对任意的 (t, x_1), $(t, x_2) \in U$ 都有

$$|f(t, x_1) - f(t, x_2)| \leqslant L|x_1 - x_2|.$$

这里, 常数 L 通常称为 Lipschitz 常数.

在本节中我们始终假设方程组 (2.1) 的右端函数 $f(t, x)$ 在 Ω 上连续, 并且关于 x 满足局部的 Lipschitz 条件.

首先研究方程组 (2.1) 的初值问题的解的存在唯一性问题, 我们有下面的结果.

定理 2.1 (解的存在唯一性定理)　对任何 $(t_0, x_0) \in \Omega$, 初值问题

$$\begin{cases} \dfrac{dx}{dt} = f(t, x), \\ x(t_0) = x_0 \end{cases} \tag{2.2}$$

存在唯一的解 $x = \phi(t)$, 定义于区间 $\Delta = [t_0 - h, t_0 + h]$, 且满足 $\phi(t_0) = x_0$, 这里 $h > 0$ 是某个确定的常数.

关于这个定理的证明我们有许多种方法, 其中之一就是逐步逼近法, 这个方法在常微分方程教程中都有叙述. 还有一个方法就是使用 Banach 压缩映射原理. 下面我们介绍这个方法.

证明　选取 (t_0, x_0) 在 Ω 中的一个矩形邻域如下:

$$R(t_0, x_0) = \{(t, x) : |t - t_0| \leqslant a, \ |x - x_0| \leqslant b\},$$

并且使得 $f(t, x)$ 在此邻域内关于 x 满足 Lipschitz 条件, L 为相应的 Lipschitz 常数, 其中 a 和 b 是正常数. 我们令常数

$$M = \max\{|f(t, x)| : (t, x) \in R(t_0, x_0)\}, \quad h = \min\left\{a, \frac{b}{M}\right\}.$$

首先, 不难证明, 在定理条件下, 初值问题 (2.2) 的定义于 Δ 上的解的存在唯一性等价于如下积分方程

$$x(t) = x_0 + \int_{t_0}^{t} f(s, x(s))ds \tag{2.3}$$

的定义于 Δ 上的连续解的存在唯一性.

不失一般性, 以下我们只就 Δ 的右半区间 $\Delta^+ = [t_0, t_0 + h]$ 来讨论, 至于左半区间的情况是类似的.

我们用 $C[\Delta^+]$ 表示所有定义于 Δ^+ 上的 n 维连续函数 $\phi(t) : \Delta^+ \to R^n$ 构成的空间, 并且定义它的模为

$$\|\phi\| = \max\{|\phi(t)|e^{-\beta t} : t \in \Delta^+\},$$

其中 $\beta > L$ 是一个常数. 空间 $C[\Delta^+]$ 有下面的一个重要性质.

压缩映射原理　设 D 是空间 $C[\Delta^+]$ 中的一个非空闭子集, 而 T 是 D 到其自身的一个映射. 设存在常数 $0 < \alpha < 1$ 使得对任意的 $\phi_1, \phi_2 \in D$ 有

$$\|T(\phi_1) - T(\phi_2)\| \leqslant \alpha\|\phi_1 - \phi_2\|.$$

则必存在唯一的 $\phi_0 \in D$ 使得 $T(\phi_0) = \phi_0$.

这个原理是由波兰数学家 Banach 建立的, 也称作 Banach 压缩映射原理. 它是泛函分析理论中一个非常重要的结果, 在泛函分析教程中都有证明, 因此我们这里就不给出证明了.

选取 $C[\Delta^+]$ 中的一个闭子集合

$$D = \{\phi \in C[\Delta^+] : |\phi(t) - x_0| \leqslant b, \ t \in \Delta^+\}.$$

定义 D 上的映射 T 如下

$$T : \psi(t) = x_0 + \int_{t_0}^{t} f(s, \phi(s))ds, \quad \phi \in D.$$

对于任何 $\phi \in D$, 由于对一切 $t \in \Delta^+$ 有

$$|T\phi(t) - x_0| = \left| \int_{t_0}^{t} f(s, \phi(s))ds \right| \leqslant Mh \leqslant b,$$

所以 $T\phi \in D$, 即 T 是 D 到 D 的一个映射. 又对任何的 $\phi_1, \phi_2 \in D$, 当 $t \in \Delta^+$ 时有

$$
\begin{aligned}
&|T\phi_1(t) - T\phi_2(t)| \\
&= \left| \int_{t_0}^{t} [f(s, \phi_1(s)) - f(s, \phi_2(s))]ds \right| \\
&\leqslant L \int_{t_0}^{t} |\phi_1(s) - \phi_2(s)|e^{-\beta s}e^{\beta s}ds \\
&\leqslant \frac{L}{\beta} \max_{t \in \Delta^+}\{|\phi_1(t) - \phi_2(t)|e^{-\beta t}\}e^{\beta t}.
\end{aligned}
$$

于是

$$|T\phi_1(t) - T\phi_2(t)|e^{-\beta t} \leqslant \frac{L}{\beta} \max\{|\phi_1(t) - \phi_2(t)|e^{-\beta t}\}.$$

从而

$$\|T\phi_1 - T\phi_2\| \leqslant \frac{L}{\beta}\|\phi_1 - \phi_2\|.$$

由于 $\dfrac{L}{\beta} < 1$, 所以 T 也是 D 到 D 的一个压缩映射. 因此, 由上面给出的压缩映射原理得知, 存在唯一的 $\phi \in D$ 使得 $T\phi = \phi$, 即

$$\phi(t) = x_0 + \int_{t_0}^{t} f(s, \phi(s))ds, \quad t \in \Delta^+.$$

于是, $x = \phi(t)$ 是积分方程 (2.3) 定义于 Δ^+ 上的唯一连续解. 证毕.

作为解的存在唯一性定理的推论, 我们有下面的结果.

推论 2.1　设 $D \subset \Omega$ 是一个有界闭子集, 则存在只依赖于集合 D 的常数 $h > 0$ 使得对任何 $(t_0, x_0) \in D$, 初值问题 (2.2) 都存在唯一的解 $x = \phi(t, t_0, x_0)$ 定义于区间 $[t_0 - h, t_0 + h]$, 并且满足 $\phi(t_0, t_0, x_0) = x_0$.

注意: 定理中的解 $x = \phi(t)$ 在区间 Δ 上的唯一性是指, 如果 $x = \psi(t)$ 也是初值问题 (2.2) 的定义于 Δ 上的解, 则一定有 $\phi(t) = \psi(t)$ 对一切 $t \in \Delta$.

此外, 如果函数 $f(t,x)$ 在 Ω 上连续, 并且存在连续的偏导数 $\dfrac{\partial f_i(t,x)}{\partial x_j}$ $(i,j=1,2,\cdots,n)$, 则一定有 $f(t,x)$ 在 Ω 上关于 x 满足局部的 Lipschitz 条件.

上述解的存在唯一性定理给出的解的存在区间一般来说是一个非常小的区间, 即正常数 h 一般情况下是一个很小的数. 那么能不能得到在一个更大区间定义的解呢? 因此, 我们进一步需要研究方程组 (2.1) 的解的延拓问题, 我们首先给出下面关于延拓解的定义.

定义 2.2 设 $x=\phi(t)$ 和 $x=\psi(t)$ 都是方程组 (2.1) 的解, 分别定义于区间 I_1 和 I_2, 如果满足

(1) $I_1 \subset I_2$, 且 $I_1 \neq I_2$;

(2) 在 I_1 上有 $\phi(t)=\psi(t)$.

则称 $x=\psi(t)$ 是 $x=\phi(t)$ 的一个延拓解.

如果解 $x=\phi(t)$ 存在一个延拓解, 则称 $x=\phi(t)$ 是可延拓的解. 否则, 称为不可延拓的解. 不可延拓解也称饱和解. 饱和解的最大定义区间一定是一个开区间.

对定义于区间 $\Delta=[t_0-h,\, t_0+h]$ 上的解 $x=\phi(t)$ 进行延拓的具体方法在常微分方程教程中都有非常详细的描述, 这里不再重述. 我们下面只给出解的延拓定理.

定理 2.2 (解的延拓定理) (1) 方程组 (2.1) 的通过任何初始点 $(t_0,x_0)\in\Omega$ 的解 $x=\phi(t)$ 都可以延拓成为一个饱和解.

(2) 以向 t 增大的方向延拓来说, 如果解 $x=\phi(t)$ 只能延拓到区间 $[t_0,m)$, 则我们必有

$$\lim_{t\to m^-}\{\rho(M(t),\,\partial\Omega)^{-1}+|M(t)|\}=\infty,$$

其中 $M(t)=(t,\phi(t))$, $|M(t)|$ 表示点 $M(t)$ 在 R^{n+1} 中的模, $\partial\Omega$ 表示区域 Ω 的边界, 而 $\rho(M(t),\,\partial\Omega)^{-1}$ 表示点 $M(t)$ 到集合 $\partial\Omega$ 的距离的倒数. 特别地, 若 $\Omega=R^n$, 则我们规定 $\rho(M(t),\,\partial\Omega)^{-1}=0$.

证明 结论 (1) 的证明比较复杂, 我们这里省略, 感兴趣的读者可以查阅常微分方程基础理论方面的专著. 下面只给出结论 (2) 的证明. 如果 $m=+\infty$, 则我们显然有 $|M(t)|\to+\infty$, $t\to+\infty$. 从而必有

$$\lim_{t\to m^-}\{\rho(M(t),\,\partial\Omega)^{-1}+|M(t)|\}=+\infty.$$

因此, 在下面的证明中我们始终假设 $m<\infty$. 采用反证法, 假设定理的结论也不成立. 于是存在单调增加时间序列 $\{t_n\}$, 且 $\lim_{n\to\infty}t_n=m$, 使得

$$|\phi(t_n)|\leqslant M_0, \tag{2.4}$$

并且

$$\rho((t_n, \phi(t_n)), \partial\Omega) \geqslant \varepsilon_0, \tag{2.5}$$

这里 M_0 和 ε_0 是正常数. 由 (2.4) 得知, $\{\phi(t_n)\}$ 有一个收敛的子序列. 因此, 不妨假设 $\lim_{n\to\infty} \phi(t_n) = x^*$. 又由 (2.5) 得知 $(m, x^*) \in \Omega$. 下面证明一定有

$$\lim_{t\to m^-} \phi(t) = x^*. \tag{2.6}$$

为此, 对任给的 $\varepsilon > 0$, 且 ε 充分小, 使得闭区域

$$\overline{R} = \{(t, x) : |t - m| \leqslant \varepsilon, |x - x^*| \leqslant \varepsilon\} \subset \Omega.$$

令 $M = \max\{|f(t, x)| : (t, x) \in \overline{R}\}$. 选取一个 t_n 使得满足

$$|\phi(t_n) - x^*| < \frac{1}{2}\varepsilon, \quad M(m - t_n) < \frac{1}{2}\varepsilon, \quad m - t_n < \varepsilon. \tag{2.7}$$

现在证明当 $t_n \leqslant t < m$ 时一定有

$$|\phi(t) - x^*| \leqslant \varepsilon. \tag{2.8}$$

事实上, 若存在一个 $t \in (t_n, m)$ 有 $|\phi(t) - x^*| > \varepsilon$, 则由解 $x = \phi(t)$ 的连续性, 存在 $\eta \in (t_n, m)$ 使得 $|\phi(\eta) - x^*| = \varepsilon$ 和 $|\phi(t) - x^*| < \varepsilon$ 对一切 $t_n \leqslant t < \eta$. 这样, 一方面由 (2.7) 的第一个式子得到

$$|\phi(\eta) - \phi(t_n)| \geqslant |\phi(\eta) - x^*| - |\phi(t_n) - x^*| > \frac{1}{2}\varepsilon.$$

但另一方面, 由 (2.3) 和 (2.7) 的第二个式子得到

$$|\phi(\eta) - \phi(t_n)| = \left|\int_{t_n}^{\eta} f(s, \phi(s))ds\right| \leqslant M(\eta - t_n) < \frac{1}{2}\varepsilon.$$

于是矛盾. 因此 (2.8) 式成立. 从而证明了 (2.6) 成立.

由于 $(m, x^*) \in \Omega$, 由解的存在唯一性定理得知, 方程组 (2.1) 必存在一个解 $x = \psi(t)$, 定义于某个区间 $[m - \beta, m + \beta]$, 且 $\beta > 0$ 和 $\psi(m) = x^*$. 现定义一个函数

$$\overline{\phi}(t) = \begin{cases} \phi(t), & t \in [t_0, m), \\ \psi(t), & t \in [m, m + \beta], \end{cases}$$

显然, 在区间 $[t_0, m)$ 和 $(m, m + \beta)$ 上 $x = \overline{\phi}(t)$ 是方程组 (2.1) 的解. 下面证明, 在 $t = m$ 处, $x = \overline{\phi}(t)$ 也满足方程组 (2.1). 事实上, 由于 $x = \psi(t)$ 是方程组 (2.1) 的定义在 $[m, m + \beta]$ 上的解, 并且 $\overline{\phi}(m) = \psi(m) = x^*$, 因此

$$\left.\frac{d\psi(t)}{dt}\right|_{t=m} = f(m, \psi(m)).$$

于是, $x = \overline{\phi}(t)$ 在 $t = m$ 处的右导数为

$$\left. \frac{d\overline{\phi}(t)}{dt} \right|_{t=m^+} = f(m, \overline{\phi}(m)).$$

又由于在区间 $[t_0, m)$ 上有

$$\phi(t) = x_0 + \int_{t_0}^{t} f(s, \phi(s))ds,$$

因此根据 (2.6) 我们可以得到

$$x^* = \lim_{t \to m^-} \phi(t) = \lim_{t \to m^-} \left(x_0 + \int_{t_0}^{t} f(s, \phi(s))ds \right) = x_0 + \int_{t_0}^{m} f(s, \phi(s))ds.$$

这表明

$$\overline{\phi}(m) = x_0 + \int_{t_0}^{m} f(s, \overline{\phi}(s))ds.$$

于是, 计算 $x = \overline{\phi}(t)$ 在 $t = m$ 处的左导数, 则有

$$\left. \frac{d\overline{\phi}(t)}{dt} \right|_{t=m^-} = f(m, \overline{\phi}(m)).$$

因此, 我们最终有

$$\left. \frac{d\overline{\phi}(t)}{dt} \right|_{t=m} = f(m, \overline{\phi}(m)).$$

这表明 $x = \overline{\phi}(t)$ 在 $t = m$ 满足方程组 (2.1). 所以, $x = \overline{\phi}(t)$ 是方程组 (2.1) 定义于区间 $[t_0, m + \beta)$ 上的解. 显然 $x = \overline{\phi}(t)$ 是 $x = \phi(t)$ 的一个延拓解. 矛盾. 证毕.

作为解的延拓定理的推论, 我们有下面的结果.

推论 2.2 对于方程组 (2.1), 设区域 $\Omega = R_+ \times G$, 其中 $G \subset R^n$ 是一个区域. 设 $x = \phi(t)$ 是方程组 (2.1) 定义于区间 $I = [t_0, \alpha)$ 上的右行饱和解, 若存在有界闭区域 $D \subset G$ 使得 $\phi(t) \in D$ 对一切 $t \in I$, 则一定有 $\alpha = \infty$, 即解 $\phi(t)$ 在 $[t_0, \infty)$ 上有定义.

下面我们继续研究方程组 (2.1) 的解关于初值的连续性问题. 考虑初值问题

$$\begin{cases} \dfrac{dx}{dt} = f(t, x), \\ x(t_0) = x_0, \end{cases}$$

其中初始点 $(t_0, x_0) \in \Omega$. 由解的存在唯一性定理和解的延拓定理, 我们得到这个初值问题存在唯一的饱和解 $x = \phi(t)$. 显然, 当初始点 (t_0, x_0) 在区域 Ω 内变动时, 解 $x = \phi(t)$ 也跟着变动. 因此, 解 $x = \phi(t)$ 可以看成是点 (t, t_0, x_0) 的函数, 即我们有 $\phi(t) = \phi(t, t_0, x_0)$, 它的定义域为区域

$$V = \{(t, t_0, x_0) : \alpha(t_0, x_0) < t < \beta(t_0, x_0), (t_0, x_0) \in \Omega\},$$

这里区间 $(\alpha(t_0, x_0), \beta(t_0, x_0))$ 是解 $x = \phi(t, t_0, x_0)$ 延拓成为一个饱和解的最大存在区间, $\alpha(t_0, x_0)$ 和 $\beta(t_0, x_0)$ 是两个依赖于初始点 (t_0, x_0) 的常数, 且 $\alpha(t_0, x_0)$ 可以是 $-\infty$, $\beta(t_0, x_0)$ 可以是 $+\infty$. 现在的问题是: 函数 $x = \phi(t, t_0, x_0)$ 在其定义域 V 上是否为 (t, t_0, x_0) 的连续函数.

下面为了叙述简便, 我们始终记 $x = \phi(t, t_0, x_0)$ 为方程组 (2.1) 满足初始条件 $x(t_0) = x_0$ 的解. 首先引入下面的引理.

引理 2.1 设函数 $f(t, x)$ 在区域 $D \subset \Omega$ 上连续, 且关于 x 满足 Lipschitz 条件, L 为相应的 Lipschitz 常数. 设 $x = \phi(t)$ 和 $x = \psi(t)$ 是方程组 (2.1) 的位于区域 D 内的两个解, 且定义于公共区间 $[a, b]$ 上. 设 $t_0 \in [a, b]$, 则有

$$|\phi(t) - \psi(t)| \leqslant |\phi(t_0) - \psi(t_0)|e^{L|t - t_0|}, \quad t \in [a, b].$$

证明 引入辅助函数

$$V(t) = (\phi(t) - \psi(t))^{\mathrm{T}}(\phi(t) - \psi(t)),$$

则在其公共区间 $[a, b]$ 上有

$$\frac{dV(t)}{dt} = 2(\phi(t) - \psi(t))^{\mathrm{T}}(f(t, \phi(t)) - f(t, \psi(t))).$$

根据 Lipschitz 条件, 我们进一步有

$$-2LV(t) \leqslant \frac{dV(t)}{dt} \leqslant 2LV(t), \quad t \in [a, b].$$

当 $t \in [t_0, b]$ 时, 得到 $\ln V(t) - \ln V(t_0) \leqslant 2L(t - t_0)$. 于是 $V(t) \leqslant V(t_0)e^{2L(t - t_0)}$. 当 $t \in [a, t_0]$ 时, 得到 $\ln V(t_0) - \ln V(t) \geqslant -2L(t_0 - t)$. 即 $V(t) \leqslant V(t_0)e^{2L(t_0 - t)}$. 于是

$$V(t) \leqslant V(t_0)e^{2L|t - t_0|}, \quad t \in [a, b].$$

两边取平方根即得引理结论. 证毕.

引理 2.2 设 $(t_0, x_0) \in \Omega$, $x = \phi(t, t_0, x_0)$ 是方程组 (2.1) 定义于闭区间 $[a, b]$ 上的解, 且 $a < t_0 < b$. 则对任何 $\varepsilon > 0$ 存在 $\delta = \delta(\varepsilon, a, b) > 0$, 且 δ 不依赖于

(t_0, x_0), 使得当 $(s_0 - t_0)^2 + (y_0 - x_0)^2 < \delta^2$ 时方程组 (2.1) 的解 $x = \phi(t, s_0, y_0)$ 在区间 $[a, b]$ 上也有定义, 并且满足

$$|\phi(t, s_0, y_0) - \phi(t, t_0, x_0)| < \varepsilon, \quad t \in [a, b].$$

证明　为了叙述简便, 我们记 $\phi(t) = \phi(t, t_0, x_0)$ 和 $\psi(t) = \phi(t, s_0, y_0)$. 首先, 由于曲线段

$$S = \{(t, x) : x = \phi(t), t \in [a, b]\}$$

是区域 Ω 中的有界闭集, 又由于 $f(t, x)$ 在 Ω 上关于 x 满足局部的 Lipschitz 条件, 因此存在一个包含 S 的有界闭区域 $D \subset \Omega$ 使得 $f(t, x)$ 在此区域上关于 x 满足 Lipschitz 条件, 并且 S 到区域 D 的边界的距离 $\rho(S, \partial D) = \rho_0 > 0$, 如图 2.1 所示. 设 Lipschitz 常数为 L.

对任给的 $0 < \varepsilon < \rho_0$, 我们断言, 必存在正数 $\delta = \delta(\varepsilon, a, b) > 0$, 且 $\delta < \varepsilon$, 使得只要初始点 $(s_0, y_0) \in D$ 满足

$$(s_0 - t_0)^2 + (y_0 - x_0)^2 < \delta^2, \tag{2.9}$$

则解 $x = \psi(t)$ 在区间 $[a, b]$ 上必有定义.

事实上, 由于 D 是有界闭区域, 因此根据解的延拓定理, 解 $x = \psi(t)$ 必能延拓到区域 D 的边界上. 设它在 D 的边界上的点为 $(c, \psi(c))$ 和 $(d, \psi(d))$, 且 $c < s_0 < d$. 显然只需证明 $c \leqslant a$ 和 $d \geqslant b$, 如图 2.1 所示.

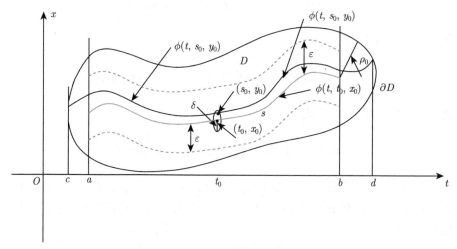

图 2.1

由于 $t_0 \in (a, b)$, 故只要 δ 取得足够小, 就可以使得满足条件 (2.9) 的 s_0 也有 $s_0 \in (a, b)$. 假设 $d < b$, 则由引理 2.1 得知在解 $x = \phi(t)$ 和 $x = \psi(t)$ 的公共定义

区间 $[s_0, d]$ 上有

$$|\psi(t) - \phi(t)| \leqslant |\psi(s_0) - \phi(s_0)|e^{L|t-s_0|}. \tag{2.10}$$

由于 $x = \phi(t)$ 关于 t 连续, 因此对 $\delta_1 = \dfrac{1}{2}\varepsilon e^{-L(b-a)}$, 存在 $0 < \delta = \delta(\varepsilon, a, b) < \delta_1$, 使得当 $|s_0 - t_0| < \delta$ 时有 $|\phi(s_0) - \phi(t_0)| < \delta_1$. 于是, 当条件 (2.9) 成立时在区间 $[s_0, d]$ 上我们有

$$\begin{aligned}
|\psi(t) - \phi(t)|^2 &\leqslant |\psi(s_0) - \phi(s_0)|^2 e^{2L|t-s_0|} \\
&\leqslant (|\psi(s_0) - \phi(t_0)| + |\phi(t_0) - \phi(s_0)|)^2 e^{2L|t-s_0|} \\
&\leqslant 2(|\psi(s_0) - \phi(t_0)|^2 + |\phi(t_0) - \phi(s_0)|^2) e^{2L|t-s_0|} \\
&< 2(|y_0 - x_0| + \delta_1^2) e^{2L(b-a)} \\
&< 4\delta_1^2 e^{2L(b-a)} = \varepsilon^2. \tag{2.11}
\end{aligned}$$

因此, $|\psi(t) - \phi(t)| < \varepsilon < \rho_0$ 对一切 $t \in [s_0, d]$, 特别地, 有 $|\psi(d) - \phi(d)| < \rho_0$. 因为 $(d, \psi(d)) \in \partial D$, 并且 $\rho((d, \phi(d)), (d, \psi(d))) \geqslant \rho_0$, 于是又有 $|\phi(d) - \psi(d)| \geqslant \rho_0$, 矛盾. 因此解 $x = \psi(t)$ 在区间 $[s_0, b]$ 上有定义. 同理可证, 解 $x = \psi(t)$ 在区间 $[a, s_0]$ 上也有定义.

由于解 $x = \psi(t)$ 在 $[a, b]$ 上有定义, 故 $x = \phi(t)$ 和 $x = \psi(t)$ 就有公共定义区间 $[a, b]$. 于是不等式 (2.10) 在 $[a, b]$ 上成立. 这样我们可以在不等式 (2.11) 中将区间 $[s_0, d]$ 换成 $[a, b]$, 得知当条件 (2.9) 成立时就有

$$|\phi(t, s_0, y_0) - \phi(t, t_0, x_0)| < \varepsilon, \quad t \in [a, b].$$

证毕.

应用引理 2.2, 我们能容易地证明下面的解对初值的连续性定理.

定理 2.3 (解对初值的连续性定理) 方程组 (2.1) 的解 $x = \phi(t, t_0, x_0)$ 作为 (t, t_0, x_0) 的函数在其定义域 V 上是连续的.

最后我们引入解对参数的连续性问题. 考虑含有参数 $\lambda \in R^m$ 的微分方程组

$$\frac{dx}{dt} = f(t, x, \lambda). \tag{2.12}$$

用 G_λ 表示 $R \times R^n \times R^m$ 中的区域. 我们假设向量函数 $f(t, x, \lambda)$ 在 G_λ 上连续, 并且在 G_λ 内一致地对参数 λ 关于 x 满足局部的 Lipschitz 条件. 即对任何点 $(t_0, x_0, \lambda_0) \in G_\lambda$, 存在它的一个邻域 U 和一个与 λ 无关的正数 $L = L(t_0, x_0)$, 使得对任何 $(t, x_1, \lambda), (t, x_2, \lambda) \in U$ 都有

$$|f(t, x_1, \lambda) - f(t, x_2, \lambda)| \leqslant L|x_1 - x_2|.$$

由解的存在唯一性定理和解的延拓定理, 对任何点 $(t_0, x_0, \lambda_0) \in G_\lambda$, 方程组

$$\frac{dx}{dt} = f(t, x, \lambda_0)$$

通过初始点 (t_0, x_0) 存在唯一的饱和解 $x = \phi(t, t_0, x_0, \lambda_0)$, 且它的最大存在区间为 $(\alpha(t_0, x_0, \lambda_0),\ \beta(t_0, x_0, \lambda_0))$. 关于解 $x = \phi(t, t_0, x_0, \lambda_0)$ 对初值 (t_0, x_0) 和参数 λ_0 的连续性, 我们有下面的定理.

定理 2.4 (解对初值和参数的连续性定理) 方程组 (2.12) 的解 $x = \phi(t, t_0, x_0, \lambda_0)$ 作为 (t, t_0, x_0, λ_0) 的函数在其定义域

$$V = \{(t, t_0, x_0, \lambda_0) : \alpha(t_0, x_0, \lambda_0) < t < \beta(t_0, x_0, \lambda_0),\ (t_0, x_0, \lambda_0) \in G_\lambda\}$$

上是连续的.

此定理的证明比较复杂, 我们省略. 进一步, 作为常微分方程理论的基本定理, 我们还有解对初值和参数的可微性定理, 由于在本书的后续内容中没有涉及可微性定理, 因此我们在这里省略, 感兴趣的读者可以查阅常微分方程基础理论的专著或教材.

第 3 节　稳定性的基本定义

在前言中我们从力学角度引进了一个力学系统的平衡位置或者它的某个特殊运动的稳定性的概念. 现在的问题是如何在数学上研究力学系统的稳定性问题. 采用数学方法研究力学系统的稳定性, 首先必须建立描述力学系统的数学模型. 我们在常微分方程课程中已经看到, 一个力学系统, 例如单摆系统、弹性振动系统等等, 可以用一个常微分方程来描述. 著名数学物理学家拉格朗日在 18 世纪就已经证明了, 在一般情况下任何一个力学系统都可以用微分方程来描述, 今天我们称这个微分方程为拉格朗日方程. 如今我们已经知道不仅是力学系统, 电力系统、生态系统、经济系统、控制系统等等, 在一般情况下都可以用一个微分方程来描述.

当一个力学系统用一个微分方程来描述时, 这个力学系统的任何一个具体的运动状态就对应于微分方程的一个具体的解. 它的平衡位置或者它的某个特殊运动就对应于微分方程的一个特殊解. 从而关于力学系统的平衡位置或者它的某个特殊运动的稳定性就可以用微分方程的一个特殊解的稳定性来刻画. 那么如何在数学上对一个微分方程的特殊解的稳定性进行描述呢? 著名数学家 Lyapunov 在 19 世纪 90 年代首先从数学上给出了微分方程的解的稳定性概念, 这就是我们今天所说的 Lyapunov 意义下的稳定性. 后来, 经过半个世纪的发展, 到了 20 世纪 50 年代, 微分方程的解的稳定性概念就已经发展成为一个非常丰富的理论体系. 下面我们详细介绍微分方程的解的稳定性定义.

考虑一般的 n 维常微分方程组

$$\frac{dx}{dt} = f(t, x), \tag{3.1}$$

其中 $t \in R_+ = [0, \infty)$ 为时间变量, $x \in R^n$ 为状态变量. 设 G 是 R^n 中的一个区域. 设 n 维向量函数 $f(t, x)$ 在 $R_+ \times G$ 上有定义、连续, 并且关于 x 满足局部的 Lipschitz 条件. 这样, 由常微分方程初值问题的解的存在唯一性定理得知, 对任何的 $(t_0, x_0) \in R_+ \times G$, 方程组 (3.1) 都存在唯一的满足初始条件 $x(t_0) = x_0$ 的解 $x = x(t, t_0, x_0)$.

设 $x = x^*(t)$ 是方程组 (3.1) 的定义在整个 $R_+ = [0, \infty)$ 上, 并且始终位于区域 G 内的一个特解. 显然, 特解 $x^*(t)$ 也可以是方程组 (3.1) 的一个平衡点 x^*. 特

别地, 若方程组 (3.1) 退化为如下的自治方程组

$$\frac{dx}{dt} = f(x), \tag{3.2}$$

则它的平衡点 x^* 可由方程 $f(x) = 0$ 解出.

我们首先叙述下面的关于方程组 (3.1) 的解的稳定性的基本定义.

定义 3.1 (a) 若对任给的充分小常数 $\varepsilon > 0$ 和初始时刻 $t_0 \in R_+$, 总存在常数 $\delta = \delta(\varepsilon, t_0) > 0$, 使得对所有满足不等式

$$|x_0 - x^*(t_0)| < \delta(\varepsilon, t_0) \tag{3.3}$$

的初始值 $x_0 \in G$, 方程组 (3.1) 的解 $x(t, t_0, x_0)$ 都在 $t \geqslant t_0$ 上有定义, 并且对一切 $t \geqslant t_0$ 有

$$|x(t, t_0, x_0) - x^*(t)| < \varepsilon, \tag{3.4}$$

则称解 $x = x^*(t)$ 是稳定的.

(b) 如果解 $x = x^*(t)$ 不是稳定的, 即若存在常数 $\varepsilon > 0$ 和初始时刻 $t_0 \in R_+$, 使得对任意充分小常数 $\delta > 0$ 都至少有一个满足不等式

$$|x_0 - x^*(t_0)| < \delta \tag{3.5}$$

的初始值 $x_0 \in G$, 方程组 (3.1) 的解 $x(t, t_0, x_0)$ 在某一个 $t^* > t_0$ 处或者无定义或者有

$$|x(t^*, t_0, x_0) - x^*(t^*)| \geqslant \varepsilon, \tag{3.6}$$

则称解 $x = x^*(t)$ 是不稳定的.

(c) 如果在上面解 $x = x^*(t)$ 稳定的定义中, $\delta(\varepsilon, t_0)$ 与初始时刻 t_0 无关, 即对任给的充分小常数 $\varepsilon > 0$, 总存在常数 $\delta = \delta(\varepsilon) > 0$, 使得对所有的初始时刻 $t_0 \in R_+$ 和满足不等式

$$|x_0 - x^*(t_0)| < \delta(\varepsilon) \tag{3.7}$$

的初始值 $x_0 \in G$, 方程组 (3.1) 的解 $x = x(t, t_0, x_0)$ 都在 $t \geqslant t_0$ 上有定义, 并且对一切 $t \geqslant t_0$ 有

$$|x(t, t_0, x_0) - x^*(t)| < \varepsilon, \tag{3.8}$$

则称解 $x = x^*(t)$ 是一致稳定的.

(d) 如果解 $x = x^*(t)$ 不是一致稳定的, 即若存在常数 $\varepsilon > 0$, 使得对任意充分小常数 $\delta > 0$, 都至少有一个初始时刻 $t_0 \in R_+$ 和一个满足不等式

$$|x_0 - x^*(t_0)| < \delta$$

的初始值 $x_0 \in G$, 使得方程组 (3.1) 的解 $x = x(t, t_0, x_0)$ 在某一个 $t^* > t_0$ 处或者无定义或者有

$$|x(t^*, t_0, x_0) - x^*(t^*)| \geqslant \varepsilon,$$

则称解 $x = x^*(t)$ 是不一致稳定的.

　　仔细分析上述关于解 $x = x^*(t)$ 的稳定和一致稳定的定义, 我们不难看到, 所谓 $x = x^*(t)$ 稳定, 就是指对任何的 $t_0 \in R_+$, 极限

$$\lim_{x_0 \to x^*(t_0)} (x(t, t_0, x_0) - x^*(t)) = 0$$

一致地对一切 $t \in [t_0, \infty)$ 成立. 而 $x = x^*(t)$ 一致稳定, 就是指极限

$$\lim_{x_0 \to x^*(t_0)} (x(t, t_0, x_0) - x^*(t)) = 0$$

一致地对一切 $t_0 \in R_+$ 和 $t \in [t_0, \infty)$ 成立.

　　此外, 关于解 $x = x^*(t)$ 稳定、一致稳定和不稳定的几何描述如图 3.1 所示.

　　定义 3.2　(a) 若对任给的初始时刻 $t_0 \in R_+$, 总存在常数 $\eta(t_0) > 0$, 使得对所有满足不等式

$$|x_0 - x^*(t_0)| < \eta(t_0) \tag{3.9}$$

的初始值 $x_0 \in G$, 方程组 (3.1) 的解 $x = x(t, t_0, x_0)$ 在 $t \geqslant t_0$ 上有定义, 并且有极限

$$\lim_{t \to \infty} (x(t, t_0, x_0) - x^*(t)) = 0, \tag{3.10}$$

也就是, 对任给的充分小常数 $\varepsilon > 0$, 总存在常数 $T = T(\varepsilon, t_0, x_0) > 0$, 使得当 $t \geqslant t_0 + T$ 时有

$$|x(t, t_0, x_0) - x^*(t)| < \varepsilon, \tag{3.11}$$

则我们称解 $x = x^*(t)$ 是 (局部) 吸引的.

　　(b) 如果解 $x = x^*(t)$ 不是吸引的, 即若存在某个初始时刻 $t_0 \in R_+$, 使得对任意足够小常数 $\eta > 0$, 都存在满足不等式

$$|x_0 - x^*(t_0)| < \eta$$

的初始值 $x_0 \in G$, 使得方程组 (3.1) 的解 $x = x(t, t_0, x_0)$ 或者不在区间 $[t_0, \infty)$ 上都有定义, 或者是极限

$$\lim_{t \to \infty} (x(t, t_0, x_0) - x^*(t)) = 0$$

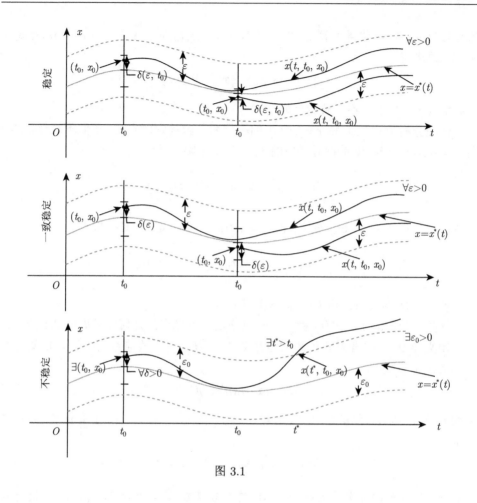

图 3.1

不成立, 即存在常数 $\varepsilon > 0$, 使得对任意充分大的 $T > 0$, 都存在某个 $t^* \geqslant t_0 + T$ 使得

$$|x(t^*, t_0, x_0) - x^*(t^*)| \geqslant \varepsilon,$$

则我们称解 $x = x^*(t)$ 是不吸引的.

(c) 如果在上述定义中数 $\eta(t_0)$ 和 $T(\varepsilon, t_0, x_0)$ 均与 t_0 和 x_0 无关, 即存在常数 $\eta > 0$, 且对任给的充分小常数 $\varepsilon > 0$, 总存在常数 $T = T(\varepsilon) > 0$, 使得对任给的初始时刻 $t_0 \in R_+$ 和满足不等式

$$|x_0 - x^*(t_0)| < \eta \tag{3.12}$$

的初始值 $x_0 \in G$, 方程组 (3.1) 的解 $x = x(t, t_0, x_0)$ 在 $t \geqslant t_0$ 上有定义, 并且当

$t \geqslant t_0 + T$ 时有

$$|x(t, t_0, x_0) - x^*(t)| < \varepsilon, \tag{3.13}$$

则称解 $x = x^*(t)$ 是 (局部) 一致吸引的.

　　类似于解 $x = x^*(t)$ 不吸引的定义, 我们也能给出解 $x = x^*(t)$ 是不一致吸引的定义. 关于解 $x = x^*(t)$ 吸引、一致吸引和不吸引的几何描述如图 3.2 所示.

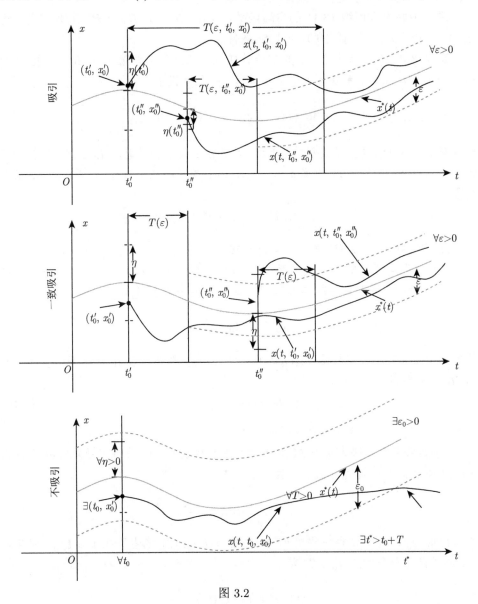

图 3.2

定义 3.3 (a) 如果解 $x = x^*(t)$ 既是稳定的, 又是吸引的, 则称解 $x = x^*(t)$ 是 (局部) 渐近稳定的. 相反, 如果解 $x = x^*(t)$ 或者不稳定, 或者不吸引, 则称解 $x = x^*(t)$ 是不渐近稳定的.

(b) 如果解 $x = x^*(t)$ 既是一致稳定的, 又是一致吸引的, 则称解 $x = x^*(t)$ 是 (局部) 一致渐近稳定的. 相反, 如果解 $x = x^*(t)$ 或者不一致稳定, 或者不一致吸引, 则称解 $x = x^*(t)$ 是不一致渐近稳定的.

进一步假设方程组 (3.1) 的右端函数 $f(t,x)$ 在整个 $R_+ \times R^n$ 上有定义、连续, 并且关于 x 满足局部的 Lipschitz 条件.

定义 3.4 (a) 如果对任给的初始时刻 $t_0 \in R_+$ 和初始值 $x_0 \in R^n$, 方程 (1.1) 的解 $x = x(t, t_0, x_0)$ 都在 $t \geqslant t_0$ 上有定义, 并且有极限

$$\lim_{t \to \infty} (x(t, t_0, x_0) - x^*(t)) = 0, \tag{3.14}$$

则称解 $x = x^*(t)$ 是全局吸引的. 相反, 如果存在某个初始时刻 $t_0 \in R_+$ 和初始值 $x_0 \in R^n$, 使得方程 (1.1) 的解 $x = x(t, t_0, x_0)$ 或者不在 $t \geqslant t_0$ 上都有定义, 或者极限

$$\lim_{t \to \infty} (x(t, t_0, x_0) - x^*(t)) = 0$$

不成立, 则称解 $x = x^*(t)$ 是不全局吸引的.

(b) 如果对任给的充分大常数 $M > 0$ 和充分小常数 $\varepsilon > 0$, 总存在正常数 $T = T(M, \varepsilon)$, 使得对任给的初始时刻 $t_0 \in R_+$ 和满足不等式

$$|x_0 - x^*(t_0)| < M \tag{3.15}$$

的初始值 $x_0 \in R^n$, 方程组 (3.1) 的解 $x(t, t_0, x_0)$ 都在 $t \geqslant t_0$ 上有定义, 并且当 $t \geqslant t_0 + T$ 时有

$$|x(t, t_0, x_0) - x^*(t)| < \varepsilon, \tag{3.16}$$

则称解 $x = x^*(t)$ 是全局一致吸引的.

(c) 如果存在足够大常数 $M > 0$ 和足够小常数 $\varepsilon > 0$, 使得对任意常数 $T > 0$, 都存在某个初始时刻 $t_0 \in R_+$ 和满足不等式

$$|x_0 - x^*(t_0)| < M$$

的初始值 $x_0 \in R^n$, 使得方程组 (3.1) 的解 $x(t, t_0, x_0)$ 或者不在 $t \geqslant t_0$ 上都有定义, 或者存在一个 $t^* \geqslant t_0 + T$ 有

$$|x(t^*, t_0, x_0) - x^*(t^*)| \geqslant \varepsilon,$$

则称解 $x = x^*(t)$ 是不全局一致吸引的.

关于解 $x = x^*(t)$ 全局吸引和全局一致吸引的几何描述如图 3.3 所示.

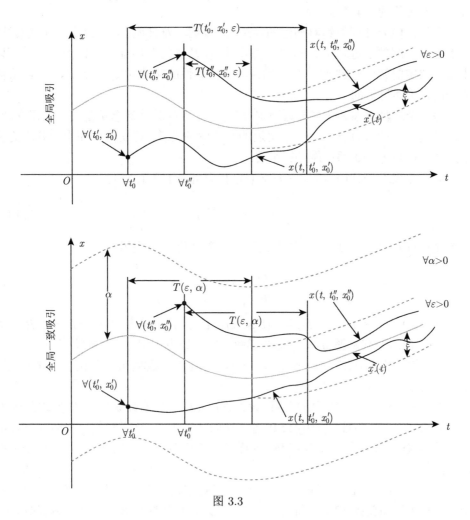

图 3.3

定义 3.5　(a) 如果解 $x = x^*(t)$ 既是稳定的, 又是全局吸引的, 则称解 $x = x^*(t)$ 是全局渐近稳定的.

(b) 如果解 $x = x^*(t)$ 既是一致稳定的, 又是全局一致吸引的, 则称解 $x = x^*(t)$ 是全局一致渐近稳定的.

类似地我们也有解 $x = x^*(t)$ 是不全局渐近稳定和解 $x = x^*(t)$ 是不全局一致渐近稳定的定义.

以上就是常微分方程的解的稳定性、局部吸引性、局部渐近稳定性、全局吸

引性和全局渐近稳定性的基本定义. 值得注意的是, 在上述稳定、吸引和渐近稳定的各个定义中, 空间 R^n 的模 $|\cdot|$ 可以是任何一种, 并且在不同模的意义下这些定义是彼此等价的.

根据常微分方程的解对初值的连续性, 我们不难证明, 在上述关于解的稳定、解的吸引、解的渐近稳定、解的全局吸引, 以及解的全局渐近稳定的定义中可以用某个取定的初始时刻 $t_0^* \in R_+$ 代替具有任意性的初始时刻 $t_0 \in R_+$, 其结果同原来的定义是等价的.

除了全局吸引性和全局渐近稳定性外, 稳定性的其他概念都是局部的概念, 它只涉及所考虑的特解 $x = x^*(t)$ 附近的其他解的特性, 这是因为在上述各个定义中数 $\delta > 0$ 和 $\eta > 0$ 都可能是很小的.

对于方程组 (3.1) 的特解 $x = x^*(t)$, 我们引入下面的变换

$$y = x - x^*(t), \tag{3.17}$$

这个变换将方程组 (3.1) 化为如下关于 y 的新的微分方程组

$$\frac{dy}{dt} = F(t, y), \tag{3.18}$$

其中 $F(t, y) = f(t, y + x^*(t)) - f(t, x^*(t))$, 由于 $F(t, 0) \equiv 0$ 对一切 $t \in R_+$, 故新方程组 (3.18) 有零解 $y = 0$, 这个零解对应于原方程组 (3.1) 的特解 $x = x^*(t)$. 这样, 研究方程组 (3.1) 的特解 $x = x^*(t)$ 的稳定性问题就可以转化为研究方程组 (3.18) 的零解 $y = 0$ 的稳定性问题, 因为不难证明它们之间的稳定性是彼此等价的. 根据这个事实, 我们不妨直接假设方程组 (3.1) 有零解 $x = 0$, 即要求区域 G 包含原点 $x = 0$, 并且 $f(t, 0) \equiv 0$ 对一切的 $t \in R_+$. 这样我们只需研究方程组 (3.1) 的零解 $x = 0$ 的稳定性问题. 这样做不但不会失去一般性, 而且还会带来许多方便.

对于方程组 (3.1) 的零解 $x = 0$ 来说, 其稳定、不稳定、吸引和渐近稳定的各个定义只需依照变换 (3.17) 将定义 3.1—定义 3.4 中的 (3.3)—(3.16) 各式分别变为如下各式:

$$|x_0| < \delta(\varepsilon, t_0),$$

$$|x(t, t_0, x_0)| < \varepsilon,$$

$$|x_0| < \delta,$$

$$|x(t^*, t_0, x_0)| \geqslant \varepsilon,$$

$$|x_0| < \delta(\varepsilon),$$

$$|x(t, t_0, x_0)| < \varepsilon,$$

$$|x_0| < \eta(t_0),$$

$$\lim_{t \to \infty} x(t, t_0, x_0) = 0,$$

$$|x(t, t_0, x_0)| < \varepsilon,$$

$$|x_0| < \eta,$$

$$|x(t, t_0, x_0)| < \varepsilon,$$

$$\lim_{t \to \infty} x(t, t_0, x_0) = 0,$$

$$|x_0| < M$$

和

$$|x(t, t_0, x_0)| < \varepsilon.$$

仔细分析关于零解 $x = 0$ 稳定和一致稳定的定义, 我们不难看到, 所谓 $x = 0$ 稳定, 就是指对任何的 $t_0 \in R_+$, 极限

$$\lim_{x_0 \to 0} x(t, t_0, x_0) = 0$$

一致地对一切 $t \in [t_0, \infty)$ 成立. 而 $x = 0$ 一致稳定, 就是指极限

$$\lim_{x_0 \to 0} x(t, t_0, x_0) = 0$$

一致地对一切 $t_0 \in R_+$ 和 $t \in [t_0, \infty)$ 成立.

此外, 关于解 $x = 0$ 稳定、一致稳定、不稳定、吸引、一致吸引、不吸引的几何描述如图 3.4 所示.

以上我们比较系统地给出了稳定性概念的数学描述. 应当注意的是常微分方程的解的稳定性的概念就是力学系统运动稳定性的概念的数学化精确描述. 在这里, 方程组 (3.1) 的特解 $x = x^*(t)$ 就代表力学系统的不受干扰运动, 而方程组 (3.1) 的满足初始条件 $x(t_0) = x_0$ 的解 $x = x(t, t_0, x_0)$ 就代表力学系统的受干扰运动. 解 $x = x^*(t)$ 稳定的定义中的不等式 (3.3) 和 (3.4) 则表明了只要受干扰的运动与未受干扰的运动在初始时刻的初始状态相差足够小, 那么受干扰的运动与不受干扰的运动随着时间的推移将始终相差很小. 而解 $x = x^*(t)$ 吸引的定义中的不等式 (3.9) 和极限式 (3.10) 则表明了只要受干扰的运动与未受干扰的运动在初始时刻的初始状态相差足够小, 那么受干扰的运动与不受干扰的运动的差值将随着时间的推移而最终趋于零.

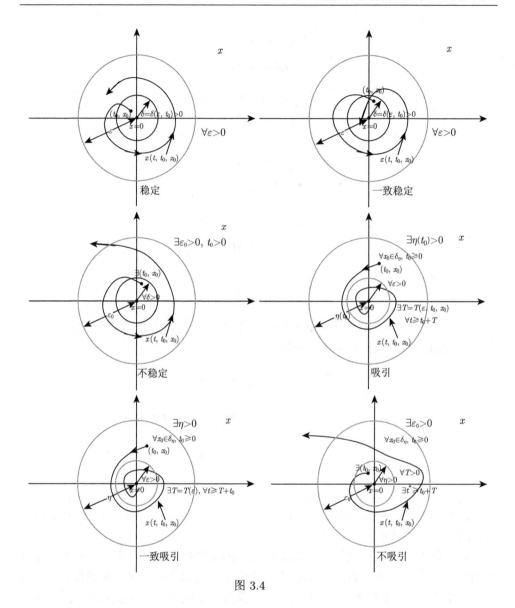

图 3.4

下面我们考察几个简单的例子.

例 3.1　设已给方程组为

$$
\begin{cases}
\dot{x}_1 = -\alpha x_2, \\
\dot{x}_2 = \alpha x_1,
\end{cases}
\tag{3.19}
$$

其中 α 为某一实常数, 这里首先需要说明的是, 在以后, 对一个函数 $x(t)$, 一阶导

数 $\dfrac{dx(t)}{dt}$ 有时也被表示为 $\dot{x}(t)$. 因此, 这里的 $\dot{x}_1$ 和 $\dot{x}_2$ 分别表示 $\dfrac{dx_1}{dt}$ 和 $\dfrac{dx_2}{dt}$. 则我们有零解 $x_1 = x_2 = 0$ 是稳定的, 但不是渐近稳定的, 即不是吸引的.

事实上, 对任给的一组初始条件 $x_1^0 = x_1(t_0), x_2^0 = x_2(t_0)$, 且 $t_0 \in R$, 方程组 (3.19) 满足这个初始条件的解为

$$
\begin{cases}
x_1(t) = x_1^0 \cos \alpha(t - t_0) - x_2^0 \sin \alpha(t - t_0), \\
x_2(t) = x_1^0 \sin \alpha(t - t_0) + x_2^0 \cos \alpha(t - t_0).
\end{cases}
$$

因此, 对任给的 $\varepsilon > 0$ 和 $t_0 \in R$, 只要取 $\delta = \dfrac{\varepsilon}{2}$, 则当初始值 (x_1^0, x_2^0) 满足 $|x_1^0| + |x_2^0| < \delta$ 时就有对一切的 $t \geqslant t_0$ 有

$$
|x_1(t)| + |x_2(t)| < \varepsilon,
$$

从而零解 $x_1 = x_2 = 0$ 是稳定的, 而且还是一致稳定的. 显然, 只要 $(x_1^0, x_2^0) \neq (0,0)$ 就有当 $t \to \infty$ 时 $(x_1(t), x_2(t))$ 不趋向于 $(0,0)$, 即不是吸引的. 因此零解 $x_1 = x_2 = 0$ 是不渐近稳定的.

例 3.2　考虑纯量方程:

$$
\dot{x} = (6t \sin t - 2t)x, \tag{3.20}
$$

则它的零解 $x = 0$ 是稳定的, 但不是一致稳定的.

注意: $x = 0$ 不是一致稳定的是指, 存在一个足够小的常数 $\varepsilon > 0$, 使得对任给的常数 $\delta > 0$, 总存在某个初始时刻 $t_0 \in R_+$ 和某个满足不等式 $|x_0| < \delta$ 的初始值 $x_0 \in G$, 以及又存在一个时刻 $t^* > t_0$, 使得方程组 (3.1) 的解 $x = x(t, t_0, x_0)$ 在 $t = t^*$ 有

$$
|x(t^*, t_0, x_0)| \geqslant \varepsilon.
$$

事实上, 对任给的初始条件 $x(t_0) = x_0$, 且 $t_0, x_0 \in R$, 方程 (3.20) 满足这个初始条件的解为

$$
x(t, t_0, x_0) = x_0 \exp(6 \sin t - 6t \cos t - t^2 - 6 \sin t_0 + 6t_0 \cos t_0 + t_0^2).
$$

因此, 当 $t \geqslant t_0 \geqslant 0$ 时有

$$
|x(t, t_0, x_0)| \leqslant |x_0| \exp(t_0^2 + 6t_0 + 21),
$$

故零解 $x = 0$ 是稳定的. 然而对 $\varepsilon = 1$, 对任给的常数 $\delta > 0$ 我们选取 $t_0 = 2n\pi$, $x_0 = \dfrac{1}{2}\delta$ 和 $t^* = (2n + 1)\pi$, 且整数 $n > 0$ 满足 $\dfrac{1}{2}\delta \exp((4n + 1)\pi(6 - \pi)) \geqslant 1$. 于是我们有

$$|x(t^*, t_0, x_0)| = |x((2n+1)\pi, 2n\pi, x_0)|$$
$$= \frac{1}{2}\delta \exp((4n+1)\pi(6-\pi)) \geqslant 1.$$

故零解 $x = 0$ 不是一致稳定的.

例 3.3　考虑二阶线性方程:

$$\frac{d^2 y}{dt^2} + 2\frac{dy}{dt} + 2y = 0.$$

令 $y = y_1$ 和 $\dfrac{dy}{dt} = y_2$, 则此方程化为如下等价的方程组:

$$\begin{cases} \dfrac{dy_1}{dt} = y_2, \\ \dfrac{dy_2}{dt} = -2y_1 - 2y_2. \end{cases} \tag{3.21}$$

显然, 方程组 (3.21) 有零解 $y_1 = 0$, $y_2 = 0$. 此外方程组 (3.21) 有特解 (即未受干扰运动):

$$y_1^*(t) = e^{-t}\sin t, \quad y_2^*(t) = e^{-t}(\cos t - \sin t).$$

不难求出方程满足任何初始条件 $y_1(t_0) = y_{10}$ 和 $y_2(t_0) = y_{20}$ 的通解为

$$\begin{cases} y_1(t) = e^{-(t-t_0)}(y_{10}\cos(t-t_0) + (y_{10}+y_{20})\sin(t-t_0)), \\ y_2(t) = e^{-(t-t_0)}(y_{20}\cos(t-t_0) - (2y_{10}+y_{20})\sin(t-t_0)). \end{cases}$$

通过直接估计范数 $|(y_1(t), y_2(t))|$ 和 $|(y_1(t) - y_1^*(t), y_2(t) - y_2^*(t))|$, 我们能判定出此方程的零解 $(0,0)$ 和特解 $(y_1^*(t), y_2^*(t))$ 都是全局一致渐近稳定的, 从而也是渐近稳定的、一致渐近稳定的和全局渐近稳定的.

例 3.4　考虑非齐次线性方程组:

$$\begin{cases} \dfrac{dy_1}{dt} = -2y_1 - 4y_2 + 1 + 4t, \\ \dfrac{dy_2}{dt} = -y_1 + y_2 + \dfrac{3}{2}t^2. \end{cases} \tag{3.22}$$

方程 (3.22) 有未受干扰运动为

$$y_1^*(t) = e^{2t} + t^2 + t, \quad y_2^*(t) = -e^{2t} - \frac{1}{2}t^2.$$

不难计算得到方程 (3.22) 的满足初始条件 $y_1(0) = 1 + \eta_1$ 和 $y_2(0) = -1 + \eta_2$ 的受干扰运动为

$$\begin{cases} y_1(t) = \dfrac{\eta_1 - 4\eta_2 + 5}{5}e^{2t} + \dfrac{4(\eta_1 + \eta_2)}{5}e^{-3t} + t^2 + t, \\ y_2(t) = -\dfrac{\eta_1 - 4\eta_2 + 5}{5}e^{2t} + \dfrac{\eta_1 + \eta_2}{5}e^{-3t} - \dfrac{1}{2}t^2. \end{cases}$$

直接估计 $|y_1(t) - y_1^*(t)| + |y_2(t) - y_2^*(t)|$, 我们能得到未受干扰运动 $(y_1^*(t), y_2^*(t))$ 是不稳定的.

例 3.5 考虑二维方程组

$$\begin{cases} \dfrac{dx}{dt} = f(x) + y, \\ \dfrac{dy}{dt} = -3x, \end{cases} \tag{3.23}$$

其中

$$f(x) = \begin{cases} -8x, & x > 0, \\ 4x, & -1 < x \leqslant 0, \\ -x - 5, & x \leqslant -1. \end{cases}$$

则此方程的零解 $x = 0$, $y = 0$ 是全局吸引的, 但不是稳定的.

在 (x, y) 平面中的 $x > 0$, $-1 < x \leqslant 0$ 和 $x \leqslant -1$ 三个带形区域上方程组 (3.23) 分别是三个常系数线性方程组, 因此不难求出它们的通解.

当 $x > 0$ 时通解为

$$\begin{cases} x(t) = c_1 e^{(-4+\sqrt{13})t} + c_2 e^{(-4-\sqrt{13})t}, \\ y(t) = c_1(4 + \sqrt{13})e^{(-4+\sqrt{13})t} + c_2(4 - \sqrt{13})e^{(-4-\sqrt{13})t}. \end{cases} \tag{3.24}$$

当 $-1 < x \leqslant 0$ 时通解为

$$\begin{cases} x(t) = c_3 e^t + c_4 e^{3t}, \\ y(t) = -3c_3 e^t - c_4 e^{3t}. \end{cases} \tag{3.25}$$

当 $x \leqslant -1$ 时通解为

$$\begin{cases} x(t) = c_5 e^{-\frac{1}{2}t} \cos \dfrac{\sqrt{11}}{2}t + c_6 e^{-\frac{1}{2}t} \sin \dfrac{\sqrt{11}}{2}t, \\ y(t) = 5 + \dfrac{1}{2}e^{-\frac{1}{2}t}(c_5 + \sqrt{11}c_6) \cos \dfrac{\sqrt{11}}{2}t \\ \qquad\quad + \dfrac{1}{2}e^{-\frac{1}{2}t}(c_5 - \sqrt{11}c_6) \sin \dfrac{\sqrt{11}}{2}t. \end{cases} \tag{3.26}$$

当 $x > 0$ 时. 从表达式 (3.24) 看出 $y = (4 + \sqrt{13})x$ 和 $y = (4 - \sqrt{13})x$ 是方程组 (3.23) 的解直线, 且在此直线上有 $\lim_{t \to \infty} x(t) = 0$, $\lim_{t \to \infty} y(t) = 0$. 进

一步由表达式 (3.24) 得到, 任何进入区域 $x \geqslant 0$, $y \geqslant (4 - \sqrt{13})x$ 的方程组 (3.23) 的解曲线当 $t \to \infty$ 时必趋于原点 $(0,0)$. 直接从方程组 (3.23) 我们看到, 在 x 轴的正半轴上有 $\dfrac{dy}{dt} < 0$. 因此, 位于直线 $y = (4 - \sqrt{13})x$ 之下的方程组 (3.23) 的解曲线当 $t \to \infty$ 时或者直接趋向于原点 $(0,0)$ 或者将进入第四象限. 位于第四象限的解曲线当 $t \to \infty$ 时将直接进入第三象限.

当 $x \leqslant -1$ 时. 由表达式 (3.26) 看出方程组 (3.23) 的从 $x < -1$ 出发的解曲线当 $t \to \infty$ 时顺时针方向旋转, 且必定与 $x = -1$ 相交进入区域 $-1 < x \leqslant 0$.

当 $-1 < x \leqslant 0$ 时. 由表达式 (3.25) 看出方程组 (3.23) 的解曲线在此区域内只能停留有限时间. 所以位于区域 $-1 < x \leqslant 0$ 内的方程组 (3.23) 的解曲线必在某一时刻与正 y 轴相交进入 $x > 0$ 的区域, 并且当 $t \to \infty$ 时最终趋于原点 $(0,0)$.

以上分析如图 3.5 所示.

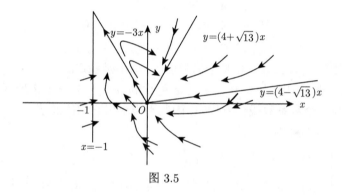

图 3.5

由以上分析得到, 方程组 (3.23) 的零解是全局吸引的. 然而, 从表达式 (3.25) 看出直线 $y = -3x$ 是方程组 (3.23) 的解直线, 这个解当 $t \to \infty$ 时从原点 $(0,0)$ 向外走, 所以方程组 (3.23) 的零解 $x = 0$, $y = 0$ 是不稳定的.

第 4 节 Lyapunov 函数

研究稳定性的基本方法是由俄国数学家李雅普诺夫 (A. M. Lyapunov) 提出来的, 并且用他的名字命名的 Lyapunov 第二方法, 又称为 Lyapunov 直接方法. 它不需要通过寻求方程组 (3.1) 的解的表达式来判定解的稳定性问题, 而是把稳定性问题与具有某些特殊性质的标量函数 $V(t,x)$ 的存在性联系起来, 通过寻求这样的函数 $V(t,x)$ 来达到确定方程的解的稳定性问题. 这样的函数 $V(t,x)$ 我们通常称为 Lyapunov 函数, 因为它是 Lyapunov 本人首先提出来的.

所谓 Lyapunov 函数 $V(t,x)$ 是一个标量函数, 它在 $(t,x) \in R_+ \times G$ 上有定义, 且关于 t 和 x 有一阶连续偏导数, $V(t,0) \equiv 0$ 对一切 $t \in R_+$, 这里 $G \subset R^n$ 是包含原点 $x=0$ 的一个区域. 为了今后叙述方便, 并且不失一般性, 若无特别说明, 我们总假定区域 $G = \{x : |x| \leqslant H\}$, 这里 $H > 0$ 是一个常数. 首先我们有以下定义.

定义 4.1 函数 $V(t,x)$ 关于方程组 (3.1) 的全导数定义为

$$\dot{V}_{(3.1)}(t,x) = \frac{\partial V(t,x)}{\partial t} + \frac{\partial V(t,x)}{\partial x} \cdot f(t,x),$$

这里等式右端的第二项表示向量 $\dfrac{\partial V(t,x)}{\partial x} = \left(\dfrac{\partial V(t,x)}{\partial x_1}, \dfrac{\partial V(t,x)}{\partial x_2}, \cdots, \dfrac{\partial V(t,x)}{\partial x_n} \right)$ 与向量 $f(t,x)$ 的内积.

对于全导数, 我们有如下基本事实.

命题 4.1 设 $x = x(t)$ 是方程组 (3.1) 的位于区域 G 中的某个解, 则我们有

$$\dot{V}_{(3.1)}(t,x)|_{x=x(t)} = \dot{V}(t,x(t))$$

对一切 $t \in I$, 这里 I 是解 $x = x(t)$ 的存在区间.

命题 4.1 的证明是简单的, 我们省略.

这里需要说明的是, 在命题 4.1 中 $\dot{V}_{(3.1)}(t,x)|_{x=x(t)}$ 表示先对 $V(t,x)$ 求关于方程组 (3.1) 的全导数得到 $\dot{V}_{(3.1)}(t,x)$, 然后将解 $x = x(t)$ 代入全导数 $\dot{V}_{(3.1)}(t,x)$ 之后得到的. 而 $\dot{V}(t,x(t))$ 表示先将解 $x = x(t)$ 代入得到 $V(t,x(t))$, 然后对时间 t 求导数得到 $\dot{V}(t,x(t))$.

下面我们引入函数 $V(t,x)$ 为定号、常号的概念, 首先我们看函数 $V(t,x)$ 不显含时间 t 的情况, 即函数 $V(x)$ 的定号和常号的概念.

假设函数 $V(x)$ 在区域 $G = \{x : |x| \leqslant H\}$ 上有定义和连续, $V(0) = 0$, 则我们有下面的定义.

定义 4.2 (a) 函数 $V(x)$ 称为在区域 G 上是常正 (常负) 的, 如果 $V(x) \geqslant 0 (\leqslant 0)$ 对一切 $x \in G$.

(b) 函数 $V(x)$ 称为在区域 G 上是定正 (定负) 的, 如果 $V(x) > 0 (< 0)$ 对一切 $x \in G$, 且 $x \neq 0$.

从图 4.1 中的几何图形上我们不难看到, 若函数 $V(x)$ 在区域 G 上定正, 则对任何适当小的常数 $C > 0$, $V(x) = C$ 是 R^n 中的围绕原点 $x = 0$ 的一个闭曲面.

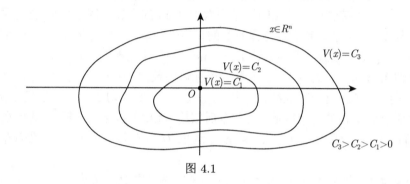

图 4.1

现在考虑含时间 t 的函数 $V(t, x)$, 假设 $V(t, x)$ 在 $R_+ \times G$ 上有定义且连续, $V(t, 0) \equiv 0$ 对一切 $t \in R_+$, 则我们有下面的定义.

定义 4.3 (a) 函数 $V(t, x)$ 称为在区域 $R_+ \times G$ 上是常正 (常负) 的, 如果 $V(t, x) \geqslant 0 (\leqslant 0)$ 对一切 $(t, x) \in R_+ \times G$.

(b) 函数 $V(t, x)$ 称为在区域 $R_+ \times G$ 上是定正 (定负) 的, 如果存在在区域 G 上定正 (定负) 的函数 $V(x)$, 使得 $V(t, x) \geqslant V(x) (\leqslant V(x))$ 对一切 $(t, x) \in R_+ \times G$.

从上面的几何图形上我们不难看到, 若函数 $V(t, x)$ 在区域 $R_+ \times G$ 上定正, 则对任何适当小的常数 $C > 0$, $V(t, x) = C$ 是 R^n 中的围绕原点 $x = 0$ 的一个随着 $t \in R_+$ 变化的动态闭曲面.

定义 4.4 函数 $V(t, x)$ 称为在区域 $R_+ \times G$ 上是具有无穷小上界的, 如果存在区域 G 上定正的函数 $V(x)$, 使得 $|V(t, x)| \leqslant V(x)$ 对一切 $(t, x) \in R_+ \times G$.

设 $V(t, x)$ 和 $W(t, x)$ 都是定义于 $R_+ \times G$ 上的连续的标量函数. 令集合

$$V_+ = \{(t, x) : V(t, x) > 0, \ (t, x) \in R_+ \times G\}.$$

此外, 对任何常数 $\varepsilon > 0$, 令集合

$$V_+(\varepsilon) = \{(t, x) : V(t, x) \geqslant \varepsilon, \ (t, x) \in R_+ \times G\}.$$

下面的概念是为研究解的不稳定性准备的.

定义 4.5 我们称函数 $W(t,x)$ 在集合 V_+ 上是定正的, 如果对任意的常数 $\varepsilon > 0$, 总存在常数 $\delta = \delta(\varepsilon) > 0$, 使得 $W(t,x) \geqslant \delta$ 对一切 $(t,x) \in V_+(\varepsilon)$ 成立.

显然, 对任何的函数 $V(t,x)$, $V(t,x)$ 在它自己的 V_+ 上总是定正的.

设标量函数 $V(t,x)$ 在整个 $R_+ \times R^n$ 上有定义且连续, 下面的概念是为研究解的全局渐近稳定性准备的.

定义 4.6 若存在在整个 R^n 上有定义且连续的函数 $V(x)$, 并且满足当 $|x| \to \infty$ 时有 $V(x) \to \infty$, 使得存在某个足够大的常数 $K > 0$ 有 $|V(t,x)| \geqslant V(x)$ 对一切 $(t,x) \in R_+ \times R^n$, 且 $|x| \geqslant K$, 则称函数 $V(t,x)$ 具有无穷大性质.

容易举出具有上面各种性质的函数 $V(t,x)$, 例如:

$V(t,x_1,x_2) = x_1^2 + x_2^2 - 2x_1 x_2 \cos t$ 是常正的, 但不是定正的.

$V(t,x_1,x_2) = (t+1)(x_1^2 + x_2^2) - 2x_1 x_2 \cos t$ 是定正的和具有无穷大性质的.

$V(x_1,x_2) = x_1^2 + x_2^2$ 是定正的和具有无穷大性质的.

$V(x_1,x_2,x_3) = x_1^2 + x_2^2$ 是常正的, 但不是定正的.

$V(t,x_1,x_2,\cdots,x_n) = (x_1 + x_2 + \cdots + x_n)\sin t$ 是具有无穷小上界的.

$V(t,x_1,x_2,\cdots,x_n) = \sin((x_1 + x_2 + \cdots + x_n)t)$ 是有界的, 但不是具有无穷小上界的.

$V(t,x_1,x_2,\cdots,x_n) = (-2 + \sin t)(x_1^2 + x_2^2 + \cdots + x_n^2)$ 是定负的和具有无穷大性质的.

关于定号函数和具有无穷小上界的函数, 我们有如下等价的性质.

命题 4.2 (1) 若 G 是有界区域, 则函数 $V(t,x)$ 在区域 $R_+ \times G$ 上定正 (定负) 的充分必要条件为存在连续的严格单增函数 $a(r): R_+ \to R_+$, 且满足 $a(0) = 0$, 使得对一切 $(t,x) \in R_+ \times G$ 有

$$V(t,x) \geqslant a(|x|) \quad (\leqslant -a(|x|)).$$

(2) 若区域 $G = R^n$, 则函数 $V(t,x)$ 在 $R_+ \times R^n$ 上定正, 并且具有无穷大性质的充分必要条件为存在连续的严格单增函数 $a(r): R_+ \to R_+$, 满足 $a(0) = 0$ 和 $\lim_{r \to \infty} a(r) = \infty$, 使得对一切 $(t,x) \in R_+ \times G$ 有 $V(t,x) \geqslant a(|x|)$.

证明 充分性是显然的, 只需证明必要性. 因为 $V(t,x)$ 是定正的, 故存在定正的 $V(x)$ 使得 $V(t,x) \geqslant V(x)$ 对一切 $(t,x) \in R_+ \times G$. 我们定义函数 $a(r)$ 如下:

$$a(r) = \begin{cases} \dfrac{r}{H} \min_{r \leqslant |x| \leqslant H} V(x), & r \in [0, H], \\ \dfrac{a(H)}{H} r, & r > H. \end{cases}$$

由于 $V(x)$ 定正和连续, 故我们有 $a(0) = 0$, $a(r) > 0$ 对 $r > 0$, 且 $a(r)$ 在 $[0, \infty)$ 上连续. 对任何 $x \in G$ 我们有

$$a(|x|) = \frac{|x|}{H} \min_{|x| \leqslant |y| \leqslant H} V(y) \leqslant \min_{|x| \leqslant |y| \leqslant H} V(y) \leqslant V(x).$$

对任何 r_1, r_2, 且 $0 < r_1 < r_2 \leqslant H$, 我们进一步有

$$a(r_1) = \frac{r_1}{H} \min_{r_1 \leqslant |x| \leqslant H} V(x) < \frac{r_2}{H} \min_{r_1 \leqslant |x| \leqslant H} V(x)$$

$$\leqslant \frac{r_2}{H} \min_{r_2 \leqslant |x| \leqslant H} V(x) = a(r_2).$$

因此 $a(r)$ 是严格单调增加的函数, 且满足 $V(t, x) \geqslant V(x) \geqslant a(|x|)$ 对一切 $(t, x) \in R_+ \times G$. 故结论 (1) 得证. 结论 (2) 的证明是容易的. 证毕.

命题 4.2 的几何意义如图 4.2 所示.

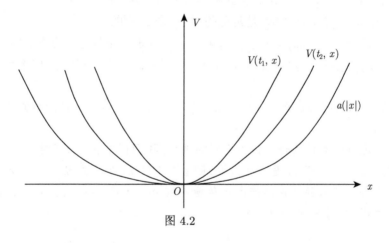

图 4.2

命题 4.3 函数 $V(t, x)$ 在区域 $R_+ \times G$ 上具有无穷小上界的充分必要条件为存在连续的严格单增函数 $b(r) : R_+ \to R_+$, 且满足 $b(0) = 0$, 使得 $|V(t, x)| \leqslant b(|x|)$ 对一切 $(t, x) \in R_+ \times G$.

命题 4.3 的证明是简单的. 这里需要说明的是, 对于无界的区域 $G \subset R^n$, 则函数 $V(t, x)$ 在 $R_+ \times G$ 定正 (定负), 不一定存在连续的严格单增函数 $a(r) : R_+ \to R_+$, 且满足 $a(0) = 0$, 使得 $V(t, x) \geqslant a(|x|)$ ($\leqslant -a(|x|)$) 对一切 $(t, x) \in R_+ \times G$. 这是因为 $|V(t, x)|$ 在 $|x|$ 充分大时可能会充分小的. 命题 4.2 的几何意义如图 4.3 所示.

上面定义的 Lyapunov 函数 $V(t, x)$, 我们要求关于 t 和 x 必须具有一阶连续偏导数. 但在许多实际问题中, 我们并不能总是可以构造出处处具有一阶连续偏

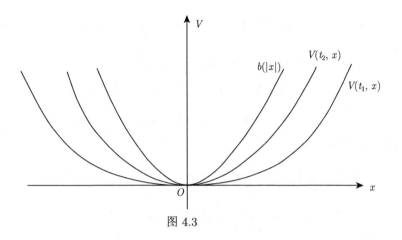

图 4.3

导数的 Lyapunov 函数 $V(t,x)$. 为了使 Lyapunov 函数的稳定性理论能够适用于更多的实际问题, 就需要将 Lyapunov 函数推广到更一般的情形. 下面我们给出这方面的一些结果.

我们考虑定义在 $(t,x) \in R_+ \times G$ 上的连续标量函数 $V(t,x)$, 这里 $G = \{x : \|x\| \leqslant H\}$, 且 $H > 0$ 是一个常数. 我们假定 $V(t,x)$ 关于 x 满足局部的 Lipschitz 条件, 也就是对于 $R_+ \times G$ 中的每一点 (t,x), 存在 (t,x) 的一个邻域 $U \subset R_+ \times G$ 和一个只依赖于 U 的正数 $L(U)$, 使得

$$|V(t,x) - V(t,y)| \leqslant L(U)|x - y|$$

对于任何两点 $(t,x) \in U,\ (t,y) \in U$ 成立.

对于函数 $V(t,x)$, 我们定义关于方程组 (3.1) 的全导数为

$$D^+V_{(3.1)}(t,x) = \limsup_{h \to 0^+} \frac{1}{h}\{V(t+h, x+hf(t,x)) - V(t,x)\}.$$

设 $x = x(t)$ 是方程组 (3.1) 位于 $R_+ \times G$ 中的解, 我们定义 $V(t,x)$ 沿着解 $x = x(t)$ 的右上导数 $D^+V(t,x(t))$ 如下:

$$D^+V(t,x(t)) = \limsup_{h \to 0^+} \frac{1}{h}\{V(t+h, x(t+h)) - V(t,x)\}.$$

对于任何点 $(t,x) \in R_+ \times G$, 且 $x = x(t)$ 是方程组 (3.1) 的解, 存在 (t,x) 的邻域 U, 一个足够小的正数 h_0 和常数 $L > 0$, 使得闭包 $\overline{U} \subset R_+ \times G$, 并且当 $|h| \leqslant h_0$ 时, $(t+h, x+hf(t,x)) \in U, (t+h,\ x(t+h)) \in U$, 且对于任何 $(\tau, \zeta) \in U$ 和 $(\tau, \eta) \in U$, 我们有

$$|V(\tau, \zeta) - V(\tau, \eta)| \leqslant L|\zeta - \eta|.$$

由于 $x(t+h) = x(t) + \dot{x}(t)h + h\varepsilon$, $\dot{x}(t) = f(t, x(t))$, 这里 ε 随 $h \to 0$ 而趋向于零, 因此我们有

$$V(t+h, x(t+h)) - V(t, x)$$

$$= V(t+h, x + hf(t, x) + h\varepsilon) - V(t, x)$$

$$\leqslant V(t+h, x + hf(t, x)) + Lh|\varepsilon| - V(t, x),$$

于是我们进一步有

$$D^+V(t, x(t)) = \limsup_{h \to 0^+} \frac{1}{h}\{V(t+h, x(t+h)) - V(t, x)\}$$

$$\leqslant \limsup_{h \to 0^+} \frac{1}{h}\{V(t+h, x + hf(t, x)) - V(t, x)\}$$

$$= D^+V_{(3.1)}(t, x)|_{x=x(t)}. \tag{4.1}$$

另一方面, 我们有

$$V(t+h, x(t+h)) - V(t, x)$$

$$\geqslant V(t+h, x + hf(t, x)) - Lh|\varepsilon| - V(t, x),$$

由此推出

$$D^+V_{(3.1)}(t, x)|_{x=x(t)} \geqslant D^+V(t, x(t)).$$

于是由此式及 (4.1) 式, 我们得到

$$D^+V_{(3.1)}(t, x)|_{x=x(t)} = D^+V(t, x(t)).$$

类似地, 对于函数 $V(t, x)$, 我们定义关于方程组 (3.1) 的全导数为

$$D_+V_{(3.1)}(t, x) = \liminf_{h \to 0^+} \frac{1}{h}\{V(t+h, x + hf(t, x)) - V(t, x)\}$$

和 $V(t, x)$ 沿着解 $x = x(t)$ 的右下导数 $D_+V(t, x(t))$ 为

$$D_+V(t, x(t)) = \liminf_{h \to 0^+} \frac{1}{h}\{V(t+h, x(t+h)) - V(t, x)\},$$

或者定义函数 $V(t, x)$ 关于方程组 (3.1) 的全导数为

$$D^-V_{(3.1)}(t, x) = \limsup_{h \to 0^-} \frac{1}{h}\{V(t+h, x + hf(t, x)) - V(t, x)\}$$

和 $V(t, x)$ 沿着解 $x = x(t)$ 的左上导数 $D^-V(t, x(t))$ 为

$$D^-V(t, x(t)) = \limsup_{h \to 0^-} \frac{1}{h}\{V(t+h, x(t+h)) - V(t, x)\},$$

或者定义函数 $V(t,x)$ 关于方程组 (3.1) 的全导数为

$$D_-V_{(3.1)}(t,x) = \liminf_{h \to 0^-} \frac{1}{h}\{V(t+h, x+hf(t,x)) - V(t,x)\}$$

和 $V(t,x)$ 沿着解 $x = x(t)$ 的左下导数 $D_-V(t,x(t))$ 为

$$D_-V(t,x(t)) = \liminf_{h \to 0^-} \frac{1}{h}\{V(t+h, x(t+h)) - V(t,x)\}.$$

对于上述各种情况我们同样都能够得到

$$D_+V_{(3.1)}(t,x)|_{x=x(t)} = D_+V(t,x(t)),$$

$$D^-V_{(3.1)}(t,x)|_{x=x(t)} = D^-V(t,x(t))$$

和

$$D_-V_{(3.1)}(t,x)|_{x=x(t)} = D_-V(t,x(t)).$$

最后, 关于右上导数 $D^+V(t,x(t))$ 我们有如下重要命题.

命题 4.4　设 $x = x(t)$ 是方程组 (3.1) 定义于区间 I 上的解, 则我们有: $V(t,x(t))$ 在 I 上是非减 (非增) 的充分必要条件是 $D^+V(t,x(t)) \geqslant 0\ (\leqslant 0)$ 对一切 $t \in I$.

证明　必要性是显然的. 下面证明充分性. 用反证法. 设 $f(t) = V(t,x(t))$. 先设 $D^+f(t) > 0$ 对一切 $t \in I$. 若存在 $t_1, t_2 \in I$ 且 $t_1 < t_2$ 有 $f(t_1) > f(t_2)$, 则对数 μ 满足 $f(t_1) > \mu > f(t_2)$, 由 $f(t)$ 的连续性, 存在 $t \in (t_1, t_2)$ 使得 $f(t) > \mu$. 设 ξ 是所有这些 t 的上确界, 则 $\xi \in (t_1, t_2)$, 并且 $f(\xi) = \mu$. 对任何 $t \in (\xi, t_2]$ 我们有 $\dfrac{f(t) - f(\xi)}{t - \xi} < 0$, 因此 $D^+f(\xi) \leqslant 0$. 得到矛盾. 于是 $f(t)$ 在 I 上非减.

其次, 设 $D^+f(t) \geqslant 0$ 对一切 $t \in I$. 对任意常数 $\varepsilon > 0$, 我们有 $D^+[f(t)+\varepsilon t] = D^+f(t) + \varepsilon > 0$ 对一切 $t \in I$. 于是由上面的证明, 得知 $f(t) + \varepsilon t$ 在 I 上非减. 由于 ε 的任意性, 得知 $f(t)$ 也在 I 上非减. 类似可证明非增的情形. 证毕.

关于右下导数 $D_+V(t,x(t))$, 左上导数 $D^-V(t,x(t))$ 和左下导数 $D_-V(t, x(t))$, 我们可以建立类似的结论.

命题 4.5　设 $f(t)$ 是定义于区间 I 上的连续函数, 对任何 $t_1, t_2 \in I$, 且 $t_1 < t_2$, 右上导数 $D^+f(t)$ 在区间 $[t_1, t_2]$ 上可积. 则我们有

$$f(t_2) - f(t_1) \leqslant \int_{t_1}^{t_2} D^+f(s)ds.$$

证明　选取足够小 $h_0 > 0$ 使得 $t + h \in I$ 对任何 $0 \leqslant h \leqslant h_0$. 定义函数

$$
g(h, t) = \begin{cases} \sup\limits_{0 \leqslant s \leqslant h} \dfrac{1}{s}[f(t + s) - f(t)], & 0 < h \leqslant h_0, \\ D^+ f(t), & h = 0. \end{cases} \quad t \in [t_1, t_2].
$$

由于对任何 $t \in I$ 有 $\lim_{h \to 0^+} g(h, t) = D^+ f(t)$, 并且 $D^+ f(t)$ 在区间 $[t_1, t_2]$ 上只有有限个不连续点. 因此我们不妨假设 $D^+ f(t)$ 在区间 $[t_1, t_2]$ 上连续, 否则就将区间 $[t_1, t_2]$ 分成几个小区间进行讨论. 由此我们可以假设 $g(h, t)$ 在区域 $[0, h_0] \times [t_1, t_2]$ 上是二元连续函数. 从而一致连续. 于是对任何充分小 $\varepsilon > 0$, 存在 $\delta > 0$, 使得对任何 $t \in [t_1, t_2]$ 和 $h \in (0, h_0]$, 只要 $h < \delta$ 就有 $\dfrac{1}{h}[f(t + h) - f(t)] \leqslant D^+ f(t) + \varepsilon$, 即 $f(t + h) - f(t) \leqslant (D^+ f(t) + \varepsilon)h$. 任取区间 $[t_1, t_2]$ 的分割 $t_1 = s_0 < s_1 < \cdots < s_{n-1} < s_n = t_2$, 只要分割的直径 $\Delta = \max\limits_{1 \leqslant i \leqslant n} \{s_i - s_{i-1}\} < \delta$, 就有

$$
f(t_2) - f(t_1) = \sum_{i=1}^{n} [f(s_i) - f(s_{i-1})] \leqslant \sum_{i=1}^{n} (D^+ f(s_{i-1}) + \varepsilon)(s_i - s_{i-1}).
$$

根据定积分的定义, 令 $\Delta \to 0$, 则有

$$
f(t_2) - f(t_1) \leqslant \int_{t_1}^{t_2} (D^+ f(t) + \varepsilon) dt.
$$

由于 ε 的任意性, 我们最终得到

$$
f(t_2) - f(t_1) \leqslant \int_{t_1}^{t_2} D^+ f(t) dt.
$$

证毕.

　　类似地, 对于其他 Dini 导数 $D_+ f(t)$, $D^- f(t)$ 和 $D_- f(t)$, 我们也有如下结果:

$$
f(t_2) - f(t_1) \leqslant \int_{t_1}^{t_2} D_- f(s) ds, \quad f(t_2) - f(t_1) \geqslant \int_{t_1}^{t_2} D_+ f(s) ds,
$$

$$
f(t_2) - f(t_1) \geqslant \int_{t_1}^{t_2} D^- f(s) ds.
$$

第 5 节　稳定的基本定理

本节我们给出关于方程组零解稳定的基本判定准则. 对于零解稳定和一致稳定, 我们首先看到, 如果方程组 (3.1) 的零解 $x = 0$ 是一致稳定的, 则它也是稳定的. 进一步我们有下面的结论.

定理 5.1　若方程组 (3.1) 是自治的或者是周期的, 则如果零解 $x = 0$ 是稳定的, 那么它也是一致稳定的.

证明　由于自治情形是周期的特殊情况, 因此我们只对方程组 (3.1) 的右端函数 $f(t, x)$ 关于 t 是周期的情形给出定理的证明, 且周期为 $\omega > 0$. 由假设零解 $x = 0$ 是稳定的, 故对任给的 $\varepsilon > 0$ 存在 $\delta_1 = \delta_1(\omega, \varepsilon) > 0$, 且 $\delta_1 \leqslant \varepsilon$, 使得当 $|x_0| < \delta_1$ 时, 对一切 $t \geqslant \omega$, 有

$$|x(t, \omega, x_0)| < \varepsilon \tag{5.1}$$

对任意的 $t_0 \in R_+$. 若 $t_0 \in [0, \omega]$, 由于方程组 (3.1) 有零解 $x = 0$, 且零解 $x = 0$ 也是方程组 (3.1) 通过初始点 $(t_0, 0)$ 的解, 定义于 $[0, \infty)$ 上, 故由解对初值的连续依赖性得知, 存在 $\delta = \delta(\delta_1) > 0$, 使得当 $t_0 \in [0, \omega]$ 和 $|x_0| < \delta$ 时有 $|x(t, t_0, x_0) - 0| < \delta_1$ 对一切 $t \in [0, \omega]$. 从而也有 $|x(\omega, t_0, x_0)| < \delta_1$. 因此, 如果 $t_0 \in [0, \omega]$ 和 $|x_0| < \delta$, 则从 (5.1) 式得知对一切 $t \geqslant t_0$ 有

$$|x(t, t_0, x_0)| = |x(t, \omega, x(\omega, t_0, x_0))| < \varepsilon. \tag{5.2}$$

当 $t_0 \in (\omega, \infty)$ 时, 我们选取整数 k, 使得 $k\omega \leqslant t_0 < (k+1)\omega$. 由函数 $f(t, x)$ 的周期性得知, $x(t - k\omega, t_0 - k\omega, x_0)$ 也是方程组 (3.1) 的解, 并且对一切 $t \geqslant t_0$ 有

$$x(t, t_0, x_0) = x(t - k\omega, t_0 - k\omega, x_0).$$

因此, 由 (5.2) 式得到当 $|x_0| < \delta$ 时对一切 $t \geqslant t_0$ 有

$$|x(t, t_0, x_0)| = |x(t - k\omega, t_0 - k\omega, x_0)| < \varepsilon.$$

显然, δ 仅依赖于 ε, 而不依赖于 t_0. 故零解 $x = 0$ 是一致稳定的. 证毕.

现在我们叙述并证明关于方程组 (3.1) 零解 $x = 0$ 稳定的 Lyapunov 型基本定理. 正如第 4 节已经说明的, 若无特殊情况我们总假设区域 $G = \{x : |x| \leqslant H\}$ 对某个常数 $H > 0$.

定理 5.2 若对方程组 (3.1) 存在定正的 Lyapunov 函数 $V(t,x)$, 使得全导数 $\dot{V}_{(3.1)}(t,x)$ 是常负的, 则方程组 (3.1) 的零解 $x = 0$ 是稳定的.

若除了上述假设之外, 函数 $V(t,x)$ 还是具有无穷小上界的, 则方程组 (3.1) 的零解 $x = 0$ 是一致稳定的.

证明 根据命题 4.2, 存在连续的严格单增函数 $a(r) : R_+ \to R_+$, 且满足 $a(0) = 0$, 使得 $V(t,x) \geqslant a(|x|)$ 对一切 $(t,x) \in R_+ \times G$. 对任给的常数 $\varepsilon > 0$, 且 $\varepsilon < H$. 首先我们有 $V(t,x) \geqslant a(\varepsilon)$ 对一切 $t \in R_+$ 和 $|x| = \varepsilon$. 对任何固定的初始时刻 $t_0 \in R_+$, 由于 $V(t_0, 0) = 0$ 和 $V(t,x)$ 的连续性, 我们可取常数 $\delta = \delta(t_0, \varepsilon) > 0$, 并且 $\delta < \varepsilon$, 使得当 $|x_0| < \delta$ 时有 $V(t_0, x_0) < a(\varepsilon)$. 现在考虑方程组 (3.1) 的满足初始条件 $x(t_0) = x_0$ 的解 $x = x(t, t_0, x_0)$. 当初始值 $|x_0| < \delta$ 时, 若在某个 $t_1 > t_0$ 使得 $|x(t_1, t_0, x_0)| = \varepsilon$, 并且当 $t \in [t_0, t_1)$ 时有 $|x(t, t_0, x_0)| < \varepsilon$, 则由于全导数 $\dot{V}_{(3.1)}(t,x) \leqslant 0$ 对一切 $(t,x) \in R_+ \times G$, 根据命题 4.1 得到 $\dot{V}(t, x(t)) \leqslant 0$ 对一切 $t \in [t_0, t_1]$. 因此, $V(t, x(t, t_0, x_0))$ 是 $t \in [t_0, t_1]$ 的非增函数, 故我们有

$$a(\varepsilon) \leqslant V(t_1, x(t_1, t_0, x_0)) \leqslant V(t_0, x_0) < a(\varepsilon),$$

这是矛盾的. 因此, 如果 $|x_0| < \delta$, 则我们必有 $|x(t, t_0, x_0)| < \varepsilon$ 对一切 $t \geqslant t_0$. 这表明零解 $x = 0$ 是稳定的.

若函数 $V(t,x)$ 还具有无穷小上界, 则由命题 4.2 得知, 存在连续的严格单增函数 $b(r) : R_+ \to R_+$, 且满足 $b(0) = 0$, 使得 $V(t,x) \leqslant b(|x|)$ 对一切 $(t,x) \in R_+ \times G$. 只要对任意的 $\varepsilon > 0$, 取 $\delta = \delta(\varepsilon) > 0$ 使得 $b(\delta) < a(\varepsilon)$, 则采用和上面类似的陈述, 我们不难证明, 对任意初始值 $|x_0| < \delta$ 和初始时刻 $t_0 \in R_+$ 就有 $|x(t, t_0, x_0)| < \varepsilon$ 对一切 $t \geqslant t_0$ 成立. 这表明零解 $x = 0$ 是一致稳定的. 证毕.

对于自治的微分方程组 (3.2), 我们有定理 5.2 的如下推论.

推论 5.1 若对于自治的方程组 (3.2) 存在定正的 Lyapunov 函数 $V(x)$, 使得全导数 $\dot{V}_{(3.2)}(x)$ 是常负的, 则方程组 (3.2) 的零解 $x = 0$ 是稳定的, 从而也是一致稳定的.

下面的结果是推论 5.1 的一个推广.

定理 5.3 若对于自治的方程组 (3.2) 存在一个定正的 Lyapunov 函数 $V(x)$ 和两个实数序列 $\{r_k\}, \{\eta_k\}$, 且 $\eta_k > 0$, $r_k - \eta_k > 0$ 和 $\lim_{k \to \infty} r_k = 0$, 使得全导数 $\dot{V}_{(3.2)}(x)$ 在区域 $r_k - \eta_k \leqslant V(x) \leqslant r_k (k = 1, 2, \cdots)$ 上是常负的, 则方程组 (3.2) 的零解 $x = 0$ 是稳定的, 从而也是一致稳定的.

证明 对任给的常数 $\varepsilon > 0$, 且 $\varepsilon < H$, 令

$$l = \inf_{|x| = \varepsilon} V(x), \tag{5.3}$$

则 $l > 0$. 由于 $r_k \to 0$, $k \to \infty$, 故存在 $k > 0$ 使得 $r_k < l$. 由于 $\lim_{x \to 0} V(x) = 0$, 故存在 $\delta = \delta(\varepsilon) > 0$, 且 $\delta < \varepsilon$, 使得当 $|x| < \delta$ 时有 $V(x) < r_k - \eta_k$.

考虑方程组 (3.2) 的解 $x(t, t_0, x_0)$, 这里 $t_0 \in R_+$ 和 $|x_0| < \delta$. 下面我们证明 $|x(t, t_0, x_0)| < \varepsilon$ 对一切 $t \geqslant t_0$. 事实上, 因为 $V(x_0) < r_k - \eta_k < r_k < l$, 故若存在 $t_1 > t_0$ 使得 $|x(t_1, t_0, x_0)| = \varepsilon$, 则由 (5.3) 式得知 $V(x(t_1, t_0, x_0)) \geqslant l$. 从而存在 t_2, t_3, 且 $t_0 < t_3 < t_2 < t_1$, 使得 $V(x(t_3, t_0, x_0)) = r_k - \eta_k$, $V(x(t_2, t_0, x_0)) = r_k$ 和当 $t \in (t_3, t_2)$ 时有 $r_k - \eta_k \leqslant V(x(t, t_0, x_0)) \leqslant r_k$. 因为在区域 $r_k - \eta_k \leqslant V(x) \leqslant r_k$ 上有全导数 $\dot{V}_{(3.2)}(x) \leqslant 0$, 故根据命题 4.1 得知 $\dot{V}(x(t, t_0, x_0)) \leqslant 0$ 对 $t \in [t_3, t_2]$. 从而 $V(x(t_2, t_0, x_0)) \leqslant V(x(t_3, t_0, x_0))$, 但这是矛盾的. 因此, 只能有 $|x(t, t_0, x_0)| < \varepsilon$ 对一切 $t \geqslant t_0$, 即零解 $x = 0$ 是稳定的. 证毕.

作为定理 5.3 的一个直接推论, 我们有下面的结论.

推论 5.2　若对于自治的方程组 (3.2) 存在一个定正的 Lyapunov 函数 $V(x)$ 和一个实数序列 $\{r_k\}$, 且 $r_k > 0$ 和 $\lim_{k \to \infty} r_k = 0$, 使得全导数 $\dot{V}_{(3.2)}(x)$ 在 $V(x) = r_k \, (k = 1, 2, \cdots)$ 上是定负的, 则方程组 (3.2) 的零解 $x = 0$ 是稳定的, 从而也是一致稳定的.

如果我们选取 Lyapunov 函数 $V(t, x)$ 是定义在 $(t, x) \in R_+ \times G$ 上的连续标量函数, 并且关于 x 满足局部的 Lipschitz 条件, 则我们有下面完全相同的结论.

定理 5.2*　若对方程组 (3.1) 存在定正的 Lyapunov 函数 $V(t, x)$, 使得全导数 $D^+ V_{(3.1)}(t, x)$ 是常负的, 则方程组 (3.1) 的零解 $x = 0$ 是稳定的.

若除了上述假设之外, 函数 $V(t, x)$ 还具有无穷小上界, 则方程组 (3.1) 的零解 $x = 0$ 是一致稳定的.

同样地, 我们能够将推论 5.1, 定理 5.3 和推论 5.2 推广到 Lyapunov 函数 $V(x)$ 是定义在 $x \in G$ 上的连续标量函数, 并且关于 x 满足局部的 Lipschitz 条件的情形.

下面我们通过具体的例子来说明上述基本定理的使用.

例 5.1　讨论方程组
$$\begin{cases} \dot{x} = -x + y, \\ \dot{y} = x \cos t - y \end{cases} \tag{5.4}$$
的零解 $x = y = 0$ 的稳定性问题.

解　选取 Lyapunov 函数 $V(x, y) = \dfrac{1}{2}(x^2 + y^2)$, 则 $V(x, y)$ 是定正和具有无穷小上界的. 求全导数得到
$$\dot{V}_{(5.4)}(t, x, y) = -(x^2 + y^2) + 2xy \cos^2 \frac{t}{2},$$
它是常负的, 故由定理 5.2 得知, 方程组 (5.4) 的零解 $x = y = 0$ 是一致稳定的.

例 5.2 讨论方程组

$$\begin{cases} \dot{x}_1 = x_2, \\ \dot{x}_2 = -\dfrac{g}{l}\sin x_1 \end{cases} \tag{5.5}$$

的零解 $x_1 = x_2 = 0$ 的稳定性.

解 选取 Lyapunov 函数 $V(x_1, x_2) = \dfrac{1}{2}x_2^2 + \dfrac{g}{l}(1 - \cos x_1)$, 则 $V(x_1, x_2)$ 在原点 $x_1 = x_2 = 0$ 的某一邻域内是定正的. 又全导数

$$\dot{V}_{(5.5)}(x_1, x_2) \equiv 0$$

是常负的, 故由推论 5.1 得知, 零解 $x_1 = x_2 = 0$ 是稳定的.

例 5.3 讨论 Lienard 方程

$$\frac{d^2 x}{dt^2} + f(x)\frac{dx}{dt} + g(x) = 0$$

的零解 $x = \dot{x} = 0$ 的稳定性问题. 这里函数 $f(x), g(x)$ 在 $x \in R$ 上有定义和连续, 且 $g(0) = 0$.

解 考虑其等价方程组

$$\begin{cases} \dot{x} = y - F(x), \\ \dot{y} = -g(x), \end{cases} \tag{5.6}$$

这里 $F(x) = \displaystyle\int_0^x f(s)ds$. 选取 Lyapunov 函数 $V(x, y) = G(x) + \dfrac{1}{2}y^2$, 这里 $G(x) = \displaystyle\int_0^x g(s)ds$. 求全导数得到

$$\dot{V}_{(5.6)}(x, y) = -g(x)F(x).$$

根据推论 5.1 不难得到, 当 $xg(x) > 0$ 对 $x \neq 0$ 和 $g(x)F(x) \geqslant 0$ 对 $x \in R$ 时, 方程组 (5.6) 的零解 $x = y = 0$ 是一致稳定的, 从而 Lienard 方程的零解 $x = \dot{x} = 0$ 也是一致稳定的.

例 5.4 讨论如下方程组零解的稳定性问题: 当 $x^2 + y^2 \neq 0$ 时,

$$\begin{cases} \dot{x} = -y + x(x^2 + y^2)\sin\dfrac{1}{x^2 + y^2}, \\ \dot{y} = x + y(x^2 + y^2)\sin\dfrac{1}{x^2 + y^2}. \end{cases} \tag{5.7}$$

当 $x = y = 0$ 时

$$\dot{x} = 0, \quad \dot{y} = 0.$$

解　选取 Lyapunov 函数 $V(x, y) = x^2 + y^2$, 计算全导数得到

$$\dot{V}_{(5.7)}(x, y) = 2(x^2 + y^2) \sin \frac{1}{x^2 + y^2}, \quad x^2 + y^2 \neq 0.$$

选取实数序列 $r_k = \left(2k\pi + \dfrac{3}{2}\pi\right)^{-1}$ 和 $\eta_k = \left(2k\pi + \dfrac{3}{2}\pi + \dfrac{\pi}{4}\right)^{-1}$, 显然, 我们有 $r_k \to 0$ 当 $k \to \infty$ 时和 $r_k - \eta_k > 0$, 并且全导数

$$\dot{V}_{(5.7)}(x, y) \leqslant 0, \quad r_k - \eta_k \leqslant x^2 + y^2 \leqslant r_k.$$

因此, 定理 5.3 的全部条件成立, 故零解 $x = y = 0$ 是稳定的.

第 6 节　渐近稳定的基本定理

本节我们给出关于方程组零解渐近稳定的基本判定准则. 首先我们看到, 如果方程组 (3.1) 的零解 $x = 0$ 是一致渐近稳定的, 则它也是渐近稳定的. 进一步, 我们有如下关于自治的和周期的微分方程组零解一致渐近稳定的一个基本定理.

定理 6.1　若方程组 (3.1) 是自治的或者是周期的, 则如果方程组 (3.1) 的零解 $x = 0$ 是渐近稳定的, 那么它也是一致渐近稳定的.

证明　只需考察方程组 (3.1) 是周期的情形. 由于 $x = 0$ 是稳定的, 根据定理 5.1, 从而也是一致稳定的. 因此, 我们只需证明 $x = 0$ 的一致吸引性.

首先证明定义 3.2(a) 中的数 $T(\varepsilon, t_0, x_0)$ 与初始值 x_0 是无关的. 即对任意的 $t_0 \in R_+$, 存在常数 $\eta(t_0) > 0$ 使得对任意的 $\varepsilon > 0$, 存在常数 $T = T(t_0, \varepsilon) > 0$, 使得对任意的 $x_0 \in G$, 且 $|x_0| < \eta(t_0)$, 都有对任意的 $t \geqslant t_0 + T$ 有 $|x(t, t_0, x_0)| < \varepsilon$. 假设不然, 则存在某个初始时刻 $t_0^* \in R_+$, 对任意的 $\eta > 0$, 存在足够小常数 $\varepsilon_0 > 0$, 使得对任何整数 $k > 0$ 存在 $x_k \in G$ 和 t_k, 且 $|x_k| \leqslant \eta$ 和 $t_k \geqslant t_0^* + k$, 使得

$$|x(t_k, t_0^*, x_k)| \geqslant \varepsilon_0, \quad k = 1, 2, \cdots, \tag{6.1}$$

显然 $\lim_{k \to \infty} t_k = \infty$. 由于 $|x_k| \leqslant \eta \, (k = 1, 2, \cdots)$, 不失一般性, 可以假设 $\lim_{k \to \infty} x_k = x_0^*$, 并且 $|x_0^*| \leqslant \eta$. 考虑方程组 (3.1) 过初始点 (t_0^*, x_0^*) 的解 $x^*(t) = x(t, t_0^*, x_0^*)$. 由于 $x = 0$ 一致稳定, 故对上述 $\varepsilon_0 > 0$, 存在 $\delta_0 > 0$, 使得对任何 $t_0 \in R_+$ 和 $y_0 \in G$, 且 $|y_0| < \delta_0$, 有

$$|x(t, t_0, y_0)| < \varepsilon_0 \quad 对一切 \quad t \geqslant t_0. \tag{6.2}$$

又由于 $x = 0$ 是吸引的, 故有 $\lim_{t \to \infty} x(t, t_0^*, x_0^*) = 0$. 因此, 存在整数 $m_0 > 0$ 使得 $|x(m_0 \omega, t_0^*, x_0^*)| < \delta_0$. 另一方面, 由方程组 (3.1) 的解对初值的连续性得知

$$\lim_{k \to \infty} x(t, t_0^*, x_k) = x(t, t_0^*, x_0^*), \tag{6.3}$$

因此存在整数 $k_0 > 0$, 且 $t_{k_0} - m_0 \omega > 0$ 使得

$$|x(m_0 \omega, t_0^*, x_{k_0})| < \delta_0. \tag{6.4}$$

考虑方程组 (3.1) 过初始点 $(0, x(m_0 \omega, t_0^*, x_{k_0}))$ 的解 $x(t, 0, x(m_0 \omega, t_0^*, x_{k_0}))$ 和过初始点 (t^*, x_{k_0}) 的解 $x(t, t^*, x_{k_0})$. 由于方程组 (3.1) 的周期性得知, $x(t + m_0 \omega, t_0^*, x_{k_0})$

也是方程组 (3.1) 的解. 因此, 由方程组 (3.1) 的初值问题的解的存在唯一性得知

$$x(t, 0, x(m_0\omega, t_0^*, x_{k_0})) = x(t + m_0\omega, t_0^*, x_{k_0}) \quad 对一切 \quad t \geqslant 0.$$

于是, 由 (6.1) 式我们有

$$|x(t_{k_0} - m_0\omega, 0, x(m_0\omega, t_0^*, x_{k_0}))| = |x(t_{k_0}, t_0^*, x_{k_0})| \geqslant \varepsilon_0.$$

但是, 由 (6.2) 和 (6.4) 式我们得到, 对任何 $t \geqslant 0$ 有

$$|x(t, 0, x(m_0\omega, t_0^*, x_{k_0}))| < \varepsilon_0.$$

因此

$$|x(t_{k_0} - m_0\omega, 0, x(m_0\omega, t_0^*, x_{k_0}))| < \varepsilon_0,$$

这是矛盾的. 故 $T(\varepsilon, t_0, x_0)$ 与 x_0 是无关的, 即 $T(\varepsilon, t_0, x_0) = T(\varepsilon, t_0)$.

其次, 证明 $\eta(t_0)$ 和 $T(\varepsilon, t_0)$ 与 t_0 也无关. 事实上, 由于 $x = 0$ 是吸引的, 对于 $t_0 = \omega$, 存在 $\eta(\omega) > 0$, 使得对于任意给定的 $\varepsilon > 0$ 存在 $T_0(\varepsilon, \omega) > 0$, 只要 $|x_0| \leqslant \eta(\omega)$ 就有

$$|x(t, \omega, x_0)| < \varepsilon, \quad t \geqslant \omega + T_0(\varepsilon, \omega). \tag{6.5}$$

对任何的 $t_0 \in R_+$, 当 $t_0 \in [0, \omega]$ 时, 由于 $x = 0$ 是方程组 (3.1) 通过初始点 $(t_0, 0)$ 的定义于 $R_+ = [0, \infty)$ 上的解, 因此由方程组 (3.1) 的解对初值的连续性, 对于 $\eta(\omega) > 0$ 存在 $\eta^* > 0$, 且 η^* 与 $t_0 \in [0, \omega]$ 是无关的, 使得对任何 $t_0 \in [0, \omega]$ 和 $x_0 \in G$, 且 $|x_0| < \eta^*$, 解 $x(t, t_0, x_0)$ 在 $[0, \omega]$ 上有定义, 并且

$$|x(t, t_0, x_0)| < \eta(\omega) \quad 对一切 \quad t \in [0, \omega].$$

于是

$$|x(\omega, t_0, x_0)| < \eta(\omega). \tag{6.6}$$

进一步由方程组 (3.1) 的初值问题的解的存在唯一性得知, 对一切 $t \geqslant t_0$ 我们有

$$x(t, t_0, x_0) = x(t, \omega, x(\omega, t_0, x_0)).$$

选取 $T(\varepsilon) = \omega + T_0(\varepsilon, \omega)$, 显然 $T(\varepsilon)$ 与 t_0 无关. 由 (6.5) 和 (6.6) 我们得到

$$|x(t, t_0, x_0)| = |x(t, \omega, x(\omega, t_0, x_0))| < \varepsilon \quad 对一切 \quad t \geqslant t_0 + T(\varepsilon).$$

而当 $t_0 \in (\omega, \infty)$ 时, 选取整数 $k > 0$ 使得 $k\omega \leqslant t_0 < (k+1)\omega$. 于是 $t_0 - k\omega \in [0, \omega]$. 考虑方程组 (3.1) 的解 $x(t, t_0 - k\omega, x_0)$, 由方程组 (3.1) 的周期性得到

$x(t - k\omega, t_0 - k\omega, x_0)$ 也是方程组 (3.1) 的解. 由上面的证明得知, 当 $|x_0| < \eta^*$ 时我们有

$$|x(t, t_0 - k\omega, x_0)| < \varepsilon \quad 对一切 \quad t \geqslant t_0 - k\omega + T(\varepsilon).$$

于是

$$|x(t - k\omega, t_0 - k\omega, x_0)| < \varepsilon \quad 对一切 \quad t \geqslant t_0 + T(\varepsilon).$$

由方程组 (3.1) 的初值问题的解的存在唯一性得到, 对一切 $t \geqslant t_0$ 有

$$|x(t, t_0, x_0)| = |x(t - k\omega, t_0 - k\omega, x_0)|.$$

于是, 当 $|x_0| < \eta^*$ 和 $t \geqslant t_0 + T(\varepsilon)$ 时我们有 $|x(t, t_0, x_0)| < \varepsilon$. 这样就证明了 $T(\varepsilon, t_0)$ 与 t_0 无关. 即 $x = 0$ 是一致吸引的. 证毕.

现在我们叙述和证明关于非自治方程组 (3.1) 的解的渐近稳定性的 Lyapunov 型基本定理. 首先我们有如下一致渐近稳定的判别准则.

定理 6.2　若对于方程组 (3.1) 存在具有无穷小上界的定正 Lyapunov 函数 $V(t, x)$, 使得全导数 $\dot{V}_{(3.1)}(t, x)$ 是定负的, 则方程组 (3.1) 的零解 $x = 0$ 一致渐近稳定.

证明　显然, 由定理 5.2 直接得到, 零解 $x = 0$ 是一致稳定的. 因此, 这里只需证明零解 $x = 0$ 的一致吸引性. 根据命题 4.2, 存在连续的严格单增函数 $a(r), b(r), c(r) : R_+ \to R_+$, 并且满足 $a(0) = b(0) = c(0) = 0$, 使得对一切 $(t, x) \in R_+ \times G$ 有

$$a(|x|) \leqslant V(t, x) \leqslant b(|x|)$$

和

$$\dot{V}_{(3.1)}(t, x) \leqslant -c(|x|). \tag{6.7}$$

根据 $x = 0$ 的一致稳定性, 对任何常数 $\varepsilon > 0$ 存在 $\eta(\varepsilon) > 0$, 且 $b(\eta) < a(\varepsilon)$, 使得对任何 $t_0 \in R_+$ 和 $x_0 \in G$, 且 $|x_0| \leqslant \eta(\varepsilon)$, 都有

$$|x(t, t_0, x_0)| < \varepsilon \quad 对一切 \quad t \geqslant t_0. \tag{6.8}$$

特别地, 对 $\varepsilon = H$ 存在 $\delta = \eta(H)$, 且 $b(\delta) < a(H)$, 使得对任何 $t_0 \in R_+$ 和 $x_0 \in G$, 且 $|x_0| < \delta$, 有 $|x(t, t_0, x_0)| < H$ 对一切 $t \geqslant t_0$. 进而由解的延拓定理得知, $x(t, t_0, x_0)$ 对一切 $t \geqslant t_0$ 有定义. 根据上面得到的 δ 和 $\eta(\varepsilon)$, 我们令 $T = T(\varepsilon) = \dfrac{b(\delta)}{c(\eta(\varepsilon))} + 1$. 下面证明对任何 $t_0 \in R_+$ 和 $x_0 \in G$, 且 $|x_0| < \delta$, 存在 $t_1 \in [t_0, t_0 + T]$, 有 $|x(t_1, t_0, x_0)| < \eta(\varepsilon)$.

事实上, 若对一切 $t \in [t_0, t_0 + T]$ 有 $|x(t, t_0, x_0)| \geqslant \eta$. 则由 (6.7) 式我们能得到当 $t = t_0 + T$ 时就有

$$V(t, x(t, t_0, x_0)) \leqslant V(t_0, x_0) - \int_{t_0}^{t} c(|x(s, t_0, x_0)|) ds$$

$$\leqslant b(\delta) - c(\eta) T < 0,$$

但这是矛盾的. 因此, 必存在一个 $t_1 \in [t_0, t_0 + T]$, 使得 $|x(t_1, t_0, x_0)| < \eta$.

于是, 根据 (6.8) 我们进一步得到 $|x(t, t_1, x(t_1, t_0, x_0))| < \varepsilon$ 对一切 $t \geqslant t_1$. 根据方程组 (3.1) 的解的存在唯一性, 我们有 $x(t, t_0, x_0) = x(t, t_1, x(t_1, t_0, x_0))$ 对一切 $t \geqslant t_1$. 因此, $|x(t, t_0, x_0)| < \varepsilon$ 对一切 $t \geqslant t_1$. 从而我们最终有 $|x(t, t_0, x_0)| < \varepsilon$ 对一切 $t \geqslant t_0 + T$. 故零解 $x = 0$ 是一致吸引的. 证毕.

下面的定理是渐近稳定的判别准则, 但它未必能推出一致渐近稳定.

定理 6.3 若方程组 (3.1) 的右端函数 $f(t, x)$ 在区域 $R_+ \times G$ 上是有界的, 并且存在定正的 Lyapunov 函数 $V(t, x)$ 使得全导数 $\dot{V}_{(3.1)}(t, x)$ 是定负的, 则方程组 (3.1) 的零解 $x = 0$ 是渐近稳定.

证明 首先根据定理 5.2 得知, $x = 0$ 是稳定的. 因此, 对 $\varepsilon = H$ 任何初始时刻 $t_0 \in R_+$ 存在 $\delta(t_0) > 0$, 使得当初始值 $|x_0| < \delta(t_0)$ 时可推出 $|x(t, t_0, x_0)| < \varepsilon = H$ 对一切 $t \geqslant t_0$. 我们证明满足 $|x_0| < \delta(t_0)$ 的每个解 $x(t, t_0, x_0) \to 0$ 当 $t \to \infty$ 时. 假设不然, 存在某个这样的解 $x(t, t_0, x_0)$ 当 $t \to \infty$ 时不趋于零, 则对某个常数 $\varepsilon_0 > 0$ 存在序列 $\{t_k\}$, 且 $t_k \to \infty (k \to \infty)$, 使得 $|x(t_k, t_0, x_0)| \geqslant \varepsilon_0$ 对 $k = 1, 2, \cdots$. 因为 $f(t, x)$ 在区域 $R_+ \times G$ 上有界, 故存在常数 $M > 0$, 使得

$$\left| \frac{dx(t, t_0, x_0)}{dt} \right| \leqslant M, \quad t \geqslant t_0.$$

这样在区间 $t_k - \dfrac{\varepsilon_0}{2M} \leqslant t \leqslant t_k + \dfrac{\varepsilon_0}{2M}$ 上我们有 $|x(t, t_0, x_0)| \geqslant \dfrac{\varepsilon_0}{2}$. 由于 $\lim_{k \to \infty} t_k = \infty$, 不失一般性, 我们可以假设这些区间是互不相交的, 并且 $t_1 - \dfrac{\varepsilon_0}{2M} > t_0$. 由于全导数 $\dot{V}_{(3.1)}(t, x) \leqslant -c(|x|)$ 对一切 $(t, x) \in R_+ \times G$, 这里 $c(r) : R_+ \to R_+$ 是一个连续的严格单增函数, 且 $c(0) = 0$. 故存在常数 $r_0 > 0$ 使得

$$\dot{V}(t, x(t, t_0, x_0)) \leqslant -r_0, \quad t_k - \frac{\varepsilon_0}{2M} \leqslant t \leqslant t_k + \frac{\varepsilon_0}{2M},$$

因此, 当 $k \to \infty$ 时有

$$V\left(t_k + \frac{\varepsilon_0}{2M}, x\left(t_k + \frac{\varepsilon_0}{2M}, t_0, x_0\right)\right) - V(t_0, x_0) \leqslant -r_0 \frac{\varepsilon_0}{M}(k-1) \to -\infty,$$

这就与函数 $V(t, x)$ 的定正性相矛盾. 于是我们得到方程组 (3.1) 的零解 $x = 0$ 是渐近稳定的. 证毕.

注意: 比较定理 6.2 和定理 6.3, 我们发现在定理 6.3 中函数 $V(t,x)$ 的具有无穷小上界的条件被方程右端函数 $f(t,x)$ 的有界性所代替.

下述定理是一致渐近稳定性定理 (定理 6.2) 的一个推广. 在这个定理中全导数 $\dot{V}_{(3.1)}(t,x)$ 的定负性被减弱到可以变号的情形.

定理 6.4 若对于方程组 (3.1), 存在具有无穷小上界的定正 Lyapunov 函数 $V(t,x)$ 和定正函数 $W(t,x)$ 使得对任何充分小的常数 $\lambda > 0$ 在区域 $G_\lambda = \{x : \lambda \leqslant |x| \leqslant H\}$ 上一致地有

$$\limsup_{t \to \infty}(\dot{V}_{(3.1)}(t,x) + W(t,x)) \leqslant 0.$$

则方程组 (3.1) 的零解 $x = 0$ 是一致渐近稳定的.

证明 根据命题 4.2, 存在连续的严格单增函数 $a(r), b(r), c(r) : R_+ \to R_+$, 且满足 $a(0) = b(0) = c(0) = 0$, 使得对一切 $(t,x) \in R_+ \times G$ 有 $a(|x|) \leqslant V(t,x) \leqslant b(|x|)$ 和 $W(t,x) \geqslant c(|x|)$. 对任意的常数 $\varepsilon > 0$, 且 $\varepsilon < H$, 选取常数 $\delta = \delta(\varepsilon) > 0$ 使得 $b(\delta) < a(\varepsilon)$, 且 $\delta < \varepsilon$. 考虑区域 $G_\delta = \{x : \delta \leqslant |x| \leqslant H\}$, 则存在常数 $T(\varepsilon) > 0$ 使得当 $t \geqslant T(\varepsilon)$ 和 $x \in G_\delta$ 时有

$$\dot{V}_{(3.1)}(t,x) + W(t,x) \leqslant \frac{c(\delta)}{2},$$

因此, 在区域 $D_\delta = \{(t,x) : t \geqslant T(\varepsilon), \delta \leqslant |x| \leqslant H\}$ 上有

$$\dot{V}_{(3.1)}(t,x) \leqslant -\frac{c(\delta)}{2}. \tag{6.9}$$

对任何初始点 $(t_0, x_0) \in R_+ \times G$, 考虑方程组 (3.1) 的解 $x = x(t, t_0, x_0)$, 分如下两种情况讨论.

(1) 初始时刻 $t_0 \geqslant T(\varepsilon)$. 当初始值 $|x_0| < \delta$ 时, 若在某个时刻 $t > t_0$ 有 $|x(t, t_0, x_0)| \geqslant \varepsilon$, 则存在 t_1 和 t_2, 且 $t_0 \leqslant t_1 < t_2$, 使得 $|x(t_1, t_0, x_0)| = \delta$, $|x(t_2, t_0, x_0)| = \varepsilon$ 和对一切 $t \in (t_1, t_2)$ 有 $\delta < |x(t, t_0, x_0)| < \varepsilon$. 由 (6.9) 式得到

$$a(\varepsilon) \leqslant V(t_2, x(t_2, t_0, x_0)) \leqslant V(t_1, x(t_1, t_0, x_0)) \leqslant b(\delta),$$

这与 $b(\delta) < a(\varepsilon)$ 相矛盾. 因此, 对一切 $t \geqslant t_0$ 应有

$$|x(t, t_0, x_0)| < \varepsilon. \tag{6.10}$$

(2) 初始时刻 $t_0 \in [0, T(\varepsilon))$. 由于 $x = 0$ 是方程组 (3.1) 通过初始点 $(t_0, 0)$ 的定义于 $[0, \infty)$ 上的解, 故由解对初值的连续依赖性, 存在常数 $\delta_1(\varepsilon)$, 且 $\delta_1(\varepsilon) <$

$\delta(\varepsilon)$, 使得对任何 $t_0 \in [0, T(\varepsilon))$ 和 $x_0 \in G$ 且当 $|x_0| < \delta_1(\varepsilon)$ 时有 $|x(t, t_0, x_0)| < \delta(\varepsilon)$ 对一切 $t \in [t_0, T(\varepsilon)]$. 于是 $|x(T(\varepsilon), t_0, x_0)| < \delta(\varepsilon)$. 由于对一切 $t \geqslant t_0$ 有

$$x(t, t_0, x_0) = x(t, T(\varepsilon), x(T(\varepsilon), t_0, x_0)), \tag{6.11}$$

因此, 由 (6.10) 式得到对一切 $t \geqslant T(\varepsilon)$ 有

$$|x(t, t_0, x_0)| < \varepsilon.$$

这样我们便证明了, 对任意的充分小常数 $\varepsilon > 0$ 总存在常数 $\delta_1 = \delta_1(\varepsilon)$, 使得对任何的 $t_0 \in R_+$ 和 $|x_0| < \delta_1$ 都有 $|x(t, t_0, x_0)| < \varepsilon$ 对一切 $t \geqslant t_0$. 即零解 $x = 0$ 是一致稳定的.

由 $x = 0$ 的一致稳定性, 首先存在常数 $\delta_0 > 0$, 当 $t_0 \in R_+$ 和 $|x_0| < \delta_0$ 时对一切 $t \geqslant t_0$ 有 $|x(t, t_0, x_0)| < H$. 其次对任给的常数 $\varepsilon > 0$, 可选取常数 $\delta = \delta(\varepsilon) > 0$ 满足 $b(\delta) < a(\varepsilon)$, 且 $\delta(\varepsilon) < \min\{\varepsilon, \delta_0\}$, 使得对任何 $t_0 \in R_+$ 和 $x_0 \in G$, 且 $|x_0| < \delta$, 就有 $|x(t, t_0, x_0)| < \varepsilon$ 对一切 $t \geqslant t_0$. 当初始时刻 $t_0 \geqslant T(\varepsilon)$ 时, 这里 $T(\varepsilon)$ 如上所述, 考虑方程组 (3.1) 的满足 $|x_0| < \delta_0$ 的解 $x(t, t_0, x_0)$. 由于在区域 D_δ 上有 (6.9) 式成立, 因此采用定理 6.2 证明中的相同论证, 选取 $T_1(\varepsilon) = \dfrac{2b(\delta_0)}{c(\delta)} + 1$, 则当 $t \geqslant t_0 + T_1(\varepsilon)$ 时我们有 $|x(t, t_0, x_0)| < \varepsilon$.

若初始时刻 $t_0 \in [0, T(\varepsilon))$, 由于 $x = 0$ 是方程组 (3.1) 定义于 $[0, \infty)$ 上的解, 故由解对初值的连续依赖性得知, 存在常数 $\delta_1 > 0$, 且 $\delta_1 \leqslant \delta_0$, 使得当 $t_0 \in [0, T(\varepsilon))$ 和 $|x_0| < \delta_1$ 时有 $|x(t, t_0, x_0)| < \delta_0$ 对一切 $t \in [t_0, T(\varepsilon)]$. 根据 (6.11) 式得到满足初值 $0 \leqslant t_0 < T(\varepsilon)$ 和 $|x_0| < \delta_1$ 的解 $x(t, t_0, x_0)$ 对一切 $t \geqslant t_0 + T(\varepsilon) + T_1(\varepsilon)$. 显然有 $|x(t, t_0, x_0)| < \varepsilon$. 因此, 我们选取数 $T_2(\varepsilon) = T(\varepsilon) + T_1(\varepsilon)$, 则对任何的初始时刻 $t_0 \in R_+$ 和初始值 $|x_0| < \delta_1$ 有 $|x(t, t_0, x_0)| < \varepsilon$ 对一切 $t \geqslant t_0 + T_2(\varepsilon)$. 故零解 $x = 0$ 是一致吸引的. 证毕.

下面我们考察自治的微分方程组 (3.2) 的零解的渐近稳定性, 有如下基本定理.

定理 6.5 若对于自治方程组 (3.2) 存在定正的 Lyapunov 函数 $V(x)$ 使得全导数 $\dot{V}_{(3.2)}(x)$ 是常负的, 并且集合 $E = \{x : \dot{V}_{(3.2)}(x) = 0\}$ 中除了零解 $x = 0$ 外不包含方程组 (3.2) 的其他任何整条正半轨线, 则方程组 (3.2) 的零解 $x = 0$ 是渐近稳定的, 从而也是一致渐近稳定.

证明 首先由推论 5.1 得知, 零解 $x = 0$ 是一致稳定的. 所以, 存在 $\delta_0 > 0$, 对任何的初始时刻 $t_0 \in R_+$ 和初始值 $|x_0| < \delta_0$ 有

$$|x(t, t_0, x_0)| < H, \quad t \geqslant t_0. \tag{6.12}$$

由命题 4.1 得知, $V(x(t, t_0, x_0))$ 是 $t \in [t_0, \infty)$ 上的非增函数. 故当 $t \to \infty$ 时 $V(x(t, t_0, x_0)) \to \alpha$, 这里 $\alpha \geqslant 0$ 是某个常数. 若当 $t \to \infty$ 时 $x(t, t_0, x_0)$ 不趋向于零, 则存在时间序列 $\{t_k\}$, 且 $t_k \to \infty (k \to \infty)$ 使得 $x(t_k, t_0, x_0) \to x^*$, 且 $x^* \neq 0$. 考虑方程组 (3.2) 的满足初始条件 $x(t_0) = x^*$ 的解 $x(t, t_0, x^*)$, 由解对初值的连续依赖性得知, 对一切 $t \geqslant t_0$ 有

$$x(t, t_0, x^*) = \lim_{k \to \infty} x(t, t_0, x(t_k, t_0, x_0))$$
$$= \lim_{k \to \infty} x(t + t_k - t_0, t_0, x_0),$$

又由函数 $V(x)$ 的连续性得到, 对一切 $t \geqslant t_0$ 有

$$V(x(t, t_0, x^*)) = \lim_{k \to \infty} V(x(t + t_k - t_0, t_0, x_0)) \equiv \alpha.$$

因此, 我们有 $V(x(t, t_0, x^*)) \equiv \alpha$ 对一切 $t \geqslant t_0$. 根据 (6.12) 式得到 $|x(t, t_0, x^*)| \leqslant H$ 对一切 $t \geqslant t_0$, 从而 $\dot{V}(x(t, t_0, x^*)) \equiv 0$ 对一切 $t \geqslant t_0$. 因此, 我们有 $x(t, t_0, x^*) \in E$ 对一切 $t \geqslant t_0$. 这表明集合 $E = \{x : \dot{V}_{(3.2)}(x) = 0\}$ 除了零解 $x = 0$ 外包含了方程组 (3.2) 的其他整条正半轨线, 这是矛盾的. 因此, 当 $t \to \infty$ 时 $x(t, t_0, x_0) \to 0$, 即零解 $x = 0$ 是吸引的. 证毕.

定理 6.5 能被推广到周期的方程组 (3.1) 上, 我们有下面的结论. 读者可根据方程组 (3.1) 的周期性, 并采用类似于定理 6.5 的证明方法给出证明.

定理 6.6 若对于 ω-周期方程组 (3.1) 存在定正的 ω-周期 Lyapunov 函数 $V(t, x)$ 使得全导数 $\dot{V}_{(3.1)}(t, x)$ 是常负的, 并且集合 $E = \{(t, x) : \dot{V}_{(3.1)}(t, x) = 0\}$ 中除了零解 $x = 0$ 外不包含方程组 (3.1) 的其他任何整条正半解曲线, 则方程组 (3.1) 的零解 $x = 0$ 是渐近稳定的, 从而也是一致渐近稳定的.

如果我们选取 Lyapunov 函数 $V(t, x)$ 是定义在 $(t, x) \in R_+ \times G$ 上的连续标量函数, 并且关于 x 满足局部的 Lipschitz 条件, 则我们有下面完全相同的结论.

定理 6.2* 若对于方程组 (3.1) 存在具有无穷小上界的定正 Lyapunov 函数 $V(t, x)$, 使得全导数 $D^+V_{(3.1)}(t, x)$ 是定负的, 则方程组 (3.1) 的零解 $x = 0$ 是一致渐近稳定的.

同样地, 我们能够将定理 6.3—定理 6.6 推广到 Lyapunov 函数 $V(t, x)$ 是定义在 $(t, x) \in R_+ \times G$ 上的连续标量函数, 并且关于 x 满足局部的 Lipschitz 条件的情形.

下面我们通过一些具体的例子来说明上述基本定理的使用.

例 6.1 讨论方程组

$$\dot{x} = y, \quad \dot{y} = -2x - 3y \tag{6.13}$$

零解 $x = y = 0$ 的稳定性问题.

解　选取 Lyapunov 函数 $V(x, y) = \dfrac{1}{2}(8x^2 + 4xy + y^2)$, 显然 $V(x, y)$ 是定正的, 并且全导数 $\dot{V}_{(6.13)}(x, y) = -(4x^2 + y^2)$ 是定负的. 因此, 由定理 6.2 得知, 零解 $x = y = 0$ 是一致渐近稳定的.

例 6.2　讨论方程组

$$\begin{cases} \dot{x} = -x - y - (x - y)(x^2 + y^2), \\ \dot{y} = x - y + (x + y)(x^2 + y^2) \end{cases} \tag{6.14}$$

的零解 $x = y = 0$ 的稳定性问题.

解　选取 Lyapunov 函数 $V(x, y) = x^2 + y^2$, 计算全导数得

$$\dot{V}_{(6.14)}(x, y) = 2(x^2 + y^2 - 1)(x^2 + y^2),$$

当 $x^2 + y^2 < 1$ 时 $\dot{V}_{(6.14)}(x, y)$ 是定负的. 根据定理 6.2, 零解 $x = y = 0$ 是渐近稳定的.

例 6.3　研究方程组

$$\begin{cases} \dot{x} = y, \\ \dot{y} = -x - y \end{cases} \tag{6.15}$$

的零解 $x = y = 0$ 的稳定性问题.

解　选取 Lyapunov 函数 $V(x, y) = \dfrac{1}{2}(x^2 + y^2)$, 计算全导数得

$$\dot{V}_{(6.15)}(x, y) = -y^2.$$

显然 $V(x, y)$ 定正, 而 $\dot{V}_{(6.15)}(x, y)$ 常负, 并且 $E = \{(x, y) : \dot{V}_{(6.14)}(x, y) = 0\} = \{y = 0\}$. 设 $(x(t), y(t))$ 是方程组 (6.15) 的解, 并且 $(x(t), y(t)) \in E$ 对一切 $t \geqslant t_0$. 由于 $y(t) \equiv 0$, 从方程组 (6.15) 的第二个方程得到 $x(t) \equiv 0$. 这表明集合 E 除了零解 $x = y = 0$ 之外不包含方程组 (6.15) 的其他任何整条正半轨线, 故有定理 6.5 得知, 零解 $x = y = 0$ 是一致渐近稳定的.

例 6.4　研究方程组

$$\begin{cases} \dot{x} = -(1 + \sin^2 t)x + (1 - \sin t \cos t)y, \\ \dot{y} = -(1 + \sin t \cos t)x - (1 + \cos^2 t)y \end{cases} \tag{6.16}$$

的零解 $x = y = 0$ 的稳定性问题.

解 选取定正的 Lyapunov 函数 $V(x,y) = x^2 + y^2$, 并且全导数

$$\dot{V}_{(6.16)}(t,x,y) = -2(x^2 + y^2) - 2(x\sin t + y\cos t)^2$$

是定负的. 因此, 由定理 6.2 得到, 零解 $x = y = 0$ 是一致渐近稳定的.

例 6.5 研究方程

$$\dot{x} = -\frac{x}{t+1} \tag{6.17}$$

的零解 $x = 0$ 的稳定性问题.

解 选取 Lyapunov 函数 $V(t,x) = (t+1)x^2$, 则 $V(t,x)$ 是定正的, 但不具有无穷小上界. 全导数 $\dot{V}_{(6.17)}(t,x) = -x^2$ 是定负的. 由于方程 (6.17) 的右端函数 $f(t,x) = -\dfrac{x}{t+1}$ 对有界的 x 是有界的, 故由定理 6.3 得知, 零解 $x = 0$ 是渐近稳定的. 但是 $x = 0$ 不是一致渐近稳定的. 因为方程 (6.17) 的一般解的表达式为 $x(t,t_0,x_0) = \dfrac{t_0+1}{t+1}x_0$, 显然极限 $\lim_{t\to\infty} x(t,t_0,x_0) = 0$ 关于初始时刻 $t_0 \in R_+$ 不是一致的. 故零解 $x = 0$ 不是一致吸引的. 这表明函数 $V(t,x)$ 的具有无穷小上界的性质在判别零解 $x = 0$ 的一致渐近稳定性时是必不可少的.

甚至, 去掉 Lyapunov 函数无穷小上界, 零解的渐近稳定都不能判定, 我们给下面的例子.

例 6.6 设函数 $f(t)$ 在 $[0,\infty)$ 上是正的和连续的, 其图形如图 6.1 所示. 对任何整数 $n \geqslant 1$, $f(n) = 1$, $f(t)$ 在区间 $\left(n - \left(\dfrac{1}{2}\right)^n, n + \left(\dfrac{1}{2}\right)^n\right)$ 上的图形近似于三角形, 在其他区间上的图形近似于指数函数 $y = e^{-t}$.

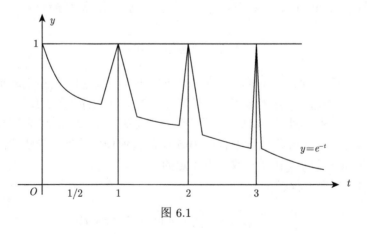

图 6.1

考虑方程

$$\dot{x} = \frac{f'(t)}{f(t)}x.$$

显然 $x = 0$ 是其零解, 且通过任何初始点 (t_0, x_0) 的解为 $x(t) = \dfrac{f(t)}{f(t_0)} x_0$. 由此得知, $\lim_{t \to \infty} x(t) \neq 0$ 对任何 $x_0 \neq 0$. 所以 $x = 0$ 不吸引, 从而不渐近稳定. 选取 Lyapunov 函数如下

$$V(t, x) = \frac{x^2}{f(t)} \left(3 - \int_0^t f^2(s)ds \right).$$

由于对任何 $t > 0$ 积分

$$\int_0^t f^2(s)ds \leqslant \int_0^\infty f^2(s)ds \leqslant \int_0^\infty e^{-s}ds + \sum_{n=1}^\infty \frac{1}{2^n} = 2.$$

故有

$$V(t, x) \geqslant \frac{x^2}{f(t)} \geqslant x^2.$$

因此, $V(t, x)$ 在区域 $R_+ \times R$ 上定正. 计算全导数, 我们容易得到

$$\dot{V}(t, x) = -x^2,$$

因此全导数定负. 但是, 从 $V(t, x)$ 的表达式, 我们容易得到 $V(t, x)$ 不具有无穷小上界. 因此, Lyapunov 函数的无穷小上界在判定零解的渐近稳定时也不能去掉.

　　例 6.7　讨论方程组

$$\dot{x}_i = \frac{1}{t + 1} \sum_{j=1}^n a_{ij}(t)x_j - x_i^3, \quad i = 1, 2, \cdots, n \tag{6.18}$$

的零解 $x_i = 0 (i = 1, 2, \cdots, n)$ 的稳定性问题, 这里 $a_{ij}(t)$ 是 $t \in R_+$ 上的有界连续函数.

　　解　选取 Lyapunov 函数 $V(x) = \dfrac{1}{2}(x_1^2 + x_2^2 + \cdots + x_n^2)$, 计算全导数得

$$\dot{V}_{(6.18)}(t, x) = \frac{1}{t + 1} \sum_{i=1}^n \left(\sum_{j=1}^n a_{ij}(t)x_j \right) x_i - \sum_{i=1}^n x_i^4.$$

显然, 函数 $V(x)$ 满足定理 6.4 的全部条件, 此处函数 $W(t, x) = \sum_{i=1}^n x_i^4$ 定正. 于是零解 $x = 0$ 是一致渐近稳定的.

第 7 节　不稳定的基本定理

本节我们建立关于方程组零解不稳定的基本判定准则. 首先我们考察非自治方程组 (3.1) 的零解 $x = 0$ 的不稳定性. 不失一般性, 我们假定区域 $G = \{x : |x| \leqslant H\}$ 对某个常数 $H > 0$. 我们有如下基本定理.

定理 7.1　若对于方程组 (3.1) 存在满足下列条件的 Lyapunov 函数 $V(t, x)$:

(i) 存在某个初始时刻 $t_0 \geqslant 0$, 在原点 $x = 0$ 的任意充分小的邻域内有点 $x_0 \neq 0$ 使得 $V(t_0, x_0) > 0$;

(ii) 存在常数 $L > 0$ 使得 $V(t, x) \leqslant L$ 对一切 $(t, x) \in V_+ = \{(t, x) : V(t, x) > 0\}$;

(iii) 全导数 $\dot{V}_{(3.1)}(t, x)$ 在集合 V_+ 上是定正的,
则方程组 (3.1) 的零解 $x = 0$ 是不稳定的.

证明　对任意的充分小常数 $\delta > 0$, 以及常数 H^*, 且 $\delta < H^* < H$, 由条件 (i) 得知, 存在点 $x_0 \neq 0$, 且 $|x_0| < \delta$, 使得 $V(t_0, x_0) > 0$. 考虑方程组 (3.1) 的满足初始条件 $x(t_0) = x_0$ 的解 $x = x(t, t_0, x_0)$, 若存在 $t_1 > t_0$ 使得 $V(t_1, x(t_1, t_0, x_0)) = 0$, 而当 $t \in [t_0, t_1)$ 时有 $V(t, x(t, t_0, x_0)) > 0$. 则由于全导数 $\dot{V}_{(3.1)}(t, x) \geqslant 0$ 对一切 $(t, x) \in V_+$, 我们将得到

$$V(t_1, x(t_1, t_0, x_0)) \geqslant V(t_0, x_0) > 0,$$

这是矛盾的. 因此, $V(t, x(t, t_0, x_0)) > 0$ 对一切 $t \in I$, 这里区间 $I = \{t \geqslant t_0 : |x(t, t_0, x_0)| \leqslant H^*\}$.

若对一切 $t \geqslant t_0$ 有 $|x(t, t_0, x_0)| \leqslant H^*$, 则由解的延拓定理得知, 区间 $I = [t_0, \infty)$, 并且对一切 $t \geqslant t_0$ 有

$$V(t, x(t, t_0, x_0)) \geqslant V(t_0, x_0) > 0,$$

于是由条件 (iii) 得知, 存在常数 $M > 0$ 使得

$$\dot{V}(t, x(t, t_0, x_0)) \geqslant M, \quad t \geqslant t_0,$$

从而我们有

$$V(t, x(t, t_0, x_0)) \geqslant V(t_0, x_0) + M(t - t_0), \quad t \geqslant t_0,$$

因此 $V(t, x(t, t_0, x_0)) \to +\infty$ 当 $t \to \infty$ 时. 但这和条件 (ii) 相矛盾. 因此, 存在时刻 $t_0^* > t_0$ 使得 $|x(t_0^*, t_0, x_0)| > H^*$. 这表明零解 $x = 0$ 是不稳定的. 证毕.

推论 7.1　若对于方程组 (3.1) 存在一个 Lyapunov 函数 $V(t, x)$ 满足定理 7.1 的条件 (i) 和 (ii), 并且存在一个连续的严格单增函数 $a(r) : R_+ \to R_+$, 且满足 $a(0) = 0$, 使得全导数 $\dot{V}_{(3.1)}(t, x) \geqslant a(V(t, x))$ 对一切 $(t, x) \in V_+$, 则方程组 (3.1) 的零解 $x = 0$ 是不稳定的.

证明　事实上, 由于函数 $V(t, x)$ 在它自己的 V_+ 上是定正的, 故由函数 $a(r)$ 的性质得知, $a(V(t, x))$ 在 V_+ 上是定正的, 从而全导数 $\dot{V}_{(3.1)}(t, x)$ 在集合 V_+ 上是定正的, 即定理 7.1 的条件 (iii) 成立. 因此, 由定理 7.1 得知, 零解 $x = 0$ 是不稳定的. 证毕.

推论 7.2　若对于方程组 (3.1) 存在一个 Lyapunov 函数 $V(t, x)$ 满足下列条件:

(i) 存在某个初始时刻 $t_0 \geqslant 0$, 在原点 $x = 0$ 的任意充分小的邻域内有点 $x_0 \neq 0$ 使得 $V(t_0, x_0) > 0$;

(ii) 存在连续的严格单增函数 $b(r) : R_+ \to R_+$, 且满足 $b(0) = 0$, 使得 $V(t, x) \leqslant b(|x|)$ 对一切 $(t, x) \in V_+$;

(iii) 全导数 $\dot{V}_{(3.1)}(t, x)$ 在区域 $R_+ \times G$ 上是定正的,

则方程组 (3.1) 的零解 $x = 0$ 是不稳定的.

证明　显然, 定理 7.1 的条件 (i) 和 (ii) 是满足的. 对任给的充分小常数 $\varepsilon > 0$, 由于 $V(t, x) \leqslant b(|x|)$ 对一切 $(t, x) \in V_+$, 故当 $V(t, x) \geqslant \varepsilon$ 时推出 $|x| \geqslant l$ 对某个正数 l. 由于全导数 $\dot{V}_{(3.1)}(t, x)$ 在 $R_+ \times G$ 是定正的, 故存在正数 $\delta = \delta(\varepsilon) > 0$ 使得 $\dot{V}_{(3.1)}(t, x) \geqslant \delta$ 对 $t \in R_+$ 和 $|x| \geqslant l$. 这表明 $\dot{V}_{(3.1)}(t, x)$ 在集合 V_+ 上是定正的. 因此, 由定理 7.1 得知, 零解 $x = 0$ 是不稳定的. 证毕.

关于自治的微分方程组 (3.2) 的零解 $x = 0$ 的不稳定性, 首先我们有如下定理 7.1 的一个推论.

推论 7.3　若对于自治方程组 (3.2) 存在一个 Lyapunov 函数 $V(x)$ 使得在原点 $x = 0$ 的任意充分小邻域内有点 $x_0 \neq 0$ 使得 $V(x_0) > 0$, 并且全导数 $\dot{V}_{(3.2)}(x) > 0$ 对一切 $x \in V_+ = \{x : V(x) > 0\}$, 则方程组 (3.2) 的零解 $x = 0$ 是不稳定的.

定理 7.2　若对于自治方程组 (3.2) 存在一个 Lyapunov 函数 $V(x)$ 使得在原点 $x = 0$ 的任意充分小的邻域内有点 $x_0 \neq 0$ 使得 $V(x_0) > 0$, 并且全导数 $\dot{V}_{(3.2)}(x)$ 是常正的, 在集合 $E = \{x : \dot{V}_{(3.2)}(x) = 0\}$ 中除了零解 $x = 0$ 外不包含方程组 (3.2) 的其他任何整条正半轨线, 则方程组 (3.2) 的零解 $x = 0$ 是不稳定的.

证明　采用反证法, 若零解 $x = 0$ 是稳定的, 则首先对任何 $t_0 \in R_+$ 存在

$\delta_0 > 0$ 使得当 $x_0 \in G$ 且 $|x_0| < \delta_0$ 时有 $|x(t, t_0, x_0)| < H$ 对任何 $t \geqslant t_0$. 进一步由解的延拓定理得知, 解 $x(t, t_0, x_0)$ 在 $[t_0, \infty)$ 上有定义. 其次对任意充分小的常数 $\varepsilon > 0$ 且 $\varepsilon < \delta_0$ 和初始时刻 $t_0 \in R_+$ 总存在常数 $\delta = \delta(\varepsilon, t_0) > 0$, 使得对任何初始值 $x_0 \in G$, 且 $|x_0| < \delta$, 都有解 $x = x(t, t_0, x_0)$ 满足 $|x(t, t_0, x_0)| < \varepsilon$ 对一切 $t \geqslant t_0$.

现在我们选取点 $x_0 \neq 0$, 且 $|x_0| < \delta$, 使得 $V(x_0) > 0$. 由于全导数 $\dot{V}_{(3.2)}(x) \geqslant 0$ 对一切 $x \in G$, 故 $\dot{V}(x(t, t_0, x_0)) \geqslant 0$ 对一切 $t \geqslant t_0$. 这表明 $V(x(t, t_0, x_0))$ 在 $[t_0, \infty)$ 上是非减的, 并且 $V(x(t, t_0, x_0)) \geqslant V(x_0) > 0$ 对一切 $t \geqslant t_0$. 由此得到, 存在常数 $l > 0$ 使得 $|x(t, t_0, x_0)| \geqslant l$ 对一切 $t \geqslant t_0$. 由于 $l \leqslant |x(t, t_0, x_0)| \leqslant \varepsilon$ 对一切 $t \geqslant t_0$, 故存在时间序列 $\{t_k\}$, 且 $t_k \to \infty(k \to \infty)$, 使得 $x(t_k, t_0, x_0) \to x^*(k \to \infty)$, 且 $l \leqslant |x^*| \leqslant \varepsilon$, 这样的点 x^* 一定存在. 考虑方程组 (3.2) 的解 $x = x(t, t_0, x^*)$, 由于 $|x^*| \leqslant \varepsilon < \delta_0$, 于是 $x(t, t_0, x_0)$ 在 $t \in [t_0, \infty)$ 上有定义. 由解对初值的连续依赖性得知对一切 $t \geqslant t_0$ 有

$$x(t, t_0, x^*) = \lim_{k \to \infty} x(t, t_0, x(t_k, t_0, x_0))$$
$$= \lim_{k \to \infty} x(t + t_k - t_0, t_0, x_0),$$

由于当 $t \to \infty$ 时 $V(x(t, t_0, x_0)) \to a > 0$ 是存在的, 故我们得到

$$V(x(t, t_0, x^*)) = \lim_{k \to \infty} V(x(t + t_k - t_0, t_0, x_0))$$
$$\equiv a \equiv V(x^*), \quad t \geqslant t_0,$$

从而我们有

$$\dot{V}(x(t, t_0, x^*)) \equiv 0, \quad t \geqslant t_0.$$

这表明解 $x(t, t_0, x^*) \in E = \{x : \dot{V}_{(3.2)}(x) = 0\}$ 对一切 $t \geqslant t_0$. 但这与定理的条件是相矛盾的. 故零解 $x = 0$ 是不稳定的. 证毕.

定理 7.2 也能被推广到周期的方程组 (3.1) 上, 我们有下面的结论. 读者可根据方程组 (3.1) 的周期性, 并采用类似于定理 7.2 的证明方法给出证明.

定理 7.3 若对于 ω-周期方程组 (3.1) 存在一个 ω-周期 Lyapunov 函数 $V(t, x)$ 使得存在一个 $t_0 \in R_+$, 在原点 $x = 0$ 的任意充分小的邻域内有点 $x_0 \neq 0$ 使得 $V(t_0, x_0) > 0$, 并且全导数 $\dot{V}_{(3.1)}(t, x)$ 是常正的, 在集合 $E = \{(t, x) : \dot{V}_{(3.1)}(t, x) = 0\}$ 中除了零解 $x = 0$ 外不包含方程组 (3.1) 的其他任何整条正半解曲线, 则方程组 (3.1) 的零解 $x = 0$ 是不稳定的.

如果我们选取 Lyapunov 函数 $V(t, x)$ 是定义在 $(t, x) \in R_+ \times G$ 上的连续标量函数, 并且关于 x 满足局部的 Lipschitz 条件, 则我们有下面完全相同的结论.

定理 7.1* 　若对于方程组 (3.1) 存在满足下列条件的 Lyapunov 函数 $V(t,x)$:

(i) 存在某个初始时刻 $t_0 \geqslant 0$, 在原点 $x = 0$ 的任意充分小的邻域内有点 $x_0 \neq 0$ 使得 $V(t_0, x_0) > 0$;

(ii) 存在常数 $L > 0$ 使得 $V(t,x) \leqslant L$ 对一切 $(t,x) \in V_+ = \{(t,x) : V(t,x) > 0\}$;

(iii) 全导数 $D_+ V_{(3.1)}(t,x)$ 在集合 V_+ 上是定正的,

则方程组 (3.1) 的零解 $x = 0$ 是不稳定的.

同样地, 我们能够将推论 7.1、定理 7.2 和定理 7.2 推广到 Lyapunov 函数 $V(t,x)$ 是定义在 $(t,x) \in R_+ \times G$ 上的连续标量函数, 并且关于 x 满足局部的 Lipschitz 条件的情形.

下面我们通过一些例子来说明上述基本定理的使用.

例 7.1 　讨论方程组

$$\begin{cases} \dot{x} = tx + e^t y + x^2 y, \\ \dot{y} = \dfrac{t+2}{t+1} x - ty + xy^2 \end{cases} \tag{7.1}$$

零解 $x = y = 0$ 的稳定性问题.

解　选取 Lyapunov 函数 $V(x,y) = xy$, 计算全导数得

$$\dot{V}_{(7.1)}(t,x,y) = \frac{2+t}{1+t} x^2 + e^t y^2 + 2x^2 y^2 \geqslant x^2 + y^2 + 2x^2 y^2,$$

它是定正的. 不难看出推论 7.2 的全部条件成立, 故零解 $x = y = 0$ 是不稳定的.

例 7.2 　讨论方程组

$$\begin{cases} \dot{x} = y^3 + x^5, \\ \dot{y} = x^3 + y^5 \end{cases} \tag{7.2}$$

的零解 $x = y = 0$ 的稳定性问题.

解　选取 Lyapunov 函数 $V(x,y) = x^4 - y^4$, 计算全导数得

$$\dot{V}_{(7.2)}(x,y) = 4(x^8 - y^8) = 4(x^4 + y^4)V(x,y).$$

显然, 当 $V(x,y) > 0$ 时有 $\dot{V}_{(5.2)}(x,y) > 0$, 所以推论 7.3 的全部条件成立. 故零解 $x = y = 0$ 是不稳定的.

例 7.3 　讨论方程组

$$\begin{cases} \dot{x} = -x - y - z + x(x^2 + y^2 + z^2), \\ \dot{y} = x - 2y + 2z + y(x^2 + y^2 + z^2), \\ \dot{z} = x + 2y + z + z(x^2 + y^2 + z^2) \end{cases} \tag{7.3}$$

的零解 $x = y = z = 0$ 的稳定性问题.

    解 选取 Lyapunov 函数 $V(x, y, z) = z^2 - y^2 - x^2$, 计算全导数得

$$\dot{V}_{(7.3)}(x, y, z) = 2(x^2 + y^2 + z^2) + 2(z^2 - x^2 - y^2)(x^2 + y^2 + z^2).$$

显然, 当 $V(x, y, z) > 0$ 时有 $\dot{V}_{(7.3)}(x, y, z) > 0$, 所以推论 7.3 的全部条件成立. 故零解 $x = y = z = 0$ 是不稳定的.

    例 7.4 讨论方程组

$$\begin{cases} \dot{x}_1 = x_2, \\ \dot{x}_2 = -x_1 + \varepsilon(1 - x_1^2)x_2 \end{cases} \tag{7.4}$$

的零解 $x_1 = x_2 = 0$ 的稳定性问题.

    解 选取 Lyapunov 函数 $V(x_1, x_2) = x_1^2 + x_2^2$, 求全导数得

$$\dot{V}_{(7.4)}(x_1, x_2) = 2\varepsilon x_2^2(1 - x_1^2)$$

在单位圆 $x_1^2 + x_2^2 < 1$ 内 $V(x_1, x_2)$ 定正, 而 $\dot{V}_{(7.4)}(x_1, x_2)$ 常正, 并且集合 $E = \{(x_1, x_2) : \dot{V}_{(7.4)}(x_1, x_2) = 0\} = \{x_2 = 0\}$. 若 $(x_1(t), x_2(t))$ 是方程组 (7.4) 的一个解, 且 $(x_1(t), x_2(t)) \in E$ 对一切 $t \geqslant t_0$, 则有 $x_2(t) \equiv 0$, 从而 $\dot{x}_2(t) \equiv 0$, 代入方程组 (7.4) 的第二个方程我们得到 $x_1(t) \equiv 0$. 这表明集合 E 除了零解 $x_1 = x_2 = 0$ 之外不包含方程组 (7.4) 的其他任何整条正半轨线. 因此, 定理 7.2 的全部条件成立. 故零解 $x_1 = x_2 = 0$ 是不稳定的.

第 8 节　全局渐近稳定的基本定理

本节我们建立关于方程组零解全局渐近稳定的基本判定准则. 我们始终假设方程组 (3.1) 的右端函数 $f(t,x)$ 在整个 $R_+ \times R^n$ 上有定义和连续, 并且关于 x 满足局部的 Lipschitz 条件.

首先类似于定理 6.1 的证明方法, 我们有如下关于自治的和周期的微分方程组 (3.1) 解的全局一致渐近稳定性的基本定理.

定理 8.1　对于自治的和周期的微分方程组 (3.1), 若零解 $x=0$ 是全局渐近稳定的, 则它也是全局一致渐近稳定的.

下面我们叙述和证明关于解的全局渐近稳定性的 Lyapunov 型基本定理.

定理 8.2　若对于方程组 (3.1) 存在在整个 $R_+ \times R^n$ 上正定的、具有无穷大性质的和具有无穷小上界的 Lyapunov 函数 $V(t,x)$ 使得全导数 $\dot{V}_{(3.1)}(t,x)$ 在整个 $R_+ \times R^n$ 上是定负的, 则方程组 (3.1) 的零解 $x=0$ 是全局一致渐近稳定的.

证明　零解 $x=0$ 的一致稳定性由定理 5.2 直接得到. 因此, 这里只需证明零解 $x=0$ 的全局一致吸引性. 命题 4.2 和命题 4.3 推出, 存在连续的严格单增函数 $a(r), b(r): R_+ \to R_+$, 且满足 $a(0)=b(0)=0$ 和 $a(r) \to \infty$ 当 $r \to +\infty$ 时, 使得对一切 $(t,x) \in R_+ \times R^n$ 有

$$a(|x|) \leqslant V(t,x) \leqslant b(|x|). \tag{8.1}$$

首先证明, 对任何常数 $M > 0$ 存在常数 $\alpha = \alpha(M)$ 使得对于方程组 (3.1) 的任何解 $x = x(t,t_0,x_0)$, 只要初始点 $t_0 \in R_+$ 和 $|x_0| \leqslant M$, 就有 $|x(t,t_0,x_0)| \leqslant \alpha$ 对一切 $t \geqslant t_0$. 事实上, 对任何常数 $M > 0$, 由于 $\lim_{r \to \infty} a(r) = \infty$, 故可以选取 $\alpha = a^{-1}(b(M))$. 由全导数 $\dot{V}_{(3.1)}(t,x)$ 在整个 $R_+ \times R^n$ 上定负得到 $\dot{V}(t,x(t,t_0,x_0)) \leqslant 0$ 对一切使得 $x(t,t_0,x_0)$ 有定义的 $t \geqslant t_0$. 故 $V(t,x(t,t_0,x_0))$ 是 t 的非增函数. 由 (8.1) 式得到

$$a(|x(t,t_0,x_0)|) \leqslant V(t,x(t,t_0,x_0)) \leqslant V(t_0,x_0) \leqslant b(|x_0|) \leqslant b(M),$$

因此, $|x(t,t_0,x_0)| \leqslant \alpha$ 对一切使得 $x(t,t_0,x_0)$ 有定义的 $t \geqslant t_0$ 成立. 于是, 由解的延拓定理得到, $x(t,t_0,x_0)$ 在 $[t_0,\infty)$ 上有定义, 并且 $|x(t,t_0,x_0)| \leqslant \alpha$.

由于全导数 $\dot{V}_{(3.1)}(t,x)$ 在 $t \in R_+$ 和 $|x| \leqslant \alpha$ 上定负, 故由命题 4.2 存在连续的严格单增函数 $c(r): R_+ \to R_+$, 且满足 $c(0) = 0$ 使得

$$\dot{V}_{(3.1)}(t,x) \leqslant -c(|x|)$$

对一切 $t \in R_+$ 和 $|x| \leqslant \alpha$. 现在证明当 $t \to \infty$ 时关于 $t_0 \in R_+$ 和 $|x_0| \leqslant M$ 一致地有 $x(t, t_0, x_0) \to 0$. 事实上, 对任意的充分小常数 $\varepsilon > 0$, 首先选取常数 $\eta = \eta(\varepsilon) > 0$ 使得 $b(\eta) < a(\varepsilon)$, 进一步选取常数 $T = T(M, \varepsilon) = \dfrac{b(M)}{c(\eta)} + 1$. 按照类似于定理 6.2 的证明过程得到, 存在一个 $t_1 \in [t_0, t_0 + T]$ 使得 $|x(t_1, t_0, x_0)| < \eta$. 由于 $V(t, x(t, t_0, x_0))$ 是 t 的非增函数, 故对一切 $t \geqslant t_0 + T$ 有

$$a(|x(t, t_0, x_0)|) \leqslant V(t, x(t, t_0, x_0))$$
$$\leqslant V(t_1, x(t_1, t_0, x_0)) \leqslant b(|x(t_1, t_0, x_0)|) \leqslant b(\eta) < a(\varepsilon).$$

因此, 对一切 $t \geqslant t_0 + T$ 有 $|x(t, t_0, x_0)| < \varepsilon$. 这样证明了方程组 (3.1) 的零解 $x = 0$ 是全局一致吸引. 证毕.

值得注意的是, 在上述定理中全导数 $\dot{V}_{(3.1)}(t, x)$ 在整个 $R_+ \times R^n$ 上定负, 并不能肯定一定存在一个连续的严格单增函数 $c(r) : R_+ \to R_+$, 且 $c(0) = 0$, 使得对一切 $(t, x) \in R_+ \times R^n$ 有

$$\dot{V}_{(3.1)}(t, x) \leqslant -c(|x|).$$

因为当 $|x| \to \infty$ 时可能有 $\dot{V}_{(3.1)}(t, x) \to 0$ 成立.

定理 8.2 中的 Lyapunov 函数 $V(t, x)$ 具有无穷大性质的条件也可用方程组 (3.1) 的任何解 $x = x(t, t_0, x_0)$ 在 $[t_0, \infty)$ 上有界来代替, 但此时只能得到零解 $x = 0$ 的全局渐近稳定性, 而不是全局一致渐近稳定性. 我们有如下结论.

定理 8.3 若对于方程组 (3.1) 存在定义于整个 $R_+ \times R^n$ 上的定正和具有无穷小上界的 Lyapunov 函数 $V(t, x)$ 使得全导数 $\dot{V}_{(3.1)}(t, x)$ 在整个 $R_+ \times R^n$ 上定负, 并且方程组 (3.1) 的过任何点 $(t_0, x_0) \in R_+ \times R^n$ 的解 $x = x(t, t_0, x_0)$ 在 $[t_0, \infty)$ 上有界, 则方程组 (3.1) 的零解 $x = 0$ 是全局渐近稳定的.

证明 零解 $x = 0$ 的稳定性是显然的. 因此只需证明方程组 (3.1) 的任何解 $x = x(t, t_0, x_0) \to 0$ 当 $t \to \infty$ 时. 由于全导数 $\dot{V}_{(3.1)}(t, x) \leqslant 0$ 对一切 $(t, x) \in R_+ \times R^n$, 故有 $V(t, x(t, t_0, x_0))$ 在 $[t_0, \infty)$ 上是非增的, 从而当 $t \to \infty$ 时 $V(t, x(t, t_0, x_0)) \to a$ 是存在的, 并且 $a \geqslant 0$.

若 $a > 0$, 则我们有 $V(t, x(t, t_0, x_0)) \geqslant a$ 对一切 $t \in [t_0, \infty)$, 由于 $V(t, x)$ 具有无穷小上界, 故存在连续的严格单增函数 $b(r) : R_+ \to R_+$, 且满足 $b(0) = 0$, 使得 $V(t, x) \leqslant b(|x|)$ 对一切 $(t, x) \in R_+ \times R^n$. 从而有 $b(|x(t, t_0, x)|) \geqslant a$ 对一切 $t \in [t_0, \infty)$. 因此, 存在常数 $\eta > 0$ 使得 $|x(t, t_0, x_0)| \geqslant \eta$ 对一切 $t \in [t_0, \infty)$. 又由于解 $x = x(t, t_0, x_0)$ 在 $[t_0, \infty)$ 上有界, 故存在常数 $M > 0$ 使得 $|x(t, t_0, x_0)| \leqslant M$ 对一切 $t \geqslant t_0$. 由于全导数 $\dot{V}_{(3.1)}(t, x)$ 定负, 故存在连续严格单增函数 $c(r) : R_+ \to R_+$, 且 $c(0) = 0$, 使得 $\dot{V}_{(3.1)}(t, x) \leqslant -c(|x|)$ 对一切 $(t, x) \in R_+ \times G_M$, 其中

$G_M = \{x \in R^n : |x| \leqslant M\}$. 故进一步存在常数 $\delta > 0$ 使得根据全导数 $\dot{V}_{(3.1)}(t,x)$ 的定负性得到

$$\dot{V}(t, x(t,t_0,x_0)) \leqslant -\delta, \quad t \in [t_0, \infty).$$

因此

$$V(t, x(t,t_0,x_0)) \leqslant V(t_0, x_0) - \delta(t - t_0), \quad t \in [t_0, \infty).$$

显然当 $t \to \infty$ 时得到 $V(t, x(t,t_0,x_0)) \to -\infty$. 但这矛盾. 故只能有 $a = 0$.

若 $a = 0$, 则由于 $V(t,x)$ 定正, 存在定义于 R^n 上的连续函数 $V(x)$, 且 $V(x) > 0$ 对 $x \neq 0$, 有 $V(t,x) \geqslant V(x)$ 对一切 $(t,x) \in R_+ \times G_M$, 于是有

$$V(t, x(t,t_0,x_0)) \geqslant V(x(t,t_0,x_0)), \quad t \in [t_0, \infty).$$

从而有 $\lim_{t\to\infty} V(x(t,t_0,x_0)) = 0$. 又因为解 $x = x(t,t_0,x_0)$ 在 $[t_0, \infty)$ 上有界, 因此不难证明, 当 $t \to \infty$ 时一定有 $x(t,t_0,x_0) \to 0$. 证毕.

此外, 定理 8.2 中的 Lyapunov 函数 $V(t,x)$ 具有无穷小上界的条件也可以用条件: 方程组 (3.1) 的右端函数 $f(t,x)$ 对 R^n 中的任何有界闭集 D, 在区域 $R_+ \times D$ 上有界来代替, 但此时同样只能得到零解 $x = 0$ 的全局渐近稳定性, 而不是全局一致渐近稳定性. 我们有结论如下.

定理 8.4　若对 R^n 中的任何有界闭集 D, 方程组 (3.1) 的右端函数 $f(t,x)$ 都在 $R_+ \times D$ 上有界, 并且存在在整个 $R_+ \times R^n$ 上定正和具有无穷大性质的 Lyapunov 函数 $V(t,x)$ 使得全导数 $\dot{V}_{(3.1)}(t,x)$ 在整个 $R_+ \times R^n$ 上定负, 则方程组 (3.1) 的零解 $x = 0$ 是全局渐近稳定的.

证明　零解 $x = 0$ 的稳定性是显然的, 因此只需证明它的全局吸引性. 对于方程组 (3.1) 的任何解 $x = x(t,t_0,x_0)$, 且初值 $(t_0,x_0) \in R_+ \times R^n$. 由于全导数 $\dot{V}_{(3.1)}(t,x)$ 在 $R_+ \times R^n$ 上是定负的, 故我们有

$$V(t, x(t,t_0,x_0)) \leqslant V(t_0, x_0), \quad t \in [t_0, T).$$

这里 $[t_0, T)$ 是解 $x(t,t_0,x_0)$ 的最大右存在区间. 由于 $V(t,x)$ 在 $R_+ \times R^n$ 上是定正的和具有无穷大性质的, 因此和定理 8.2 一样, 我们不难证明, 存在常数 $L > 0$ 使得 $|x(t,t_0,x_0)| \leqslant L$ 对一切 $t \in [t_0, T)$. 由解的延拓定理得知 $T = \infty$, 即解 $x = x(t,t_0,x_0)$ 在 $[t_0, \infty)$ 上有定义, 并且显然有 $|x(t,t_0,x_0)| \leqslant L$ 对一切 $t \geqslant t_0$.

下面证明 $x(t,t_0,x_0) \to 0$ 当 $t \to \infty$ 时. 若不然, 则存在时间序列 $\{t_k\}$, 且 $t_k \to \infty$ $(k \to \infty)$, 使得 $|x(t_k,t_0,x_0)| \geqslant \varepsilon_0$ 对 $k = 1,2,\cdots$, 这里 ε_0 为某个正常数. 因为函数 $f(t,x)$ 在 $R_+ \times \{x : |x| \leqslant L\}$ 上有界, 故存在常数 $M > 0$ 使得

$$\left| \frac{dx(t,t_0,x_0)}{dt} \right| = |f(t, x(t,t_0,x_0))| \leqslant M, \quad t \geqslant t_0.$$

从而不难证明, 在区间

$$t_k - \frac{\varepsilon_0}{2M} \leqslant t \leqslant t_k + \frac{\varepsilon_0}{2M}, \quad k = 1, 2, \cdots$$

上有 $|x(t, t_0, x_0)| \geqslant \dfrac{\varepsilon_0}{2}$. 我们可以假设这些区间序列是互不相交的. 由于在这些区间上有

$$\frac{\varepsilon_0}{2} \leqslant |x(t, t_0, x_0)| \leqslant L,$$

故不难得到, 存在常数 $\eta > 0$ 使得对一切 $t \in \left[t_k - \dfrac{\varepsilon_0}{2M}, t_k + \dfrac{\varepsilon_0}{2M} \right]$ 和 $k = 1, 2, \cdots$ 有

$$\dot{V}(t, x(t, t_0, x_0)) \leqslant -\eta,$$

因此有

$$V\left(t_k + \frac{\varepsilon_0}{2M}, x\left(t_k + \frac{\varepsilon_0}{2M}, t_0, x_0 \right) \right) - V(t_0, x_0)$$
$$< -\eta \frac{\varepsilon_0}{M}(k-1) \to -\infty, \quad k \to \infty.$$

但这和函数 $V(t, x) \geqslant 0$ 相矛盾. 因此只能有 $x(t, t_0, x_0) \to 0$ 当 $t \to \infty$ 时. 证毕.

现在对自治的微分方程组 (3.2) 给出解的全局渐近稳定性的 Lyapunov 型基本定理. 我们有如下结果.

定理 8.5　若对于自治微分方程组 (3.2) 存在在整个 R^n 上有定义的定正和具有无穷大性质的 Lyapunov 函数 $V(x)$ 使得全导数 $\dot{V}_{(3.2)}(x)$ 在整个 R^n 上常负, 并且集合 $E = \{x : \dot{V}_{(3.2)}(x) = 0\}$ 除了零解 $x = 0$ 外不包含方程组 (3.2) 的任何其他整条正半积分曲线, 则方程组 (3.2) 的零解 $x = 0$ 是全局渐近稳定的, 从而也是全局一致渐近稳定的.

定理 8.6　若对于自治微分方程组 (3.2) 存在在整个 R^n 上定义的定正 Lyapunov 函数 $V(x)$ 使得全导数 $\dot{V}_{(3.2)}(x)$ 在整个 R^n 上常负, 并且集合 $E = \{x : \dot{V}_{(3.2)}(x) = 0\}$ 除了零解 $x = 0$ 外不包含方程组 (3.2) 的任何其他整条正半轨线. 若方程组 (3.2) 的任何解 $x = x(t, t_0, x_0)$, 且 $(t_0, x_0) \in R_+ \times R^n$, 都在 $[t_0, \infty)$ 上有定义和有界, 则方程组 (3.2) 的零解 $x = 0$ 是全局渐近稳定的.

这两个定理的证明都是不困难的.

进一步, 类似于定理 6.6 和定理 7.3 我们也能将定理 8.5 和定理 8.6 推广到周期的方程组 (3.1) 上去, 读者可以自己建立这些判定定理, 并给出相应的证明.

如果我们选取的 Lyapunov 函数 $V(t, x)$ 是定义在 $(t, x) \in R_+ \times G$ 上的连续标量函数, 并且关于 x 满足局部的 Lipschitz 条件, 则有下面完全相同的结论.

定理 8.2*　若对于方程组 (3.1) 存在在整个 $R_+ \times R^n$ 上定正的、具有无穷大性质的和具有无穷小上界的 Lyapunov 函数 $V(t, x)$ 使得全导数 $D^+ V_{(3.1)}(t, x)$

在整个 $R_+ \times R^n$ 上是定负的, 则方程组 (3.1) 的零解 $x = 0$ 是全局一致渐近稳定的.

同样地, 定理 8.3—定理 8.6 也可以推广到 Lyapunov 函数 $V(t,x)$ 是定义在 $(t,x) \in R_+ \times G$ 上的连续标量函数, 并且关于 x 满足局部的 Lipschitz 条件的情形.

下面通过具体例子来说明上述基本定理的使用.

例 8.1　讨论方程 $\dfrac{d^2 x}{dt^2} + r(t)\dfrac{dx}{dt} + x = 0$ 的零解 $x = 0$ 的稳定性问题.

解　考虑等价的方程组

$$\begin{cases} \dot{x} = y, \\ \dot{y} = -x - r(t)y, \end{cases} \tag{8.2}$$

选取 Lyapunov 函数 $V(t,x,y) = (ax + y)^2 + \beta(t)x^2$, 这里常数 $a > 0$ 和函数 $\beta(t)$ 是待定的. 求全导数得

$$\begin{aligned} \dot{V}_{(8.2)}(t,x,y) = &-(2a - \dot{\beta}(t))x^2 - 2(r(t) - a)y^2 \\ &+ [2\beta(t) - 2 + 2a(a - r(t))]xy. \end{aligned}$$

若取函数 $\beta(t) = 1 - a^2 + ar(t)$, 则我们有

$$\dot{V}_{(8.2)}(t,x,y) = -(2a - a\dot{r}(t))x^2 - 2(r(t) - a)y^2.$$

设函数 $r(t)$ 满足条件: 存在常数 α_1, α_2 和 β_1 使得对一切 $t \in R_+$ 有

$$\alpha_2 \geqslant r(t) \geqslant \alpha_1 > 0, \quad \dot{r}(t) \leqslant \beta_1 < 2.$$

则只要选取 $0 < a < \alpha_1$ 就有在整个 $R_+ \times R^2$ 上函数 $V(t,x,y)$ 是定正、具有无穷大性质和无穷小上界的, 并且全导数 $\dot{V}_{(8.2)}(t,x,y)$ 是定负的. 故由定理 8.2 得知, 零解 $x = y = 0$ 是全局一致渐近稳定的.

例 8.2　讨论方程组

$$\begin{cases} \dot{x} = -\dfrac{2x}{(1 + x^2)^2} + 2y, \\ \dot{y} = -\dfrac{2y}{(1 + x^2)^2} - \dfrac{2x}{(1 + x^2)^2} \end{cases} \tag{8.3}$$

的零解 $x = y = 0$ 的稳定性问题.

解　选取 Lyapunov 函数 $V(x,y) = \dfrac{x^2}{1 + x^2} + y^2$, 显然 $V(x,y)$ 在 R^2 上定正, 求全导数得

$$\dot{V}_{(8.3)}(x,y) = -\dfrac{4}{(1 + x^2)^2}(x^2 + y^2),$$

显然 $\dot{V}_{(8.3)}(x,y)$ 在 R^2 上定负. 根据定理 6.5 得知零解 $x=y=0$ 是渐近稳定的. 然而零解 $x=y=0$ 不是全局渐近稳定的. 事实上, 考虑曲线 $l: y=2+\dfrac{1}{1+x^2}$, 沿着这条曲线方程组 (8.3) 变为

$$\begin{cases} \dot{x} = -\dfrac{2x}{(1+x^2)^2}+4+\dfrac{2}{1+x^2}, \\ \dot{y} = -\dfrac{1}{(1+x^2)^2}\left(4+\dfrac{2}{1+x^2}\right)-\dfrac{2x}{(1+x^2)^2}, \end{cases}$$

因此, 通过曲线 l 上任何一点 (x_0,y_0) 的方程组 (8.3) 的积分曲线在点 (x_0,y_0) 的切线斜率为

$$k_1 = \frac{dy}{dx} = -\frac{x_0}{2(1+x_0^2)^2}\left[1+\frac{2}{x_0}+\frac{1}{x_0(1+x_0^2)}\right]\left[1+\frac{1-x_0}{2(1+x_0^2)^2}\right]^{-1}.$$

显然我们能选取一个足够大的 x_1, 当 $x_0 \geqslant x_1$ 时有

$$0 > k_1 = \frac{dy}{dx} > -\frac{x_0}{(1+x_0^2)^2}, \quad \frac{2x_1}{(1+x_1^2)^2} < 4$$

和

$$\left.\frac{dx}{dt}\right|_{x=x_1} = -\frac{2x_1}{(1+x_1^2)^2}+4+\frac{2}{1+x_1^2} > 0.$$

考虑区域

$$G: \quad x \geqslant x_1, \quad y \geqslant 2+\frac{1}{1+x^2}.$$

由于曲线 l 上任何一点 (x_0,y_0) 的切线斜率为

$$k_2 = \frac{dy}{dx} = \frac{x_0}{(1+x_0^2)^2}.$$

当 $x_0 \geqslant x_1$ 时我们有 $k_1 > k_2$. 这样我们便得到, 沿着区域 G 的边界方程组 (8.3) 的积分曲线的走向如图 8.1 所示.

考虑方程组 (8.3) 的解 $x(t) = x(t,t_0,x_0,y_0), y(t) = y(t,t_0,x_0,y_0)$, 这里 $t_0 \in R_+$ 和 $(x_0,y_0) \in G$, 显然解 $(x(t),y(t))$ 将始终保持在区域 G 内对一切 $t \geqslant t_0$, 且只要 $(x(t),y(t))$ 有定义. 这表明这样的解 $(x(t),y(t))$ 当 $t \to \infty$ 时将不趋向于原点 $x=y=0$, 因此零解 $x=y=0$ 是不全局渐近稳定的.

之所以得不到全局渐近稳定性, 是因为函数 $V(x,y)$ 不具有无穷大性质. 因此, 定理 8.5 不能使用. 这个例子也说明函数 $V(x,y)$ 的无穷大性质在研究解的全局渐近稳定性问题时是必需的.

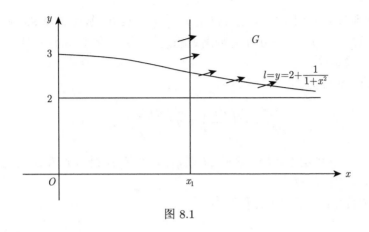

图 8.1

例 8.3　讨论方程

$$\frac{d^3x}{dt^3} + \left(1 + \left(\frac{dx}{dt}\right)^2\right)\frac{d^2x}{dt^2} + \frac{dx}{dt} + x = 0 \tag{8.4}$$

的零解 $x = 0$ 的稳定性问题.

　　解　方程 (8.4) 等价于方程组

$$\begin{cases} \dot{x} = y, \\ \dot{y} = z, \\ \dot{z} = -y^2 z - z - y - x. \end{cases} \tag{8.5}$$

我们取 Lyapunov 函数为

$$V(x, y, z) = \frac{1}{2}(x + y)^2 + \frac{1}{2}(y + z)^2 + \frac{1}{4}y^4.$$

计算全导数得

$$\dot{V}_{(8.5)}(x, y, z) = -y^2 z^2.$$

由于 $V(x, y, z)$ 是定正的和具有无穷大性质, 而 $\dot{V}_{(8.5)}(x, y, z)$ 是常负的, 并且不难证明集合 $E = \{(x, y, z) : \dot{V}_{(8.5)}(x, y, z) = 0\}$ 除了零解 $x = y = z = 0$ 外不包含方程组 (8.5) 的任何其他整条正半轨线. 事实上, 若存在解 $(x(t), y(t), z(t)) \in E$ 对一切 $t \geqslant t_0$, 则有 $y(t)z(t) \equiv 0$. 令 $I_1 = \{t \geqslant t_0 : y(t) = 0\}$ 和 $I_2 = \{t \geqslant t_0 : z(t) = 0\}$, 则 I_1 和 I_2 都是一些区间的并集, 并且 $I_1 \cup I_2 = [t_0, \infty)$. 在 I_1 上, 由于 $y(t) = 0$, 故有 $z(t) = 0$, 从而进一步有 $x(t) = 0$. 在 I_2 上, 由于 $z(t) = 0$, 则 $y(t)$ 是一个常数, 进一步 $x(t)$ 也是一个常数. 于是进一步有 $y(t) = 0$, 从而也有

$x(t) = 0$. 所以对一切 $t \geqslant t_0$ 有 $(x(t), y(t), z(t)) \equiv 0$. 故由定理 8.6 得知方程组 (8.5) 的零解 $x = y = z = 0$ 是全局渐近稳定的, 从而方程 (8.4) 的零解 $x = 0$ 也是全局渐近稳定的.

例 8.4 讨论方程

$$\frac{d^2x}{dt^2} + \phi\left(\frac{dx}{dt}\right) + g\left(\frac{dx}{dt}\right)f(x) = 0 \tag{8.6}$$

的零解 $x = 0$ 的稳定性问题. 这里 $\phi(u), g(u)$ 和 $f(u)$ 是 $u \in R$ 上的连续可微函数, 且 $\phi(0) = f(0) = 0$.

解 方程 (8.6) 的等价方程组为

$$\begin{cases} \dot{x} = y, \\ \dot{y} = -\phi(y) - g(y)f(x). \end{cases} \tag{8.7}$$

选取 Lyapunov 函数

$$V(x,y) = \int_0^x f(s)ds + \int_0^y \frac{u}{g(u)}du.$$

计算全导数得

$$\dot{V}_{(8.7)}(x,y) = -\frac{y\phi(y)}{g(y)}.$$

我们假设

(i) $xf(x) > 0$ 和 $y\phi(y) > 0$ 对一切 $x, y \in R$, 且 $x \neq 0, y \neq 0$;

(ii) $g(y) > 0$ 对一切 $y \in R$;

(iii) $\lim_{|x|\to\infty} \int_0^x f(s)ds = +\infty$ 和 $\lim_{|y|\to\infty} \int_0^y \frac{u}{g(u)}du = +\infty$,

则 $V(x,y)$ 是定正的和具有无穷大性质的, 而 $\dot{V}_{(8.7)}(x,y)$ 是常负的. 不难证明集合 $E = \{(x,y) : \dot{V}_{(8.7)}(x,y) = 0\}$ 除了零解 $x = y = 0$ 之外不包含方程组 (8.7) 的任何其他整条正半轨线. 故由定理 8.6 得知零解 $x = y = 0$ 是全局渐近稳定的, 从而方程 (8.6) 的零解 $x = 0$ 也是全局渐近稳定的.

第 9 节 解的渐近性质

本节我们始终假设方程组 (3.1) 的右端函数 $f(t, x)$ 在整个 $R_+ \times R^n$ 上有定义、连续, 并且关于 x 满足局部的 Lipschitz 条件. 首先我们有如下不变集的概念.

定义 9.1 设 D 是 R^n 中的一个集合, $t_0 \in R_+$. 如果对任何 $x_0 \in D$ 方程组 (3.1) 的通过初始点 (t_0, x_0) 的解 $x(t) = x(t, t_0, x_0)$ 都满足 $x(t) \in D$ 对一切 $t \in J(x_0)$, 这里 $J(x_0)$ 是解 $x(t)$ 的最大存在区间, 则称 D 是方程组 (3.1) 的一个不变集合. 如果仅有 $x(t) \in D$ 对一切 $t \in J(x_0)$ 且 $t \geqslant t_0 (t \leqslant t_0)$, 则称 D 是方程组 (3.1) 的正 (负) 不变集合.

显然, 任何不变集合既是正不变的也是负不变的. 对方程组 (3.1) 的任何一个解 $x(t) = x(t, t_0, x_0)$, 集合 $D = \{x \in R^n : x = x(t, t_0, x_0), t \in J(x_0)\}$ 是不变集合, 集合 $D = \{x \in R^n : x = x(t, t_0, x_0), t \in J(x_0), t \geqslant t_0\}$ 是正不变集合, 集合 $D = \{x \in R^n : x = x(t, t_0, x_0), t \in J(x_0), t \leqslant t_0\}$ 是负不变集合.

例 9.1 考虑二维方程组

$$\begin{cases} \dfrac{dx_1}{dt} = x_1(b_1 + a_{11}x_1 + a_{12}x_2), \\ \dfrac{dx_2}{dt} = x_2(b_2 + a_{21}x_1 + a_{22}x_2), \end{cases}$$

其中 b_i, a_{ij} $(i, j = 1, 2)$ 是常数. 根据微分方程初值问题的解的存在唯一性定理, 我们不难证明, 两个正半坐标轴、两个负半坐标轴, 以及四个坐标象限都是此方程组的不变集合.

例 9.2 考虑二维方程组

$$\begin{cases} \dfrac{dx}{dt} = x + y - x(x^2 + y^2), \\ \dfrac{dy}{dt} = -x + y - y(x^2 + y^2). \end{cases}$$

引入极坐标 $x = r\cos\theta$, $y = r\sin\theta$, 则方程化为

$$\frac{dr}{dt} = r(1 - r^2), \quad \frac{d\theta}{dt} = -1.$$

显然, 方程有唯一周期解 $r = 1$, 即 $x = \cos t$, $y = -\sin t$. 同样根据微分方程初值问题的解的存在唯一性定理, 我们不难证明, 集合 $D = \{(x, y) : x^2 + y^2 < 1\}$ 和 $D = \{(x, y) : x^2 + y^2 \geqslant 1\}$ 都是不变集合.

下面引入解的极限集的概念.

定义 9.2 设 $x(t) = x(t, t_0, x_0)$ 是方程组 (3.1) 的定义于 $[t_0, \infty)$ 上的一个解. 对于点 $y \in R^n$, 如果存在时间序列 $\{t_n\}$, 且 $\lim_{n\to\infty} t_n = \infty$, 使得 $\lim_{n\to\infty} x(t_n) = y$, 则称点 y 是解 $x(t)$ 的一个 ω-极限点, 简称极限点. 解 $x(t)$ 的所有 ω-极限点组成的集合称为这个解的 ω-极限集, 简称极限集, 记为 $L_\omega(x_0)$.

显然, 若解 $x(t)$ 满足 $\lim_{t\to\infty} x(t) = y$, 则它的极限集就是单点集 $\{y\}$. 设 $u(t)$ 是一个周期函数, 若解 $x(t)$ 满足 $\lim_{t\to\infty}(x(t) - u(t)) = 0$, 则它的极限集就是这个周期函数.

关于极限集我们有如下性质.

引理 9.1   (1) 极限集是 R^n 中的闭集.

(2) $L_\omega(x_0)$ 是空集的充要条件为: $\lim_{t\to\infty} |x(t, t_0, x_0)| = \infty$.

(3) 若解 $x(t, t_0, x_0)$ 在 $[t_0, \infty)$ 上有界, 则极限集 $L_\omega(x_0)$ 是非空、有界和连通的, 并且 $x(t, t_0, x_0) \to L_\omega(x_0)$ 当 $t \to \infty$ 时.

证明   (1) 设 $\overline{x}$ 是解 $x(t, t_0, x_0)$ 的极限集 $L_\omega(x_0)$ 的一个极限点, 于是存在点列 $\{x_n\} \subset L_\omega(x_0)$ 使得 $|x_n - \overline{x}| < \dfrac{1}{n}$ 对一切 $n = 1, 2, \cdots$. 因为 $x_n \in L_\omega(x_0)$, 所以存在 t_n, 且 $t_n > n$, 使得 $|x(t_n, t_0, x_0) - x_n| < \dfrac{1}{n}$. 于是我们得到一个时间序列 $\{t_n\}$, 且 $\lim_{n\to\infty} t_n = \infty$, 使得

$$|x(t_n, t_0, x_0) - \overline{x}| < \frac{2}{n}.$$

这表明 $\lim_{n\to\infty} x(t_n, t_0, x_0) = \overline{x}$, 即 $\overline{x} \in L_\omega(x_0)$. 所以 $L_\omega(x_0)$ 是闭集.

(2) 必要性. 若结论不对, 则存在常数 $M > 0$ 和一个时间序列 $\{t_n\}$, 并且 $\lim_{n\to\infty} t_n = \infty$, 使得 $|x(t_n, t_0, x_0)| < M$ 对一切 $n = 1, 2, \cdots$. 既然序列 $\{x(t_n, t_0, x_0)\}$ 有界, 所以有收敛子序列 $\{x(t_{n_k}, t_0, x_0)\}$, 且 $\lim_{k\to\infty} x(t_{n_k}, t_0, x_0) = \overline{x}$. 于是 $\overline{x}$ 是解 $x(t, t_0, x_0)$ 的极限点. 故 $L_\omega(x_0)$ 是非空的. 这与假设矛盾.

充分性. 若结论不对, 即有一个 $\overline{x}$ 是解 $x(t, t_0, x_0)$ 的极限点, 于是存在时间序列 $\{t_n\}$, 且 $\lim_{n\to\infty} t_n = \infty$, 使得 $\lim_{n\to\infty} x(t_n, t_0, x_0) = \overline{x}$. 既然序列 $\{x(t_n, t_0, x_0)\}$ 有极限, 则它有界. 这与假设矛盾.

(3) 极限集 $L_\omega(x_0)$ 的非空有界性是显然的. 由于 $L_\omega(x_0)$ 是闭的, 若它不连通, 则可分成两个不相交的闭集 L_1 和 L_2. 由于 $L_\omega(x_0)$ 有界, 故 $\rho(L_1, L_2) = \rho_0 > 0$, 这里 $\rho(L_1, L_2)$ 是集合 L_1, L_2 之间的距离. 分别作 L_1 和 L_2 的 $\dfrac{1}{3}\rho_0$ 邻域 K_1 和 K_2. 显然 K_1 和 K_2 不相交. 因为 L_1 和 L_2 的点都是解 $x(t, t_0, x_0)$ 的极限点, 故存在时间序列 t_n' 和 t_n'', 且 $t_n'' > t_n'$ 对任何 n, 使得 $x(t_n', t_0, x_0)$ 和 $x(t_n'', t_0, x_0)$ 分别在集合 K_1 和 K_2 之中, 如图 9.1 所示.

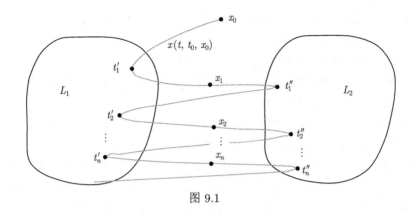

图 9.1

由解 $x(t, t_0, x_0)$ 的连续性, 存在时间序列 $\{t_n\}$ 且 $t_n' < t_n < t_n''$ 使得对任何 n, $x(t_n, t_0, x_0)$ 在 K_1 和 K_2 之外. 但是 $\{x(t_n, t_0, x_0)\}$ 是有界序列, 故有收敛子序列 $\{x(t_{n_k}, t_0, x_0)\}$, 且 $\lim_{k \to \infty} x(t_{n_k}, t_0, x_0) = \overline{x}$. 于是 $\overline{x} \in L_\omega(x_0)$. 然而 $\overline{x} \notin K_1 \cap K_2$, 矛盾.

若当 $t \to \infty$ 时解 $x(t, t_0, x_0)$ 不趋于 $L_\omega(x_0)$, 则存在时间序列 $\{t_n\}$, 且 $\lim_{n \to \infty} t_n = \infty$, 使得 $\rho(x(t_n, t_0, x_0), L_\omega(x_0)) \geqslant \rho_0$, 这里 $\rho(x(t_n, t_0, x_0), L_\omega(x_0))$ 是点 $x(t_n, t_0, x_0)$ 到 $L_\omega(x_0)$ 的距离, 而 ρ_0 是某个正常数. 由于序列 $\{x(t_n, t_0, x_0)\}$ 有界, 所以有收敛子序列 $\{x(t_{n_k}, t_0, x_0)\}$, 且 $\lim_{k \to \infty} x(t_{n_k}, t_0, x_0) = \overline{x}$. 于是 $\overline{x}$ 是解 $x(t, t_0, x_0)$ 的极限点. 但是 $\rho(\overline{x}, L_\omega(x_0)) \geqslant \rho_0$, 所以 $\overline{x} \notin L_\omega(x_0)$, 矛盾. 证毕.

对于自治方程组 (3.2), 假设 $f(x)$ 在整个 R^n 上有定义, 并且满足局部的 Lipschitz 条件. 关于极限集我们有如下结果.

引理 9.2 设 $x(t, t_0, x_0)$ 是自治方程组 (3.2) 的解, 则它的极限集 $L_\omega(x_0)$ 是不变集合.

证明 任取 $\overline{x} \in L_\omega(x_0)$, 由极限点的定义, 存在时间序列 $\{t_n\}$, 且 $\lim_{n \to \infty} t_n = \infty$, 使得 $\lim_{n \to \infty} x(t_n, t_0, x_0) = \overline{x}$. 考虑方程组 (3.2) 通过初始点 $(t_0, \overline{x})$ 的解 $x(t, t_0, \overline{x})$. 由方程组 (3.2) 的解对初值的连续性, 对任何固定的 $t \in J(\overline{x})$, 这里 $J(\overline{x})$ 是解 $x(t, t_0, \overline{x})$ 的最大存在区间, 则有

$$\lim_{n \to \infty} x(t, t_0, x(t_n, t_0, x_0)) = x(t, t_0, \overline{x}).$$

由于方程组 (3.2) 是自治的, $x(t, t_0, x_0)$ 是解, 从而 $x(t - t_0 + t_n, t_0, x_0)$ 也是它的解. 根据方程组 (3.2) 的解的存在唯一性, 得到 $x(t, t_0, x(t_n, t_0, x_0)) = x(t - t_0 + t_n, t_0, x_0)$ 对任何 $t \in J(\overline{x})$ 且当 n 足够大时. 于是

$$\lim_{n \to \infty} x(t - t_0 + t_n, t_0, x_0) = x(t, t_0, \overline{x}),$$

即 $x(t,t_0,\bar{x})$ 是解 $x(t,t_0,x_0)$ 的极限点. 所以 $x(t,t_0,\bar{x})\in L_\omega(x_0)$. 这说明 $L_\omega(x_0)$ 是方程组 (3.2) 的不变集合. 证毕.

关于解的渐近性质, 我们首先考虑自治方程组 (3.2).

定义 9.3 设集合 $D\subset R^n$ 是有界闭集, 函数 $V(x):R^n\to R$ 满足

(i) $V(x)$ 在 R^n 上连续可微.

(ii) 全导数 $\dot{V}_{(3.2)}(x)\leqslant 0$ 对一切 $x\in D$.

则称 $V(x)$ 为方程组 (3.2) 在 D 上的一个 Lyapunov 函数.

定理 9.1 设 $V(x)$ 是方程组 (3.2) 在集合 D 上的 Lyapunov 函数, 集合 $E=\{x:\dot{V}_{(3.2)}(x)=0,\ x\in D\}$, M 是方程组 (3.2) 在 E 中的最大不变集, $x(t,t_0,x_0)$ 是方程组 (3.2) 的对任何 $t\geqslant t_0$ 位于 D 内的有界解. 则有 $x(t,t_0,x_0)\to M$ 当 $t\to\infty$ 时.

证明 由引理 9.1, 只需证明极限集 $L_\omega(x_0)\subset M$. 因为解 $x(t,t_0,x_0)$ 在 $[t_0,\infty)$ 上有界, 属于 D, 并且在 D 上有 $\dot{V}_{(3.2)}(x)\leqslant 0$, 所以

$$\dot{V}(x(t,t_0,x_0))\leqslant 0\quad 对一切\quad t\geqslant t_0.$$

故 $V(x(t,t_0,x_0))$ 在 $[t_0,\infty)$ 上单调减少有下界. 设当 $t\to\infty$ 时有 $V(x(t,t_0,x_0))\to c$, 这里 c 为某常数. 对任何 $y\in L_\omega(x_0)$, 存在时间序列 $\{t_n\}$, 且 $\lim_{n\to\infty}t_n=\infty$, 使得 $\lim_{n\to\infty}x(t_n,t_0,x_0)=y$, 故

$$\lim_{n\to\infty}V(x(t_n,t_0,x_0))=V(y)=c.$$

即 $V(y)=c$ 对一切 $y\in L_\omega(x_0)$.

设 $x(t,t_0,y)$ 是方程组 (3.2) 通过初始点 (t_0,y) 的解. 由引理 9.2, 极限集 $L_\omega(x_0)$ 是不变集, 所以 $x(t,t_0,y)\in L_\omega(x_0)$ 对一切 $t\in J(y)$. 于是 $V(x(t,t_0,y))=c$ 对一切 $t\in J(y)$. 因此有 $\dot{V}(x(t,t_0,y))\equiv 0$. 所以 $\dot{V}_{(3.2)}(y)=0$. 即 $y\in E$. 于是 $L_\omega(x_0)\subset E$. 由于 M 是 E 中最大不变集, 故 $L_\omega(x_0)\subset M$. 所以当 $t\to\infty$ 时有 $x(t,t_0,x_0)\to M$. 证毕.

下面考虑非自治方程组 (3.1) 的解的渐近性质.

定义 9.4 设集合 $D\subset R^n$ 是有界闭集, 函数 $V(t,x):R_+\times R^n\to R$ 满足

(i) $V(t,x)$ 在 $R_+\times R^n$ 上连续可微.

(ii) 对任何 $x\in D$, 存在 x 的邻域 N 使得 $V(t,x)$ 在 $R_+\times N\cap D$ 上有下界.

(iii) 全导数 $\dot{V}_{(3.1)}(x)\leqslant -W(x)\leqslant 0$ 对一切 $(t,x)\in R_+\times D$, 且函数 $W(x)$ 在 D 上连续可微.

则称 $V(t,x)$ 为方程组 (3.1) 在 D 上的一个 Lyapunov 函数.

设集合 $E=\{x:W(x)=0,\ x\in D\}$.

定理 9.2　设 $V(t,x)$ 是方程组 (3.1) 在 D 上的一个 Lyapunov 函数, $x(t,t_0,x_0)$ 是方程组 (3.1) 的对任何 $t \geqslant t_0$ 位于 D 内的有界解.

(1) 若对任何 $p \in D$, 存在 p 的邻域 N 使得 $|f(t,x)|$ 在 $R_+ \times N$ 上有界, 则当 $t \to \infty$ 时有 $x(t,t_0,x_0) \to E$.

(2) 若 $W(x(t,t_0,x_0))$ 在 $[t_0,\infty)$ 上一致连续, 则当 $t \to \infty$ 时有 $x(t,t_0,x_0) \to E$.

证明　首先, 由于解 $x(t,t_0,x_0)$ 在 D 中有界, 故存在 D 中的紧集 K 使得 $x(t,t_0,x_0) \in K$ 对一切 $t \geqslant t_0$. 由引理 9.1 得知, 极限集 $L_\omega(x_0)$ 是非空、有界和闭的, 并且当 $t \to \infty$ 时有 $x(t,t_0,x_0) \to L_\omega(x_0)$. 显然只需证明 $L_\omega(x_0) \subset E$. 对任何 $p \in L_\omega(x_0)$, 存在时间序列 $\{t_n\}$, 且 $\lim_{n \to \infty} t_n = \infty$, 使得 $\lim_{n \to \infty} x(t_n,t_0,x_0) = p$. 由于 $V(t,x)$ 是 Lyapunov 函数, 所以 $V(t,x(t,t_0,x_0))$ 单调减少, 从而 $V(t_n, x(t_n,t_0,x_0))$ 单减有下界, 因此 $\lim_{n \to \infty} V(t_n,x(t_n,t_0,x_0)) = c$ 存在, 于是 $\lim_{t \to \infty} V(t,x(t,t_0,x_0)) = c$ 也存在. 对任何 $t \geqslant t_0$, 因为

$$V(t,x(t,t_0,x_0)) - V(t_0,x_0) \leqslant -\int_{t_0}^t W(x(s,t_0,x_0))ds,$$

所以

$$\int_{t_0}^t W(x(t,t_0,x_0))dt < \infty. \tag{9.1}$$

先证明结论 (1). 由结论 (1) 中的条件, 不难得到 $|f(t,x)|$ 在 $R_+ \times K$ 上有界. 于是存在常数 $M > 0$ 使得 $|f(t,x)| < M$ 对一切 $(t,x) \in R_+ \times K$. 若存在 $p \in L_\omega(x_0)$ 使得 $p \notin E$, 则存在常数 $\varepsilon > 0$ 和 $\delta > 0$, 使得在 $N(2\varepsilon,p)$ 上有 $W(x) > \delta$, 这里 $N(\varepsilon,p)$ 是点 p 的半径为 ε 的邻域. 因为 p 是极限点, 则可选取时间序列 $\{t_n\}$, 且 $\lim_{n \to \infty} t_n = \infty$, 使得 $x(t_n,t_0,x_0) \in N(\varepsilon,p)$ 对任何 $n = 1, 2, \cdots$. 由于

$$\left| \frac{dx(t,t_0,x_0)}{dt} \right| = |f(t,x(t,t_0,x_0))| < M \quad 对一切 \quad t \geqslant t_0.$$

于是, 不难证明, 存在常数 $\sigma > 0$ 使得对任何 $t \in [t_n - \sigma, t_n + \sigma]$ 和 $n = 1, 2, \cdots$ 有

$$|x(t,t_0,x_0) - x(t_n,t_0,x_0)| < \varepsilon,$$

即 $|x(t,t_0,x_0) - p| < 2\varepsilon$. 不失一般性, 可以假设区间序列 $\{[t_n - \sigma, t_n + \sigma]\}$ 互不相交. 于是有

$$W(x(t,t_0,x_0)) > \delta \quad 对一切 \quad t \in [t_n - \sigma, t_n + \sigma], n = 1, 2, \cdots.$$

由此

$$\int_{t_0}^{t} W(x(t,t_0,x_0))dt \geqslant \sum_{n=1}^{\infty} \int_{t_n-\sigma}^{t_n+\sigma} W(x(t,t_0,x_0))dt = \infty.$$

这和 (9.1) 式矛盾. 因此, 只能有 $p \in E$, 即 $L_\omega(x_0) \subset E$.

对于结论 (2). 由于 $W(x(t,t_0,x_0))$ 在 $t \geqslant t_0$ 上一致连续, 因此由 (9.1) 式不难得到 $W(x(t,t_0,x_0)) \to 0$ 当 $t \to \infty$ 时. 于是, 对任何 $p \in L_\omega(x_0)$ 有 $W(p) = 0$, 即 $p \in E$, 所以 $L_\omega(x_0) \subset E$. 证毕.

最后, 类似于前面几节的讨论, 定理 9.1 和定理 9.2 也可以被推广到 Lyapunov 函数 $V(t,x)$ 是定义在 $(t,x) \in R_+ \times G$ 上的连续标量函数, 并且关于 x 满足局部的 Lipschitz 条件的情形.

第 10 节 解的一般有界性

我们考虑方程组 (3.1), 假设右端函数 $f(t,x)$ 在整个 $R_+ \times R^n$ 上有定义、连续, 并且关于 x 满足局部的 Lipschitz 条件.

从上面关于解的全局渐近稳定性和解的渐近性质的研究中我们看到, 方程组 (3.1) 的解的有界性在稳定性问题研究中发挥着非常重要的作用, 例如, 定理 8.3 和定理 8.6, 以及定理 9.1 和定理 9.2.

此外, 设 $x = x(t)$ 是方程组 (3.1) 仅在区间 $[t_0, T)$ 上有定义的一个解. 如果这个解在 $[t_0, T)$ 上有界, 则我们一定有 $T = +\infty$, 即解的定义区间可以向右延伸到正无穷. 而当 $T < +\infty$ 时, 则由解的延拓定理得知, 这个解一定在区间 $[t_0, T)$ 上无界. 显然, 只有在解的定义区间可以向右延伸到正无穷的时候, 我们才能研究解的极限性质. 因此, 解的有界性的研究是非常重要的.

通常, 方程组 (3.1) 解的有界性被分为两大类: 一般有界性和最终有界性, 这两类有界性也是在实际问题中应用最多的. 本节我们先讨论解的一般有界性.

关于方程组 (3.1) 的解的一般有界性我们有下面的基本定义.

定义 10.1 (a) 设 $x(t, t_0, x_0)$ 是方程组 (3.1) 的一个解, 如果存在常数 $\beta > 0$, 使得对所有 $t \geq t_0$ 都有 $|x(t, t_0, x_0)| \leq \beta$, 这里 β 可以依赖于解 $x(t, t_0, x_0)$, 即依赖于初始点 (t_0, x_0), 则称方程组 (3.1) 的解 $x(t, t_0, x_0)$ 是有界的.

(b) 如果对任何常数 $\alpha > 0$ 和任意的初始时刻 $t_0 \in R_+$, 存在只依赖于 α 和 t_0 的常数 $\beta(t_0, \alpha) > 0$, 使得对任何初始值 x_0, 由 $|x_0| \leq \alpha$ 可推出 $|x(t, t_0, x_0)| < \beta(t_0, \alpha)$ 对所有 $t \geq t_0$ 成立, 则称方程组 (3.1) 的解是等度有界的.

(c) 如果对任何常数 $\alpha > 0$, 存在只依赖于 α 的常数 $\beta(\alpha) > 0$, 使得对任何初始时刻 $t_0 \in R_+$ 和初始值 x_0, 由 $|x_0| \leq \alpha$ 可推出 $|x(t, t_0, x_0)| < \beta(\alpha)$ 对所有 $t \geq t_0$ 成立, 则称方程组 (3.1) 的解是一致有界的.

这些概念是互不相同的. 此外我们有, 方程组 (3.1) 的任何非奇异的线性坐标变换并不影响解的有界性. 然而, 一般的坐标变换将影响解的有界性, 我们很容易举出这方面的具体例子.

定理 10.1 对于线性方程组 (1.7), 下面的结论成立.

(1) 若方程组的所有解都是有界的, 则它们也是等度有界的;

(2) 零解 $x = 0$ 的稳定性和所有解的有界性 (因而和等度有界性) 是等价的;

(3) 零解 $x = 0$ 的一致稳定性和所有解的一致有界性是等价的.

证明 (1) 对任何初始时刻 $t_0 \in R_+$, 设 $\Phi(t) = (\phi_1(t), \phi_2(t), \cdots, \phi_n(t))$ 是线性方程组 (1.7) 的标准基解矩阵, 即满足 $\Phi(t_0) = E$ 为单位矩阵, 其中 $\phi_i(t)$ ($i = 1, 2, \cdots, n$) 是矩阵 $\Phi(t)$ 的第 i 列. 由于每个 $\phi_i(t)$ 都是方程组 (1.7) 的解, 由解的有界性得知, 存在依赖于初始时刻 t_0 的常数 $m(t_0)$ 使得 $|\phi_i(t)| \leqslant m(t_0)$ 对一切 $t \geqslant t_0$ 和 $i = 1, 2, \cdots, n$. 对任何常数 $\alpha > 0$, 选取依赖于 t_0 和 α 的常数 $\beta(t_0, \alpha) = nm(t_0)\alpha$, 则对任何初始值 $x_0 \in R^n$, 且 $|x_0| \leqslant \alpha$, 由于解 $x(t, t_0, x_0) = \Phi(t)x_0$, 因此我们得到对任何 $t \geqslant t_0$ 有 $|x(t, t_0, x_0)| \leqslant |\Phi(t)||x_0| \leqslant nm(t_0)\alpha$. 这表明方程组 (1.7) 的所有解等度有界.

(2) 充分性. 设方程组 (1.7) 的零解 $x = 0$ 稳定. 于是对任何初始时刻 $t_0 \in R_+$ 和 $\varepsilon = 1$, 存在常数 $\delta = \delta(t_0) > 0$, 使得对任何初始值 $x_0 \in R^n$, 且 $|x_0| < \delta$, 有 $|x(t, t_0, x_0)| < 1$ 对一切 $t \geqslant t_0$. 由于 $x(t, t_0, x_0) = \Phi(t)x_0$, 则我们有 $|\Phi(t)x_0| < 1$ 对一切 $t \geqslant t_0$. 特别地, 取 $x_0 = \frac{1}{2}\delta e_i$, $e_i = (0, \cdots, 0, 1, 0, \cdots, 0)^{\mathrm{T}} \in R^n$, $i = 1, 2, \cdots, n$, 则有 $|x_0| < \delta$ 和 $\Phi(t)x_0 = \frac{1}{2}\delta\phi_i(t)$, 从而有 $|\phi_i(t)| = \frac{2}{\delta}|\Phi(t)x_0| \leqslant \frac{2}{\delta}$ 对一切 $t \geqslant t_0$ 和 $i = 1, 2, \cdots, n$. 于是基解矩阵 $\Phi(t)$ 在 $t \geqslant t_0$ 上是有界的, 从而方程组 (1.7) 的所有解 $x(t, t_0, x_0) = \Phi(t)x_0$ 在 $t \geqslant t_0$ 上都是有界的.

必要性. 任何初始时刻 $t_0 \in R_+$, 设方程组 (1.7) 的所有解在 $t \geqslant t_0$ 上有界. 从而基解矩阵 $\Phi(t) = (\phi_1(t), \phi_2(t), \cdots, \phi_n(t))$ 在 $t \geqslant t_0$ 上有界. 于是存在依赖于初始时刻 t_0 的常数 $m(t_0) > 0$ 使得 $|\Phi(t)| \leqslant m(t_0)$ 对一切 $t \geqslant t_0$. 于是对任给 $\varepsilon > 0$ 和初始时刻 $t_0 \in R_+$, 选取常数 $\delta = \delta(\varepsilon, t_0) = \dfrac{\varepsilon}{m(t_0)}$, 则对任何初始值 $x_0 \in R^n$, 且 $|x_0| < \delta$, 有 $|x(t, t_0, x_0)| = |\Phi(t)x_0| \leqslant m(t_0)|x_0| < \varepsilon$ 对一切 $t \geqslant t_0$. 因此, 方程组 (1.7) 的零解 $x = 0$ 稳定.

(3) 充分性. 设方程组 (1.7) 的零解 $x = 0$ 一致稳定. 于是对 $\varepsilon = 1$ 存在常数 $\delta > 0$, 使得对任何初始时刻 $t_0 \in R_+$ 和初始值 $x_0 \in R^n$, 且 $|x_0| < \delta$, 有 $|x(t, t_0, x_0)| < 1$ 对一切 $t \geqslant t_0$. 由于 $x(t, t_0, x_0) = \Phi(t)x_0$, 于是当 $|x_0| < \delta$ 时, 对任何 $t_0 \in R_+$ 有 $|\Phi(t)x_0| < 1$ 对一切 $t \geqslant t_0$. 特别地, 取 $x_0 = \frac{1}{2}\delta e_i$ ($i = 1, 2, \cdots, n$), 由于 $\Phi(t)x_0 = \frac{1}{2}\delta\phi_i(t)$, 因此有 $|\phi_i(t)| < \frac{2}{\delta}$ 对任何初始时刻 $t_0 \in R_+$ 和任意的 $t \geqslant t_0$. 于是存在常数 $m = \dfrac{2n}{\delta}$ 使得 $|\Phi(t)| \leqslant m$ 对任何初始时刻 $t_0 \in R_+$ 和任意的 $t \geqslant t_0$. 由此, 对任何常数 $\alpha > 0$, 取 $\beta(\alpha) = m\alpha$, 则对任何初始时刻 $t_0 \in R_+$ 和初始值 $x_0 \in R^n$, 且 $|x_0| \leqslant \alpha$, 有 $|x(t, t_0, x_0)| \leqslant |\Phi(t)||x_0| \leqslant \beta(\alpha)$ 对一切 $t \geqslant t_0$. 即方程组 (1.7) 的所有解一致有界.

必要性. 设方程组 (1.7) 的所有解一致有界. 于是对于基解矩阵 $\Phi(t) = (\phi_1(t), \phi_2(t), \cdots, \phi_n(t))$, 存在不依赖初始时刻 $t_0 \in R_+$ 的常数 $m > 0$ 使得

$|\phi_i(t)| \leqslant m \; (i = 1, 2, \cdots, n)$ 对一切 $t \geqslant t_0$ 成立. 由此得到 $|\Phi(t)| \leqslant nm$ 对任何初始时刻 $t_0 \in R_+$ 和任意的 $t \geqslant t_0$ 成立. 对任何常数 $\varepsilon > 0$, 取 $\delta(\varepsilon) = \dfrac{\varepsilon}{nm}$, 则对任何初始时刻 $t_0 \in R_+$ 和初始值 $x_0 \in R^n$, 且 $|x_0| < \delta$, 有 $|x(t, t_0, x_0)| = |\Phi(t)x_0| \leqslant nm|x_0| < \varepsilon$ 对一切 $t \geqslant t_0$. 因此, 方程组 (1.7) 的零解 $x = 0$ 一致稳定. 证毕.

定理 10.2 若方程组 (3.1) 是自治的或周期的, 且解是等度有界的, 则它们也是一致有界的.

为了证明定理 10.2, 我们首先引入下面的引理.

引理 10.1 设常数 $0 < T < \infty$, K 是 $[0, T] \times R^n$ 中的紧集. 如果方程组 (3.1) 的经过每个初始点 $(t_0, x_0) \in K$ 的解 $x(t, t_0, x_0)$ 都可以延展到 $t = T$, 则存在常数 $\beta(K) > 0$, 使得 $|x(t, t_0, x_0)| < \beta(K)$ 对一切 $t \in [t_0, T]$ 成立.

证明 用反证法. 若不然, 则对任何 $\beta = n$, $n = 1, 2, \cdots$, 存在 $(t_n, x_n) \in K$, 又存在 $\bar{t}_n \in (t_n, T)$ 使得 $|x(\bar{t}_n, t_n, x_n)| > \beta = n$, $n = 1, 2, \cdots$. 由于 K 为紧集, 不妨设 $(t_n, x_n) \to (t^*, x^*) \in K \; (n \to \infty)$. 进一步, 不妨设 $\bar{t}_n \to \bar{t} \; (n \to \infty)$, 且 $\bar{t} \in [t^*, T]$. 考虑方程组 (3.1) 的解 $x(t, t^*, x^*)$, 则由引理假设得 $x(t, t^*, x^*)$ 在 $[t^*, T]$ 上有定义和连续. 于是由解对初值的连续性得到 $\infty = \lim_{n \to \infty} x(\bar{t}_n, t_n, x_n) = x(\bar{t}, t^*, x^*) < \infty$, 矛盾. 证毕.

定理 10.2 的证明 对于给定的 $\alpha > 0$, 考虑从 (t_0, x_0) 出发的解 $x(t, t_0, x_0)$, 其中 $0 \leqslant t_0 < \omega$ 和 $|x_0| \leqslant \alpha$. 由解的等度有界性, 得知解 $x(t, t_0, x_0)$ 可延展到 $t = \omega$, 即在 $[t_0, \omega]$ 上有定义. 故由引理 10.1, 对 $K = [0, \omega] \times S_\alpha$, 这里 $S_\alpha = \{x \in R^n : |x| \leqslant \alpha\}$, 存在常数 $\beta(\alpha) > 0$, 使得 $|x(t, t_0, x_0)| \leqslant \beta(\alpha)$ 对一切 $t \in [t_0, \omega]$. 因此也有 $|x(\omega, t_0, x_0)| \leqslant \beta(\alpha)$. 进一步, 根据解的等度有界性, 对 $t_0 = \omega$ 存在常数 $\gamma(\beta) > 0$, 且 $\gamma(\beta) \geqslant \beta$, 使得对任何 $|x_0| \leqslant \beta$, 有 $|x(t, \omega, x_0)| < \gamma$ 对所有 $t \geqslant \omega$ 成立. 于是, 对任何 $0 \leqslant t_0 < \omega$ 和 $|x_0| \leqslant \alpha$, 若 $t \in [t_0, \omega]$, 则有 $|x(t, t_0, x_0)| \leqslant \beta(\alpha)$, 若 $t > \omega$, 则由于 $x(t, t_0, x_0) = x(t, \omega, x(\omega, t_0, x_0))$ 对一切 $t \geqslant \omega$, 并且 $|x(\omega, t_0, x_0)| \leqslant \beta(\alpha)$, 得知 $|x(t, t_0, x_0)| = |x(t, \omega, x(\omega, t_0, x_0))| \leqslant \gamma(\beta)$. 于是 $|x(t, t_0, x_0)| < \gamma$ 对所有 $t \geqslant t_0$ 成立.

若 $t_0 > \omega$, 选取整数 $k \geqslant 0$ 使得 $t_0 - k\omega \in [0, \omega]$. 由方程的周期性可知 $x(t - k\omega, t_0 - k\omega, x_0)$ 也是方程组 (3.1) 的解, 并且有解的存在唯一性得知 $x(t, t_0, x_0) = x(t - k\omega, t_0 - k\omega, x_0)$ 对一切 $t \geqslant t_0$, 于是对任何 $x_0 \in R^n$, 且 $|x_0| \leqslant \alpha$, 由于 $t_0 - k\omega \in [0, \omega]$, 我们也有 $|x(t, t_0, x_0)| = |x(t - k\omega, t_0 - k\omega, x_0)| \leqslant \gamma(\beta)$ 对一切 $t \geqslant t_0$. 这就证明了方程组 (3.1) 的所有解的一致有界性. 证毕.

对于数量方程 (3.1), 即方程维数 $n = 1$, 我们容易证明, 所有解的有界性可以推出解的等度有界性, 但是等度有界性不能推出一致有界性. 即便是线性方程, 等度有界性未必可推出一致有界性. 例如: 方程 $\dfrac{dx}{dt} = (6t\sin t - 2t)x$, 我们已经知道零解 $x = 0$ 稳定, 但不是一致稳定, 因此方程的所有解对任何初始时刻 $t_0 \geqslant 0$ 在 $[t_0, \infty)$ 上有界, 从而等度有界, 但不是一致有界.

此外, 对一般方程组 (3.1), 当方程维数 $n \geqslant 2$, 正如下述例子所示, 解的有界性未必推出解的等度有界性.

例 10.1　考虑由极坐标给出的二维系统

$$r' = r\frac{g'(t,\theta)}{g(t,\theta)}, \quad \theta' = 0, \tag{10.1}$$

这里 $g'(t,\theta)$ 是 $g(t,\theta)$ 关于 t 的导数, $g(t,\theta)$ 由下式给出

$$g(t,\theta) = \frac{(1+t)\sin^4\theta}{\sin^4\theta + (1 - t\sin^2\theta)^2} + \frac{1}{1+\sin^4\theta} \cdot \frac{1}{1+t^2}.$$

当 $t = t_0$ 时 $r = r_0$, $\theta = \theta_0$ 的解是

$$r = r_0\frac{g(t,\theta_0)}{g(t_0,\theta_0)}, \quad \theta = \theta_0.$$

若 $\theta_0 = k\pi(k$ 是整数), 则解是

$$r = r_0\frac{1+t_0^2}{1+t^2}, \quad \theta = k\pi,$$

而若 $\theta_0 \neq k\pi$, 则解可以记作

$$r = r_0\left\{ \frac{1+t}{1+(t-\tau)^2} + \frac{\tau^2}{1+\tau^2} \cdot \frac{1}{1+t^2} \right\} \cdot \frac{1}{g(t_0,\theta_0)},$$
$$\theta = \theta_0,$$

这里 $\tau = \dfrac{1}{\sin^2\theta_0}$. 显然每个解是有界的, 而若 θ_0 非常接近 $k\pi$, 则解在 $t = \tau$ 时将具有一个大的值 r, 它可以大到如我们所想要的那样大, 故而解不是等度有界的.

甚至对于自治方程, 正如下述例子所表明的那样, 即使所有的解都是有界的, 但解也未必是等度有界的.

例 10.2　考虑系统

$$\begin{cases} x' = 0, \\ y' = -z|x|, \\ z' = yx^2, \end{cases} \tag{10.2}$$

以及 (10.2) 的经过 $(0, x_0, y_0, z_0)$ 的解. 显然, 若 $x_0 = 0$, 则解是

$$x = 0, \quad y = y_0, \quad z = z_0.$$

若 $x_0 \neq 0$, 则解是

$$\begin{cases} x = x_0, \\ y = y_0 \cos \sqrt{|x_0|^3}\, t - \dfrac{z_0}{\sqrt{|x_0|}} \sin \sqrt{|x_0|^3}\, t, \\ z = y_0 \sqrt{|x_0|} \sin \sqrt{|x_0|^3}\, t + z_0 \cos \sqrt{|x_0|^3}\, t, \end{cases}$$

于是我们看到每个解是有界的. 然而, 若 $|x_0|$ 足够小的话, $|y|$ 将具有一个大到如我们所想要那样大的值. 因此解不是等度有界的.

现在我们利用 Lyapunov 函数来讨论方程组 (3.1) 解的一般有界性.

定理 10.3 假定存在定义在全空间 $t \in R_+$, $x \in R^n$ 上具有无穷大性质的 Lyapunov 函数 $V(t, x)$ 使得关于方程组 (3.1) 的全导数 $\dot{V}_{(3.1)}(t, x)$ 在全空间 $t \in R_+$, $x \in R^n$ 上常负, 则方程组 (3.1) 的所有解是等度有界的.

证明 由于 $V(t, x)$ 具有无穷大性质, 故存在定义于 R_+ 上的单调递增函数 $a(r)$, 且 $a(0) = 0$ 和 $\lim_{r \to \infty} a(r) = \infty$, 以及一个足够大的常数 $K > 0$ 使得当 $t \in R_+$ 和 $|x| \geqslant K$ 时有

$$V(t, x) \geqslant a(|x|).$$

对任何初始时刻 $t_0 \in R_+$ 和常数 $\alpha > 0$, 令 $m(t_0, \alpha) = \sup_{|x| \leqslant \alpha} V(t_0, x)$. 对任何初始值 $x_0 \in R^n$ 且 $|x_0| \leqslant \alpha$, 考虑解 $x(t, t_0, x_0)$, 由 $\dot{V}_{3.1}(t, x(t, t_0, x_0)) \leqslant 0$ 对任何 $t \geqslant t_0$, 得到 $V(t, x(t, t_0, x_0)) \leqslant V(t_0, x_0)$ 对任何 $t \geqslant t_0$.

对任何 $t \geqslant t_0$, 我们有: 或者 $|x(t, t_0, x_0)| \leqslant K + 1$, 或者 $|x(t, t_0, x_0)| \geqslant K + 1$. 当 $|x(t, t_0, x_0)| \geqslant K + 1$ 时, 则有 $V(t, x(t, t_0, x_0)) \geqslant a(|x(t, t_0, x_0)|)$, 从而

$$a(|x(t, t_0, x_0)|) \leqslant V(t_0, x_0) \leqslant m(t_0, \alpha).$$

所以 $|x(t, t_0, x_0)| \leqslant a^{-1}(m(t_0, \alpha))$. 于是对任何 $t \geqslant t_0$ 都有 $|x(t, t_0, x_0)| \leqslant \beta(t_0, \alpha) = \max\{K + 1, a^{-1}(m(t_0, \alpha))\}$. 所以方程组 (3.1) 的所有解等度有界. 证毕.

定理 10.4 假定存在定义在 $t \in R_+$ 和 $|x| \geqslant K$ 上的 Lyapunov 函数 $V(t, x)$, 这里 $K > 0$ 是一个足够大常数, 使得在 $t \in R_+$ 和 $|x| \geqslant K$ 上满足下述条件:

(i) $a(|x|) \leqslant V(t, x) \leqslant b(|x|)$, 其中 $a(r), b(r)$ 是 R_+ 上的非负递增连续函数, 且 $\lim_{r \to \infty} a(r) = \infty$;

(ii) 全导数 $\dot{V}_{(3.1)}(t,x) \leqslant 0$.

则方程组 (3.1) 的解是一致有界的.

证明　对于任何常数 $\alpha > 0$, 对任意初始点 $(t_0, x_0) \in R_+ \times R^n$ 且 $|x_0| \leqslant \alpha$, 考虑解 $x(t, t_0, x_0)$, 则有两种情况:

(1) 对任意 $t \geqslant t_0$ 有 $|x(t, t_0, x_0)| \leqslant K+1$. 从而解 $x(t, t_0, x_0)$ 在 $[t_0, \infty)$ 上有界, 且界为 $K+1$.

(2) 存在某些 $t^* \geqslant t_0$ 使得 $|x(t^*, t_0, x_0)| > K+1$. 此时存在一个区间 $[a,b]$, 且 $t^* \in [a,b]$ 使得对任何 $t \in [a,b]$ 有 $|x(t, t_0, x_0)| \geqslant K+1$. 如果 $a = t_0$, 则对任何 $t \in [t_0, b]$ 有 $\dot{V}(t, x(t, t_0, x_0)) \leqslant 0$, 所以

$$V(t, x(t, t_0, x_0)) \leqslant V(t_0, x_0) \leqslant b(|x_0|) \leqslant b(\alpha).$$

因此 $a(|x(t, t_0, x_0)|) \leqslant b(\alpha)$, 从而 $|x(t, t_0, x_0)| \leqslant a^{-1}(b(\alpha))$. 于是 $|x(t^*, t_0, x_0)| \leqslant a^{-1}(b(\alpha))$. 如果 $a > t_0$, 则区间 $[a,b]$ 能被选取使得 $|x(a, t_0, x_0)| = K+1$. 于是我们也有 $V(t, x(t, t_0, x_0)) \leqslant V(a, x(a, t_0, x_0))$ 对任何 $t \in [a,b]$, 从而 $a(|x(t, t_0, x_0)|) \leqslant b(K+1)$, 于是 $|x(t^*, t_0, x_0)| \leqslant a^{-1}(b(K+1))$. 选取 $\beta(\alpha) = \max\{K+1, a^{-1}(b(K+1)), a^{-1}(b(\alpha))\}$, 则我们有 $|x(t, t_0, x_0)| \leqslant \beta(\alpha)$ 对一切 $t \geqslant t_0$. 即方程组 (3.1) 的所有解一致有界. 证毕.

例 10.3　考虑方程

$$x'' + f(x, x')x' + g(x) = p(t), \tag{10.3}$$

这里假设

(a) $f(x,y)$ 对所有 $(x,y) \in R^2$ 是非负连续的;

(b) $p(t)$ 在 R_+ 上连续且 $\int_0^\infty |p(t)|dt < \infty$;

(c) $g(x)$ 对所有 $x \in R$ 连续, $G(x) = \int_0^x g(u)du > 0$ 对所有 $x \neq 0$, 且当 $|x| \to \infty$ 时 $G(x) \to \infty$.

则对任何常数 $\alpha > 0$ 存在常数 $c = c(\alpha) > 0$ 使得对于 (10.3) 的任何解 $x(t)$, 只要在初始时刻 $t_0 \in R_+$ 有 $|x(t_0)| \leqslant \alpha$ 和 $|x'(t_0)| \leqslant \alpha$, 就有 $|x(t)| < c$ 和 $|x'(t)| < c$ 对一切 $t \geqslant t_0$.

为了证明这一结论, 考虑 (10.3) 的等价系统

$$\begin{cases} x' = y, \\ y' = -f(x,y)y - g(x) + p(t). \end{cases} \tag{10.4}$$

选取 Lyapunov 函数

$$V(t, x, y) = \sqrt{y^2 + 2G(x)} - \int_0^t |p(s)|ds.$$

令 $P = \int_0^\infty |p(t)|dt$, 则有

$$\sqrt{y^2 + 2G(x)} - P \leqslant V(t, x, y) \leqslant \sqrt{y^2 + 2G(x)}.$$

由假设 (c) 容易得到, 存在常数 $K > 0$ 使得在 $t \in R_+$, $x^2 + y^2 \geqslant K^2$ 上定理 10.4 的条件 (i) 成立. 计算全导数得到

$$\dot{V}_{(10.4)}(t, x, y) = \frac{1}{\sqrt{y^2 + 2G(x)}}\{g(x)y + y(-f(x, y)y$$
$$- g(x) + p(t))\} - |p(t)| \leqslant 0,$$

由假设 (a), 定理 10.4 的条件 (ii) 也成立. 因此, 定理 10.4 推出方程 (10.4) 的解一致有界, 即上面的结论成立.

例 10.4　设存在常数 $K > 0$ 使得函数 $f(t, x)$ 对于所有 $t \in R_+$ 和 $|x| \geqslant K$ 满足

$$|f(t, x)| \leqslant \lambda(t)\phi(|x|),$$

这里 $\lambda(t)$ 在 R_+ 上连续, $\int_0^\infty \lambda(t)dt < \infty$, $\phi(u)$ 在 $K \leqslant u < \infty$ 上连续, 且 $\int_K^\infty \frac{du}{\phi(u)} = \infty$. 则方程组 (3.1) 的解是一致有界的.

事实上, 选取 Lyapunov 函数

$$V(t, x) = -\int_0^t \lambda(s)ds + \int_K^r \frac{du}{\phi(u)}, \quad r = |x|,$$

则容易验证定理 10.4 中的所有条件成立. 因此解是一致有界的.

例 10.5　已知方程

$$x'' + p(t)x' + q(t)f(x) = 0, \tag{10.5}$$

其中 $p(t)$ 是 R_+ 上连续函数, $q(t)$ 是 R_+ 上连续可微函数, $f(x)$ 是 R 上连续函数, 满足如下条件:

(1) 对任何 $t \in R_+$ 有 $0 < q(t) \leqslant M$ 和 $p(t) \geqslant -\frac{q'(t)}{2q(t)}$, 其中 $M > 0$ 是某个常数.

(2) $\lim_{|x| \to \infty} F(x) = +\infty$, 其中 $F(x) = \int_0^x f(s)ds$.

则方程 (10.5) 的任何解 $x(t)$ 和它的导数 $x'(t)$ 都是等度有界.

事实上, 考虑方程 (10.5) 的等价方程组

$$\begin{cases} \dot{x} = y, \\ \dot{y} = -p(t)y - q(t)f(x). \end{cases} \tag{10.6}$$

令 $\underline{F} = \inf_{x \in R} F(x)$, 由条件 (2) 得知 $\underline{F} > -\infty$. 选取 Lyapunov 函数如下:

$$V(t, x, y) = F(x) - (\underline{F} - 1) + \frac{y^2}{2q(t)},$$

由条件 (1) 得知

$$V(t, x, y) \geqslant F(x) - (\underline{F} - 1) + \frac{y^2}{2M} \triangleq W(x, y).$$

显然, $W(x, y)$ 是定正的, 且由条件 (2) 得知, $W(x, y)$ 具有无穷大性质. 计算全导数得到

$$\dot{V}_{(10.9)}(t, x, y) = -\frac{y^2}{q(t)}\left(p(t) + \frac{q'(t)}{2q(t)}\right).$$

由条件 (1) 得知, $\dot{V}_{(10.9)}(t, x, y)$ 是常负的, 于是定理 10.3 的条件成立. 故方程组 (10.6) 的所有解等度有界, 即方程 (10.5) 的任何解和它的导数都等度有界.

进一步, 若函数 $q(t)$ 还满足条件 $\inf_{t \in R_+} q(t) > 0$, 则我们容易证明, 方程 (10.5) 的任何解和它的导数都是一致有界.

在某些情况下, 下述关于有界性的定理应用起来更为方便. 我们考虑如下方程组:

$$\begin{cases} x' = f(t, x, y), \\ y' = g(t, x, y), \end{cases} \tag{10.7}$$

这里 $x \in R^n$, $y \in R^m$, $f(t, x, y)$ 和 $g(t, x, y)$ 别是定义于全空间 $R_+ \times R^n \times R^m \to R^n$ 上的连续的 n 维向量函数和 n 维向量函数, 并且关于 (x, y) 满足局部的 Lipschitz 条件.

定理 10.5 设存在常数 $K > 0$ 和定义在 $t \in R_+$, $|x| + |y| \geqslant K$ 上的 Lyapunov 函数 $V(t, x, y)$, 使得在 $t \in R_+$ 和 $|x| + |y| \geqslant K$ 上满足下述条件:

(i) 存在常数 $K_0 > 0$ 和 R_+ 上的非负连续递增函数 $a(r)$, 且 $\lim_{r \to \infty} a(r) = \infty$ 使得当 $|y| \geqslant K_0$ 时有 $V(t, x, y) \geqslant a(|y|)$;

(ii) $V(t, x, y) \leqslant b(|x|, |y|)$, 其中 $b(r, s)$ 对 $r, s \in R_+$ 是非负连续函数;

(iii) 全导数 $\dot{V}_{(10.7)}(t, x, y) \leqslant 0$.

进一步假设对任何常数 $M > 0$, 存在常数 $K_1(M) > 0$ 和存在定义在 $t \in R_+$, $|x| \geqslant K_1(M)$, $|y| \leqslant M$ 上的 Lyapunov 函数 $W(t, x, y)$, 使得在 $t \in R_+, |x| \geqslant K_1, |y| \leqslant M$ 上满足下述条件:

(iv) 存在定义于 R_+ 上的非负连续递增函数 $d(r)$, 且 $\lim_{r \to \infty} d(r) = \infty$ 使得 $W(t, x, y) \geqslant d(|x|)$

(v) $W(t, x, y) \leqslant c(|x|)$, 其中 $c(r)$ 是 R_+ 上的非负连续函数;

(vi) 全导数 $\dot{W}_{(10.7)}(t, x, y) \leqslant 0$.

则方程组 (10.7) 的解是一致有界的.

证明　对任何常数 $\alpha > 0$, 不失一般性设 $\alpha > K$. 对任何初始点 (t_0, x_0, y_0), 其中 $t_0 \geqslant 0$ 和 $|x_0| + |y_0| \leqslant \alpha$, 选取常数 $\beta(\alpha) > \max\{\alpha, K_0\}$ 使得

$$a(\beta(\alpha)) > \sup_{|x| + |y| = \alpha} b(|x|, |y|).$$

考虑方程的解 $x(t) = x(t, t_0, x_0, y_0)$, $y(t) = y(t, t_0, x_0, y_0)$. 我们首先证明必有 $|y(t)| < \beta(\alpha)$ 对一切 $t \geqslant t_0$. 用反证法. 假设存在 $\bar{t} > t_0$ 使得 $|y(\bar{t})| = \beta(\alpha)$, 则必存在 $t_1 \in [t_0, \bar{t})$ 使得 $|x(t_1)| + |y(t_1)| = \alpha$ 和 $|x(t)| + |y(t)| > \alpha > K$ 对一切 $t \in (t_1, \bar{t}]$. 由条件 (iii) 得到 $\dot{V}(t, x(t), y(t)) \leqslant 0$ 对一切 $t \in [t_1, \bar{t}]$, 于是由条件 (i) 和 (ii) 得知

$$a(|y(\bar{t})|) \leqslant V(\bar{t}, x(\bar{t}), y(\bar{t})) \leqslant V(t_1, x(t_1), y(t_1)) \leqslant b(|x(t_1)|, |y(t_1)|),$$

因此

$$a(\beta(\alpha)) \leqslant b(|x(t_1)|, |y(t_1)|) \leqslant \sup_{|x| + |y| = \alpha} b(|x|, |y|) < \alpha\beta(\alpha),$$

得到矛盾. 所以必有 $|y(t)| \leqslant \beta(\alpha)$ 对一切 $t \geqslant t_0$.

对于 $M = \beta(\alpha)$, 根据定理假设得知, 存在一个常数 $K_1 = K_1(M)$, 不妨设 $K_1 > M$. 令 $\alpha^* = \alpha^*(\alpha) = \max\{\alpha, K_1\}$, 选取 $\gamma(\alpha) > \alpha^*$ 使得 $d(\gamma(\alpha)) > c(\alpha^*)$. 对于解 $(x(t), y(t))$, 我们已经得到了 $|y(t)| \leqslant M$ 对一切 $t \geqslant t_0$. 现在证明必有 $|x(t)| < \gamma(\alpha)$ 对一切 $t \geqslant t_0$. 用反证法. 假设存在 $t_1 > t_0$ 使得 $|x(t_1)| = \gamma(\alpha)$, 则必存在 $t_2 \in [t_0, t_1)$ 使得 $|x(t_2)| = \alpha^*$ 和 $\gamma(\alpha) \geqslant |x(t)| > \alpha^* \geqslant K_1$ 对一切 $t \in [t_2, t_1]$. 由条件 (vi) 得到 $\dot{W}(t, x(t), y(t)) \leqslant 0$ 对一切 $t \in [t_2, t_1]$, 故根据条件 (iv) 和 (v) 我们有

$$d(|x(t_1)|) \leqslant W(t_1, x(t_1), y(t_1)) \leqslant W(t_2, x(t_2), y(t_2)) \leqslant c(|x(t_2)|),$$

于是 $d(\gamma(\alpha)) \leqslant c(\alpha^*)$, 得到矛盾. 所以必有 $|x(t)| \leqslant \gamma(\alpha)$ 对一切 $t \geqslant t_0$. 于是我们最终得到方程组 (10.5) 的所有解一致有界. 证毕.

我们指出, 定理 10.4 可作为定理 10.5 的特殊情形, 即 x 不存在的情形.

例 10.6　已知方程

$$x'' + f(x)x' + g(x) = p(t), \tag{10.8}$$

这里假设:

(a) $f(x)$ 在 R_+ 上连续, 且当 $x \to \pm\infty$ 时分别有 $F(x) = \int_0^x f(u)du \to \pm\infty$.

(b) $g(x)$ 在 R_+ 上连续, 且对于 $|x| > q$ 有 $xg(x) > 0$, 这里 $q > 0$ 是某个常数.

(c) $p(t)$ 在 R_+ 上连续, 且 $P(t) = \int_0^t p(s)ds$ 是有界的.
则方程 (10.8) 的所有解及其导数是一致有界的.

为证这个结论, 考虑方程 (10.8) 的等价方程组

$$\begin{cases} x' = y - F(x) + P(t), \\ y' = -g(x), \end{cases} \tag{10.9}$$

令 $G(x) = \int_0^x g(u)du$ 和 $v(x,y) = G(x) + \dfrac{y^2}{2}$. 设 a, b 是正常数, 定义 Lyapunov
函数如下:

$$V(t,x,y) = \begin{cases} v(x,y), & x \geqslant a, \ |y| < \infty, \\ v(x,y) - x + a, & |x| \leqslant a, \ y \geqslant b, \\ v(x,y) + 2a, & x \leqslant -a, \ y \geqslant b, \\ v(x,y) + \dfrac{2a}{b}y, & x \leqslant -a, \ |y| \leqslant b, \\ v(x,y) - 2a, & x \leqslant -a, \ y \leqslant -b, \\ v(x,y) + x - a, & |x| \leqslant a, \ y \leqslant -b. \end{cases}$$

由假设 (b) 得知, 存在常数 $G_0 > 0$ 使得 $G(x) = \int_0^x g(u)du \geqslant -G_0$ 对一切
$x \in R$. 容易验证 $V(t,x,y) \geqslant -G_0 + \dfrac{1}{2}y^2 - 2a$, 因此存在足够大常数 $K_0 > 0$ 使得
当 $|y| \geqslant K_0$ 时有 $V(t,x,y) \geqslant \dfrac{1}{4}y^2$. 此外我们也有 $V(t,x,y) \leqslant |G(x)| + \dfrac{1}{2}y^2 + 2a$.
这表明定理 10.5 的条件 (i) 和 (ii) 成立. 计算全导数得到

$$\dot{V}_{(10.9)}(t,x,y) = \begin{cases} g(x)(-F(x) + P(t)), & x \geqslant a, \ |y| < \infty, \\ (g(x) - 1)(-F(x) + P(t)) - y, & |x| \leqslant a, \ y \geqslant b, \\ g(x)(-F(x) + P(t)), & x \leqslant -a, \ y \geqslant b, \\ g(x)(-F(x) + P(t)) - \dfrac{2a}{b}g(x), & x \leqslant -a, \ |y| \leqslant b, \\ g(x)(-F(x) + P(t)), & x \leqslant -a, \ y \leqslant -b, \\ (g(x) + 1)(-F(x) + P(t)) + y, & |x| \leqslant a, \ y \leqslant -b. \end{cases}$$

由假设 (a)—(c) 我们容易验证, 定理 10.5 的条件 (iii) 也满足.

选取 Lyapunov 函数 $W(t,x,y) = |x|$. 显然定理 10.5 的条件 (iv) 和 (v) 成
立. 计算全导数得到

$$\dot{W}_{(10.9)}(t,x,y) = \text{sign}(x)(y - F(x) + P(t)) \leqslant |y| - \text{sign}(x)F(x) + |P(t)|.$$

由假设 (a) 得知 $\lim_{|x|\to\infty}\mathrm{sign}(x)F(x) = +\infty$, 因此对任何常数 $M > 0$ 容易得到, 存在常数 $K_1 = K_1(M) > 0$, 当 $t \in R_+$, $|x| \geqslant K_1$ 和 $|y| \leqslant M$ 时有 $\dot{W}_{(10.9)}(t,x,y) \leqslant 0$. 即定理 10.5 的条件 (vi) 也成立.

由此, 根据定理 10.5 得知方程组 (10.9) 的所有解 $(x(t), y(t))$ 一致有界. 进而由方程组 (10.9) 的第一个方程得知, $x'(t)$ 也是一致有界的.

最后, 作为方程的解的一般有界性的应用, 对于周期方程, 解的有界性可推出周期解的存在性. 我们有下面的结果.

定理 10.6 设方程组 (3.1) 是一个周期的标量方程, 周期为 ω. 如果存在一个在 $[t_0, \infty)$ 上有定义, 且有界的解, 这里 t_0 为某初始时刻, 则一定存在周期为 ω 的周期解.

定理 10.7 设线性方程组 (1.6) 是周期的, 周期为 ω, 即 $A(t+\omega) \equiv A(t)$ 和 $f(t+\omega) \equiv f(t)$ 对一切 $t \in R$. 如果存在一个在 $[t_0, \infty)$ 上有界的解, 这里 t_0 为某初始时刻, 则一定存在周期为 ω 的周期解.

定理 10.8 设方程组 (3.1) 是一个周期的二维方程, 即 $n = 2$, 周期为 ω. 如果它的所有解都可以延拓到 $+\infty$, 并且存在一个在 $[t_0, \infty)$ 上有界的解, 这里 t_0 为某初始时刻, 则一定存在周期为 ω 的周期解.

上述定理的证明可以在相关文献中看到, 我们这里省略. 然而, 当方程组 (3.1) 的维数 $n \geqslant 3$ 时, 则仅有解的一般有界性不足以保证周期解的存在性, 我们还需要解的最终有界性. 我们将在第 11 节中详细介绍.

第 11 节 解的最终有界性

我们考虑方程组 (3.1), 假设右端函数 $f(t,x)$ 整个 $R_+ \times R^n$ 上有定义、连续, 并且关于 x 满足局部的 Lipschitz 条件. 关于方程组 (3.1) 的解的最终有界性我们有下面的定义.

定义 11.1 (a) 如果存在常数 $B > 0$ 使得对于方程组 (3.1) 的每个解 $x(t, t_0, x_0)$ 都有

$$\limsup_{t \to \infty} |x(t, t_0, x_0)| < B,$$

即存在依赖于这个解的一个 $T(t_0, x_0) > 0$, 有 $|x(t, t_0, x_0)| < B$ 对一切 $t \geqslant t_0 + T$ 成立, 则称方程组 (3.1) 的所有解对界限 B 是最终 (或称毕竟) 有界的.

(b) 如果存在常数 $B > 0$, 使得对任意的常数 $\alpha > 0$ 和初始时刻 $t_0 \in R_+$, 存在 $T(t_0, \alpha) > 0$, 使得对任何初始值 $x_0 \in R^n$, 且 $|x_0| \leqslant \alpha$ 都有 $|x(t, t_0, x_0)| < B$ 对一切 $t \geqslant t_0 + T(t_0, \alpha)$ 成立, 则称方程组 (3.1) 的所有解对界限 B 是等度最终 (或称等度毕竟) 有界的.

(c) 如果存在常数 $B > 0$, 使得对任意的常数 $\alpha > 0$, 都存在只依赖于 α 的 $T(\alpha) > 0$, 使得对任何初始点 (t_0, x_0), 且 $t_0 \geqslant 0$ 和 $|x_0| \leqslant \alpha$ 都有 $|x(t, t_0, x_0)| < B$ 对一切 $t \geqslant t_0 + T(\alpha)$ 成立, 则称方程组 (3.1) 的所有解对界限 B 是一致最终 (或称一致毕竟) 有界的.

我们容易看到, 如果方程组 (3.1) 的解是最终有界的, 则它也是有界的, 如果方程组 (3.1) 的解是等度最终有界的, 则它也是等度有界的. 然而, 如果方程组 (3.1) 的解是一致最终有界的, 则它不一定是一致有界的. 进一步我们有, 方程组 (3.1) 的任何非奇异的线性坐标变换并不影响解的最终有界性. 然而, 一般的坐标变换将影响解的最终有界性, 我们很容易举出这方面的具体例子.

定理 11.1 对于线性方程组 (1.7), 下面的结论成立.

(1) 若解是最终有界的, 则一定也是等度最终有界的.

(2) 零解渐近稳定等价于它的所有解最终有界.

(3) 零解一致渐近稳定等价于它的所有解一致最终有界.

证明 任取一个初始时刻 $t_0 \in R_+$, 考虑方程组 (1.7) 的满足 $\Phi(t_0) = E$ 的标准基解矩阵 $\Phi(t) = (\phi_1(t), \phi_2(t), \cdots, \phi_n(t))$, 这里每个 $\phi_i(t)$ 都是方程组 (1.7) 的满足初始条件 $\phi_i(t_0) = e_i$ 的解. 对任何常数 $\alpha > 0$, 则 $\alpha \phi_i(t)$ 也是方程组 (1.7) 的解. 如果方程组 (1.7) 的解最终有界, 则存在常数 $B > 0$ 使得

$\lim\sup_{t\to\infty}|\alpha\phi_i(t)| < B$, 即 $\lim\sup_{t\to\infty}|\phi_i(t)| < \dfrac{B}{\alpha}$. 由于 α 的任意性, 则就有 $\lim_{t\to\infty}\phi_i(t) = 0$. 于是 $\lim_{t\to\infty}\Phi(t) = 0$. 又由于方程组 (1.7) 的任何解 $x(t,t_0,x_0) = \Phi(t)x_0$, 因此

$$\lim_{t\to\infty} x(t,t_0,x_0) = 0.$$

这表明方程组 (1.7) 的零解全局吸引. 从而方程组 (1.7) 的零解全局渐近稳定.

反之, 如果方程组 (1.7) 的零解渐近稳定, 从而全局渐近稳定. 由此可知方程组 (1.7) 的满足 $\Phi(t_0) = E$ 的标准基解矩阵 $\Phi(t)$ 满足 $\lim_{t\to\infty}\Phi(t) = 0$. 取常数 $B = 1$, 则对任何常数 $\alpha > 0$, 存在依赖于 t_0 和 α 的 $T = T(t_0,\alpha)$ 使得对任何 $t > t_0 + T$ 有 $|\Phi(t)| < \dfrac{B}{\alpha}$, 从而对任何初始值 $x_0 \in R^n$, 且 $|x_0| \leqslant \alpha$, 由于 $|x(t,t_0,x_0)| \leqslant |\Phi(t)||x_0|$, 当 $t > t_0 + T$ 时就有 $|x(t,t_0,x_0)| < B = 1$. 这说明方程组 (1.7) 的解等度最终有界. 由此, 结论 (1) 和 (2) 得证.

现在证明结论 (3). 若方程组 (1.7) 的零解 $x = 0$ 一致渐近稳定, 则它一定一致吸引. 于是存在常数 $\eta_0 > 0$, 对任何常数 $\alpha > 0$, 取 $\varepsilon = \dfrac{1}{\alpha}$, 则存在 $T = T(\varepsilon) > 0$ 使得对任何 $t_0 \in R_+$ 和 $x_0 \in R^n$, 且 $|x_0| \leqslant \eta_0$, 方程组 (1.7) 的解 $x(t,t_0,x_0)$, 对任何 $t \geqslant t_0 + T$ 满足 $|x(t,t_0,x_0)| < \dfrac{1}{\alpha}$. 设 $\Phi(t)$ 是方程组 (1.7) 满足 $\Phi(t_0) = E$ 的标准基解矩阵, 设 $\Phi(t) = (\phi_1(t),\phi_2(t),\cdots,\phi_n(t))$, 其中每个 $\phi_i(t)$ 是方程组 (1.7) 满足初始条件 $\phi_i(t_0) = e_i$ 的解, 则 $x(t,t_0,x_0) = \Phi(t)x_0$, 由此得到对任何 $t \geqslant t_0 + T$ 和 $|x_0| \leqslant \eta_0$ 就有 $|\Phi(t)x_0| < \dfrac{1}{\alpha}$. 取 $x_0 = \eta_0 e_i$, 则有 $\Phi(t)x_0 = \eta_0\phi_i(t)$. 从而对任何 $t \geqslant t_0 + T$ 就有 $|\phi_i(t)| < \dfrac{1}{\alpha\eta_0}$. 由此推出对任何 $t \geqslant t_0 + T$ 有 $|\Phi(t)| = \sum_{i=1}^{n}|\phi_i(t)| < \dfrac{n}{\alpha\eta_0}$. 于是, 取常数 $B = \dfrac{n}{\eta_0}$, 对任何 $t_0 \in R_+$ 和 $x_0 \in R^n$, 且 $|x_0| \leqslant \alpha$, 当 $t \geqslant t_0 + T$ 时就有 $|x(t,t_0,x_0)| = |\Phi(t)x_0| \leqslant \dfrac{n}{\alpha\eta_0}\alpha = B$. 这表明方程组 (1.7) 的解一致最终有界.

反之, 设方程组 (1.7) 的解一致最终有界. 于是存在常数 $B > 0$, 对任何常数 $\alpha > 0$, 存在 $T = T(\alpha) > 0$, 对任何 $t_0 \in R_+$ 和 $x_0 \in R^n$, 且 $|x_0| \leqslant \alpha$, 对任何 $t \geqslant t_0 + T$ 有 $|x(t,t_0,x_0)| < B$. 由于 $x(t,t_0,x_0) = \Phi(t)x_0$, 取 $x_0 = \alpha e_i$, 则有 $\Phi(t)x_0 = \alpha\phi_i(t)$. 于是我们进一步有 $|\phi_i(t)| < \dfrac{B}{\alpha}$ 对任何 $t \geqslant t_0 + T$. 由此推出 $|\Phi(t)| < \dfrac{nB}{\alpha}$ 对任何 $t \geqslant t_0 + T$. 对任何 $\varepsilon > 0$, 取 $\alpha > 1$ 使得 $\dfrac{nB}{\alpha} < \varepsilon$, 再取 $\eta_0 = 1$, 则对 $T(\varepsilon) = T(\alpha)$, 对任何 $t_0 \in R_+$ 和 $x_0 \in R^n$, 且 $|x_0| \leqslant \eta_0 < \alpha$, 就有对任何 $t \geqslant t_0 + T$ 有 $|x(t,t_0,x_0)| = |\Phi(t)x_0| \leqslant |\Phi(t)||x_0| < \dfrac{nB}{\alpha} < \varepsilon$, 因此方程组 (1.7) 的零解 $x = 0$ 一致吸引. 进而一致渐近稳定. 证毕.

定理 11.2 若方程组 (3.1) 是自治的或周期的, 且解是等度最终有界的, 则一定也是一致最终有界的.

证明 对于给定的 $\alpha > 0$, 考虑从 (t_0, x_0) 出发的解 $x(t, t_0, x_0)$, 其中 $0 \leqslant t_0 < \omega$ 和 $|x_0| \leqslant \alpha$. 由解的等度最终有界性得知, 解 $x(t, t_0, x_0)$ 可延展到 $t = \omega$, 即在 $[t_0, \omega]$ 上有定义. 故由引理 10.1, 对 $K = [0, \omega] \times S_\alpha$, 这里 $S_\alpha = \{x \in R^n : |x| \leqslant \alpha\}$, 存在常数 $\beta(\alpha) > 0$, 使得 $|x(t, t_0, x_0)| \leqslant \beta(\alpha)$ 对一切 $t \in [t_0, \omega]$. 因此也有 $|x(\omega, t_0, x_0)| \leqslant \beta(\alpha)$. 根据解的等度最终有界性, 对 $t_0 = \omega$ 存在常数 $T = T(\beta(\alpha)) > 0$, 当 $t > \omega + T$ 时对任何初始值 x_0 且 $|x_0| \leqslant \beta(\alpha)$ 有 $|x(t, \omega, x_0)| < B$. 由解的存在唯一性, 得知 $x(t, t_0, x_0) = x(t, \omega, x(\omega, t_0, x_0))$ 对一切 $t \geqslant \omega$. 因此, 对任何 $0 \leqslant t_0 < \omega$ 和 $|x_0| \leqslant \alpha$, 当 $t > t_0 + \omega + T$ 时我们也有 $|x(t, t_0, x_0)| = |x(t, \omega, x(\omega, t_0, x_0))| < B$.

若 $t_0 > \omega$, 选取整数 $k \geqslant 0$ 使得 $t_0 - k\omega \in [0, \omega]$. 由方程组 (3.1) 的周期性可知 $x(t - k\omega, t_0 - k\omega, x_0)$ 也是方程组 (3.1) 的解, 并且由解的存在唯一性得知 $x(t, t_0, x_0) = x(t - k\omega, t_0 - k\omega, x_0)$ 对一切 $t \geqslant t_0$, 于是对任何 $x_0 \in R^n$, 且 $|x_0| \leqslant \alpha$, 由于 $t_0 - k\omega \in [0, \omega]$, 我们也有 $|x(t, t_0, x_0)| = |x(t - k\omega, t_0 - k\omega, x_0)| < B$ 对一切 $t \geqslant t_0 + \omega + T$. 这就证明了方程组 (3.1) 的所有解一致最终有界. 证毕.

定理 11.3 假定方程组 (3.1) 是自治的或周期的, 且所有解是最终有界的, 则它们也是一致有界的和一致最终有界的.

证明 先证明解的一致有界性. 根据定理 10.2, 只需证明方程组 (3.1) 的解等度有界. 用反证法, 假定方程组 (3.1) 的解不是等度有界的, 则存在 $\alpha > 0$, $t_0 \geqslant 0$, 序列 $\{x_k\}$ 和 $\{\tau_k\}$, 使得 $|x_k| \leqslant \alpha$, $\tau_k \geqslant t_0$, 而 $|x(\tau_k, t_0, x_k)| \geqslant k$, 不失一般性, 我们假定 $\alpha > B$, 而 $k > \alpha$. 这里 B 是最终有界性的界限, 并且存在 $0 \leqslant t_k < \tau_k$, 使得 $|x(t_k, t_0, x_k)| = \alpha$ 和对 $t_k < t \leqslant \tau_k$ 有 $|x(t, t_0, x_k)| > \alpha$.

设 $m_k \geqslant 0$ 是一个整数, 使得 $t_k = m_k\omega + \sigma_k$, $0 \leqslant \sigma_k < \omega$, 且令 $\tau_k = m_k\omega + \tau_k'$ 和 $y_k = x(t_k, t_0, x_k)$. 此时 $|y_k| = \alpha$. 由解的存在唯一性, 对 $t \geqslant t_k$ 有 $x(t, t_0, x_k) = x(t, t_k, y_k)$. 由于方程组 (3.1) 是周期的, 周期为 ω, 故 $x(t + m_k\omega, t_k, y_k)$ 也是方程组 (3.1) 的解. 再次使用解的存在唯一性, 得知对于 $t \geqslant \sigma_k$ 有

$$x(t, \sigma_k, y_k) = x(t + m_k\omega, t_k, y_k).$$

取 $t = \tau_k'$, 则有 $|x(\tau_k', \sigma_k, y_k)| = |x(\tau_k, t_0, x_k)| \geqslant k$, $|x(\sigma_k, \sigma_k, y_k)| = \alpha$ 和 $|x(t, \sigma_k, y_k)| > \alpha$ 对于 $\sigma_k < t \leqslant \tau_k'$ 成立. 存在序列 $\{y_k\}$ 和 $\{\sigma_k\}$ 的子序列 $\{y_{k_j}\}$ 和 $\{\sigma_{k_j}\}$, 使得当 $j \to \infty$ 时 $y_{k_j} \to y_0$, $\sigma_{k_j} \to \sigma_0$, 且有 $|y_0| = \alpha$ 和 $0 \leqslant \sigma_0 \leqslant \omega$. 考虑方程组 (3.1) 的解 $x(t, \sigma_0, y_0)$, 由解的最终有界性, 存在 $T = T(\sigma_0, y_0) > 0$, 使得对于所有 $t \geqslant \sigma_0 + T$ 有 $|x(t, \sigma_0, y_0)| < B$. 由解对初值的连续性, 当 j 充分大时我们有 $x(t, \sigma_{k_j}, y_{k_j})$ 在区间 $\sigma_{k_j} \leqslant t \leqslant \sigma_0 + T$ 上将保持在 $x(t, \sigma_0, y_0)$ 的某个小邻域

内. 由于对任何 k 有 $|x(\tau'_k, \sigma_k, y_k)| \geqslant k$, 故而 τ'_{k_j} 不可能小于 $\sigma_0 + T$. 但是, 如果 $\tau'_{k_j} \geqslant \sigma_0 + T$, 那么也会产生矛盾, 因为对于 $\sigma_{k_j} < t \leqslant \tau'_{k_j}$ 有 $|x(t, \sigma_{k_j}, y_{k_j})| > \alpha$, 而对足够大的 j 我们也有 $|x(\sigma_0 + T, \sigma_{k_j}, y_{k_j})| < B < \alpha$, 这就得到矛盾. 于是我们看到方程组 (3.1) 的解是等度有界的. 证毕.

其次证明解的一致最终有界性. 为此我们可以通过得到下面更一般的结果, 然后结合定理 11.2 得到周期方程组 (3.1) 的解的一致最终有界性.

定理 11.4 若一般非自治方程组 (3.1) 的解是一致有界和最终有界的, 则它也是等度最终有界的.

证明 设 B 是最终有界性的界限, 也就是说, 存在 $B > 0$ 使得对任何解 $x(t, t_0, x_0)$, 存在 $T = T(t_0, x_0) > 0$, 使得对所有 $t \geqslant t_0 + T$ 有 $|x(t, t_0, x_0)| < B$. 设 $\overline{B}$ 是根据一致有界性对于 B 得到的界限, 也就是说, 如果 $|x_0| \leqslant B$, 则对所有 $t \geqslant t_0$ 有 $|x(t, t_0, x_0)| < \overline{B}$.

由于 $|x(t_0 + T, t_0, x_0)| \triangleq B' < B$, 我们取点 $P = x(t_0 + T, t_0, x_0)$ 的邻域 $U(P)$, 使得 $U(P) \subset S = \{x : |x| \leqslant B\}$. 根据解的对初值的连续性, 存在点 x_0 的邻域 $U^*(x_0)$, 使得若 $x^* \in U^*(x_0)$, 则有 $x(t_0 + T, t_0, x^*) \in U(P)$. 根据解的存在唯一性, 我们有 $x(t, t_0, x^*) = x(t, t_0 + T, x(t_0 + T, t_0, x^*))$. 因此, $|x(t, t_0, x^*)| < \overline{B}$ 对所有 $t \geqslant t_0 + T$ 成立. 对于任何常数 $\alpha > 0$, 设 S_α 是使得 $|x| \leqslant \alpha$ 的 x 的集合. 对于每个点 $x \in S_\alpha$, 考虑像上面所提到的这样一个邻域 $U^*(x)$. 由于 S_α 是紧的, 它可以用有限个 $U^*(x)$ 来覆盖, 比如说 U^*_i, $1 \leqslant i \leqslant k$. 若我们令 $T = \max_i T_i$, 这里 T_i 是由 U^*_i 所确定的, $1 \leqslant i \leqslant k$, 则 T 仅仅依赖于 t_0 和 α. 此时若 $x_0 \in S_\alpha$, 则必有 $|x(t, t_0, x_0)| < \overline{B}$ 对所有 $t \geqslant t_0 + T$ 成立. 这就证明了定理. 证毕.

进一步对于周期方程组 (3.1), 当维数 $n \geqslant 3$ 时, 解的最终有解性可以推出周期解的存在性. 我们有下面的结果.

定理 11.5 如果周期方程组 (3.1) 的解是最终有界的, 且周期为 ω, 则一定存在周期为 ω 的周期解.

定理 11.10 的证明可以在相关文献中看到, 我们这里省略. 现在我们利用 Lyapunov 函数来讨论方程组 (3.1) 解的最终有界性.

定理 11.6 假定存在定义在 $0 \leqslant t < \infty$, $|x| \geqslant K$ 上的 Lyapunov 函数 $V(t, x)$, 这里 $K > 0$ 是一个足够大常数, 使得在 $0 \leqslant t < \infty$, $|x| \geqslant K$ 上满足下述条件:

(i) $a(|x| \leqslant V(t, x)) \leqslant b(|x|)$, 其中 $a(r)$, $b(r)$ 是 $[0, \infty)$ 上的非负递增连续函数, 且 $\lim_{r \to \infty} a(r) = \infty$;

(ii) 全导数 $\dot{V}_{(3.1)}(t, x) \leqslant -c(|x|)$, 其中 $c(r)$ 是 $[0, \infty)$ 上正的连续函数.

则方程组 (3.1) 的解是一致有界和一致最终有界的.

证明 首先由定理 10.4 得知方程组 (3.1) 的解是一致有界的. 于是对常数

$\alpha = K + 1$ 存在 $\beta(K+1) > 0$ 使得对任何初始点 (t_0, x_0), 且 $t_0 \in R_+$ 和 $|x_0| \leqslant K + 1$, 有 $|x(t, t_0, x_0)| < \beta(K+1)$ 对一切 $t \geqslant t_0$. 取常数 $B = \beta(K+1)$. 对任何常数 $\alpha > 0$, 不妨设 $\alpha > K + 1$, 首先由一致有界性, 存在常数 $\beta(\alpha) > 0$, 且 $\beta(\alpha) > \alpha$, 使得对任何初始点 (t_0, x_0), 且 $t_0 \in R_+$ 和 $|x_0| \leqslant \alpha$, 有 $|x(t, t_0, x_0)| \leqslant \beta(\alpha)$ 对一切 $t \geqslant t_0$. 选取 $T(\alpha) = \dfrac{b(\alpha)}{m} + 1$, 这里 $m = \min\{c(|x|) : K + 1 \leqslant |x| \leqslant \beta(\alpha)\}$. 我们证明必存在 $t_1 \in [t_0, t_0 + T]$ 使得 $|x(t_1, t_0, x_0)| \leqslant K + 1$. 若不然, 对一切 $t \in [t_0, t_0 + T]$ 有 $|x(t, t_0, x_0)| > K + 1$. 于是我们有

$$\dot{V}(t, x(t, t_0, x_0)) \leqslant -c(|x(t, t_0, x_0)|) \leqslant -m < 0$$

对一切 $t \in [t_0, t_0 + T]$. 因此

$$V(t_0 + T, x(t_0 + T, t_0, x_0)) \leqslant V(t_0, x_0) - mT \leqslant b(\alpha) - mT < 0,$$

得到矛盾. 由解的存在唯一性得知 $x(t, t_0, x_0) = x(t, t_1, x(t_1, t_0, x_0))$ 对一切 $t \geqslant t_1$. 由此我们进一步有 $|x(t, t_0, x_0)| < B$ 对一切 $t \geqslant t_0 + T$. 即解是一致最终有界的. 证毕.

推论 11.1　假定存在定义在 $0 \leqslant t < \infty$, $|x| \geqslant K$ 上的 Lyapunov 函数 $V(t, x)$, 这里 $K > 0$ 是一个足够大常数, 使得在 $t \in R_+$, $|x| \geqslant K$ 上满足下述条件:

(i) $a(|x|) \leqslant V(t, x) \leqslant b(|x|)$, 其中 $a(r), b(r)$ 是 R_+ 上的非负递增连续函数, 且 $\lim_{r \to \infty} a(r) = \infty$;

(ii) 全导数 $\dot{V}_{(3.1)}(t, x) \leqslant -cV(t, x)$, 这里 $c > 0$ 是常数.
则方程组 (3.1) 的解是一致有界和一致最终有界的.

定理 11.7　对于方程组 (10.7), 假定存在定义在区域 $G: t \in R_+$, $|x| < \infty$, $|y| \geqslant K > 0$ 上的 Lyapunov 函数 $V(t, x, y)$, 其中 K 是一个足够大的数, 使得在区域 G 上满足下述条件:

(i) $a(|y|) \leqslant V(t, x, y) \leqslant b(|y|)$, 这里 $a(r)$ 和 $b(r)$ 是 R_+ 上非负连续递增函数, 且当 $r \to \infty$ 时有 $a(r) \to \infty$;

(ii) $\dot{V}_{(10.7)}(t, x, y) \leqslant -c(|y|)$, 这里 $c(r) > 0$ 是 R_+ 上连续函数.
进一步假设对每个常数 $M > 0$, 存在常数 $K_1(M) > 0$ 和定义在区域 $H: t \in R_+$, $|x| \geqslant K_1(M)$, $|y| \leqslant M$ 上的 Lyapunov 函数 $W(t, x, y)$, 使得在区域 H 上满足下述条件:

(iii) $a_1(|x|) \leqslant W(t, x, y) \leqslant b_1(|x|)$, 这里 $a_1(r)$ 和 $b_1(r)$ 是 R_+ 上非负连续递增函数, 且当 $r \to \infty$ 时有 $a_1(r) \to \infty$;

(iv) $\dot{W}_{(10.7)}(t, x, y) \leqslant 0$.
此外, 假设 B 是满足 $b(K) < a(B)$ 的数, 存在定义在区域 $D: T \leqslant t < \infty$, $|x| \geqslant$

$K_2 > 0$, $|y| \leqslant B$ 上的 Lyapunov 函数 $U(t, x, y)$, 其中 T, K_2 是足够大的正数, 使得在区域 D 上满足下述条件:

(v) $a_2(|x|) \leqslant U(t, x, y) \leqslant b_2(|x|)$, 这里 $a_2(r)$ 和 $b_2(r)$ 是 R_+ 上非负连续递增函数;

(vi) $\dot{U}_{(10.7)}(t, x, y) \leqslant -c_2(|x|)$, 这里 $c_2(r) > 0$ 是 R_+ 上连续函数.

则方程组 (10.7) 的解是一致有界和一致最终有界的.

证明　任给常数 $\alpha > 0$, 不妨设 $\alpha > K$. 考虑方程组 (10.7) 的解 $x(t) = x(t, t_0, x_0, y_0)$, $y(t) = y(t, t_0, x_0, y_0)$, 这里 $t_0 \geqslant 0$, $|x_0| \leqslant \alpha$ 和 $|y_0| \leqslant \alpha$. 选取 $\beta(\alpha) > \alpha$, 使得 $b(\alpha) < a(\beta(\alpha))$. 现在我们证明只要解 $\{x(t), y(t)\}$ 存在, 就有 $|y(t)| < \beta(\alpha)$ 对于 $t \geqslant t_0$ 成立. 假设在某个 t_1 时 $|y(t_1)| = \beta(\alpha)$. 此时存在 t_2, $t_0 \leqslant t_2 < t_1$, 使得 $|y(t_2)| = \alpha$, 且对于 $t_2 < t < t_1$ 有 $\alpha < |y(t)| < \beta(\alpha)$. 在 $t_2 \leqslant t \leqslant t_1$ 上考虑函数 $V(t, x(t), y(t))$. 此时我们有

$$a(\beta(\alpha)) \leqslant V(t_1, x(t_1), y(t_1)) \leqslant V(t_2, x(t_2), y(t_2)) \leqslant b(\alpha),$$

这与 $a(\beta(\alpha)) > b(\alpha)$ 相矛盾. 因此只要解存在, 就有 $|y(t)| < \beta(\alpha)$ 对于 $t \geqslant t_0$ 成立.

对于 $M = \beta(\alpha)$, 存在 $K_1 = K_1(M) > 0$. 令 $\alpha_1(\alpha) = \max\{K_1, \beta(\alpha)\}$, 对任何初始值 $t_0 \geqslant 0$, $|x_0| \leqslant \alpha_1$ 和 $|y_0| \leqslant \alpha$ 并考虑定义在 $0 \leqslant t < \infty$, $|x| \geqslant K_1(\beta)$, $|y| \leqslant \beta$ 上的 Lyapunov 函数 $W(t, x, y)$. 选取 $\beta_1(\alpha) > \alpha_1$, 使得 $b_1(\alpha_1) < a_1(\beta_1(\alpha))$. 并假设在某个 t_1 时 $|x(t_1)| = \beta_1(\alpha)$. 此时存在 t_2, $t_0 \leqslant t_2 < t_1$, 使得 $|x(t_2)| = \alpha_1$, 且对于 $t_2 \leqslant t \leqslant t_1$ 有 $\alpha_1 < |x(t)| < \beta_1(\alpha)$, $|y(t)| < \beta(\alpha)$. 在 $t_2 \leqslant t \leqslant t_1$ 上考虑函数 $W(t, x(t), y(t))$. 此时我们有

$$a_1(\beta_1(\alpha)) \leqslant W(t_1, x(t_1), y(t_1)) \leqslant W(t_2, x(t_2), y(t_2)) \leqslant b_1(\alpha_1),$$

这与 $a_1(\beta_1(\alpha)) > b_1(\alpha_1)$ 相矛盾. 因此只要解存在, 就有 $|x(t)| < \beta_1(\alpha)$ 和 $|y(t)| < \beta(\alpha)$ 对 $t \geqslant t_0$ 成立. 由此可以推出解 $\{x(t), y(t)\}$ 对所有的 $t \geqslant t_0$ 存在, 且对所有的 $t \geqslant t_0$ 有 $|x(t)| < \beta_1(\alpha)$, $|y(t)| < \beta(\alpha)$. 这意味着方程组 (10.7) 的解是一致有界的.

特别地, 对于 $\alpha = K+1$, 存在常数 $B > K+1$, 使得对任何 $t_0 \geqslant 0$, $|x_0| \leqslant K+1$ 和 $|y_0| \leqslant K+1$ 有 $|y(t, t_0, x_0, y_0)| < B$ 对一切 $t \geqslant t_0$.

下面证明一致最终有界性. 任给常数 $\alpha > K$, 考虑方程组 (10.7) 的解 $x(t) = x(t, t_0, x_0, y_0)$, $y(t) = y(t, t_0, x_0, y_0)$, 这里 $t_0 \geqslant 0$, $|x_0| \leqslant \alpha$ 和 $|y_0| \leqslant \alpha$. 首先由一致有界性证明, 存在常数 $\beta(\alpha) > 0$ 使得 $|y(t)| < \beta(\alpha)$ 对一切 $t \geqslant t_0$. 假设对所有 $t \geqslant t_0$ 有 $|y(t)| \geqslant K+1$. 显然存在 $\lambda(\alpha) > 0$, 使得在 $K+1 \leqslant |y| \leqslant \beta(\alpha)$ 上有

$\dot{V}_{(10.7)}(t,x,y) \leqslant -\lambda(\alpha)$. 因此我们有

$$V(t,x(t),y(t)) - V(t_0,x_0,y_0) \leqslant -\lambda(\alpha)(t-t_0).$$

若 $t > t_0 + T_1(\alpha)$, 这里 $T_1(\alpha) = \dfrac{b(\alpha) - a(K+1)}{\lambda(\alpha)}$, 则

$$a(K+1) \leqslant V(t,x(t),y(t)) \leqslant V(t_0,x(t_0),y(t_0))$$
$$< b(\alpha) - \lambda(\alpha)\frac{b(\alpha) - a(K+1)}{\lambda(\alpha)} < a(K+1),$$

因而产生矛盾. 所以 $|y(t_1)| < K + 1$ 在某个 t_1 时成立, 其中 $t_0 \leqslant t_1 \leqslant t_0 + T_1(\alpha)$. 根据上面 B 的定义, 我们看到, 对所有 $t \geqslant t_1$, 只要 $|y_0| \leqslant K + 1$ 就有 $|y(t,t_1,x_0,y_0)| < B$. 由解的存在唯一性, 得知 $y(t,t_0,x_0,y_0) = y(t,t_1,x(t_1),y(t_1))$, 因此由 $|y(t_1)| \leqslant K + 1$ 我们得到, 对所有 $t \geqslant t_0 + T_1(\alpha)$ 有 $|y(t,t_0,x_0,y_0)| < B$.

现在令 $K_2^* = \max\{B,K_2\}$. 此时若 $|x_0^*| \leqslant K_2^*$ 和 $|y_0^*| \leqslant K_2^*$, 则由上面一致有界性的证明, 存在常数 $\beta_1(K_2^*) > K_2^*$, 对所有 $t \geqslant t_0$ 有

$$|x(t,t_0,x_0^*,y_0^*)| < \beta_1(K_2^*). \tag{11.1}$$

假定对于所有 $t \geqslant t_0 + T_1(\alpha)$ 有 $|x(t)| \geqslant K_2^*$, 则对于 $K_2^* \leqslant |x| \leqslant \beta_1(\alpha)$, $|y| \leqslant B$ 和 $t \geqslant T$, 存在 $\lambda^*(\alpha) > 0$, 使得

$$\dot{U}_{(10.7)}(t,x,y) \leqslant -\lambda^*(\alpha),$$

从而

$$U(t,x(t),y(t)) \leqslant U(t_0 + T_1(\alpha) + T, x(t_0 + T_1(\alpha) + T), y(t_0 + T_1(\alpha) + T))$$
$$- \lambda^*(\alpha)(t - t_0 - T_1(\alpha) - T).$$

如果 $t > t_0 + T_1(\alpha) + T + T_2(\alpha)$, 这里 $T_2(\alpha) = \dfrac{b_2(\beta_1(\alpha)) - a_1(K_2^*)}{\lambda^*(\alpha)}$, 则由条件 (V) 得到矛盾. 因此在某个 t_1, $t_0 + T_1(\alpha) + T \leqslant t_1 \leqslant t_0 + T_1(\alpha) + T + T_2(\alpha)$, 我们有 $|x(t_1)| < K_2^*$. 由于 $|y(t_1)| \leqslant B \leqslant K_2^*$, 从而根据 (11.1), 对所有 $t \geqslant t_1$ 有 $|x(t,t_1,x(t_1),y(t_1))| < \beta_1(K_2^*)$, 由解的存在唯一性得知, $x(t,t_0,x_0,y_0) = x(t,t_1,x(t_1),y(t_1))$, 于是对于所有 $t \geqslant t_0 + T_1(\alpha) + T + T_2(\alpha)$, 我们有 $|x(t)| < \beta_1(K_2^*)$, 以及对于所有 $t \geqslant t_0 + T_1(\alpha) + T$ 也有 $|y(t)| < B$. 如果我们令 $B^* = \beta_1(K_2^*)$ 和 $T^*(\alpha) = T_1(\alpha) + T + T_2(\alpha)$, 显然 $B \leqslant B^*$ 和 $T_1(\alpha) \leqslant T^*(\alpha)$. 故若 $|x_0| \leqslant \alpha$, $|y_0| \leqslant \alpha$, 以及 $t_0 \geqslant 0$, 我们就有

$$|x(t,t_0,x_0,y_0)| < B^*, \quad |y|(t,t_0,x_0,y_0)| < B^*$$

对于所有 $t \geqslant t_0 + T^*(\alpha)$ 成立, 这里 B^* 显然是不依赖于任何解的正常数. 这就证明了方程组 (10.7) 的解是一致最终有界的. 证毕.

例 11.1　在例 10.6 中, 如果对于 $|x| \geqslant q > 0$ 有 $xg(x) > 0$, 且当 $|x| \to \infty$ 时 $G(x) = \displaystyle\int_0^x g(u)du \to \infty$, 则我们可以看出例 10.6 中定义的 Lyapunov 函数 $V(t, x, y)$, 满足定理 11.7 中的条件. 因此方程 (10.8) 的解是一致最终有界的, 于是我们可以找到与解无关的 $B > 0$, 使得对足够大的 t 有 $|x(t)| < B$, $|x'(t)| < B$.

例 11.2　考虑三阶方程

$$x''' + g(x')x'' + bx' + f(x) = p(t), \tag{11.2}$$

这里 $b > 0$ 是常数, $g(y)$, $f(x)$ 和 $p(t)$ 是定义于 R 上的连续函数. 方程 (11.2) 可以化为如下等价方程组

$$\begin{cases} x' = y, \\ y' = z - \phi(y) + P(t), \\ z' = -f(x) - by, \end{cases} \tag{11.3}$$

这里 $g(y) = \displaystyle\int_0^y \phi(u)du$ 和 $P(t) = \displaystyle\int_0^t p(s)ds$. 我们作如下假定:

(a) $|f(x)| \leqslant F$ 对所有的 x, 且 $f(x)\mathrm{sgn}(x) > 0$ 对 $|x| \geqslant h$;

(b) $\phi(y)\mathrm{sgn}(y) > 0$ 对 $|y| \geqslant k$, 且 $|\phi(y)| \to \infty$ 当 $|y| \to \infty$ 时;

(c) $|P(t)| \leqslant m$ 对所有的 $t \geqslant 0$,

其中 F, h, k 和 m 都为正常数.

我们下面证明, 在这些假设条件下方程组 (11.3) 的解是一致有界和一致最终有界的. 设 $K > 0$ 是一常数, 它满足

$$K \geqslant 1 + 2m + \frac{\alpha}{F} + 4F\left(1 + b + \frac{1}{b}\right) + k,$$

这里 $\alpha = \displaystyle\max_{y \in R}\{b|y|m + 2F|\phi(y)| - by\phi(y)\} \geqslant 0$, 且对于 $|y| \geqslant K$ 有

$$|\phi(y)| \geqslant 2m + \frac{F}{b}(1 + 2b + 2F + 4m).$$

在区域 $0 \leqslant t < \infty$, $|x| < \infty$, $\max\{|y|, |z|\} \geqslant K$ 上, 考虑 Lyapunov 函数

$$V(y, z) = v(y, z) + u(y, z),$$

这里 $v(y, z) = \dfrac{1}{2}(by^2 + z^2)$, 而

$$u(y, z) = \begin{cases} -2Fy\mathrm{sgn}(z) & \text{对于 } |y| \leqslant |z|, \\ -2Fz\mathrm{sgn}(y) & \text{对于 } |z| \leqslant |y|. \end{cases}$$

不难验证在此区域上 $V(y,z)$ 是连续的和正的, 且当 $y^2+z^2 \to \infty$ 时 $V(y,z) \to \infty$, 这是因为对于 $|y| \leqslant |z|$ 我们有

$$\frac{1}{2}(by^2 + z^2) - 2F|y| \geqslant \frac{1}{2}by^2 + \frac{1}{2}|z|(|z| - 4F) > \frac{1}{2}by^2.$$

而对于 $|y| \geqslant |z|$ 我们有

$$\frac{1}{2}(by^2 + z^2) - 2F|z| \geqslant \frac{1}{2}bz^2 + \frac{1}{2}|y|(|y| - 4F) > \frac{1}{2}z^2.$$

进一步, 不难证明: 存在 R_+ 上非负连续递增函数 $a(r)$ 和 $b(r)$, 且当 $r \to \infty$ 时有 $a(r) \to \infty$, 使得

$$a(|y| + |z|) \leqslant V(y,z) \leqslant b(|y| + |z|).$$

计算全导数, 容易得到, $\dot{v}_{(11.3)} \leqslant -by\phi(y) + b|y|m + |z|F$, 且对于 $|y| \leqslant |z|$ 有

$$\dot{u}_{(11.3)}(y,z) = -2F|z| + 2F\phi(y)\mathrm{sgn}(z) - 2FP(t)\mathrm{sgn}(z)$$
$$\leqslant -2F|z| + 2F|\phi(y)| + 2Fm,$$

而对于 $|y| \geqslant |z|$ 有

$$\dot{u}_{(11.3)}(y,z) = 2Ff(x)\mathrm{sgn}(y) + 2Fb|y| \leqslant -2F^2 + 2Fb|y|.$$

因此, 对于 $|y| \geqslant |z|$ 和 $|y| \geqslant K$ 我们有

$$\dot{V}_{(11.3)}(y,z) \leqslant -|y|\{b|\phi(y)| - bm - F - 2Fb - 2F^2\} < 0,$$

对于 $|y| \leqslant |z|$ 和 $|y| \geqslant K$ 我们有

$$\dot{V}_{(11.3)}(y,z) \leqslant -\frac{b}{2}|y|\{|\phi(y)| - 2m\} - \frac{1}{2}|\phi(y)|$$
$$\times \{b|y| - 4F\} - F(|y| - 2m) < 0,$$

而对于 $|y| \leqslant |z|$, $|y| \leqslant K$ 和 $|z| \geqslant K$ 我们有

$$\dot{V}_{(11.3)}(y,z) \leqslant 2Fm + \alpha - F|z| < 0.$$

对任何常数 $M > 0$, 取常数 $K_1 = K_1(M) = \max\left\{h, \frac{M}{b}\right\}$. 在区域 $\max\{|y|, |z|\} \leqslant M$, $|x| \geqslant K_1$ 上考虑函数 $W(x,z) = \frac{b}{2}\left(x + \frac{z}{b}\right)^2$. 我们有

$$\frac{b}{8}x^2 \leqslant W(x,z) \leqslant \frac{9b}{8}x^2.$$

计算全导数得到

$$\dot{W}_{(11.3)}(x,z) = -\left(x + \frac{z}{b}\right)f(x) \leqslant 0.$$

设 B 是使得 $b(K) < a(B)$ 的常数, 选取常数 $K_2 = \max\left\{h, \frac{2B}{b}\right\}$. 在区域

$\max\{|y|, |z|\} \leqslant B, |x| \geqslant K_2$ 上考虑函数 $U(x,z) = \frac{b}{2}\left(x + \frac{z}{b}\right)^2$. 我们也有

$$\dot{U}_{(11.3)}(x,z) \leqslant -\frac{1}{2}xf(x) < 0.$$

于是, 应用定理 11.7, 我们可以看出 (11.3) 的解是一致有界和一致最终有界的.

第 12 节　稳定性的比较原理

我们首先考察一个例子:

$$\begin{cases} \dfrac{dx_1}{dt} = (-3 + 8\sin t)x_1 + (\sin t)x_2, \\[2mm] \dfrac{dx_2}{dt} = (\cos t)x_1 + (-3 + 8\sin t)x_2. \end{cases} \tag{12.1}$$

如果作 Lyapunov 函数 $V(x_1, x_2) = \dfrac{1}{2}(x_1^2 + x_2^2)$, 则关于方程 (12.1) 的全导数为

$$\dot{V}_{(12.1)}(x_1, x_2) = (-3 + 8\sin t)x_1^2 + (\sin t)x_1 x_2 + (\cos t)x_1 x_2 + (-3 + 8\sin t)x_2^2.$$

显然全导数是变号的. 因此, 我们不能用前面建立的关于稳定性的各种 Lyapunov 函数型判定准则来解决方程 (12.1) 的零解的稳定性问题. 但是, 经过整理我们得到

$$\begin{aligned} \dot{V}_{(12.1)}(x_1, x_2) &\leqslant (-3 + 8\sin t)x_1^2 + x_1^2 + x_2^2 + (-3 + 8\sin t)x_2^2 \\ &\leqslant 2(-2 + 8\sin t)V(x_1, x_2). \end{aligned} \tag{12.2}$$

因此, 对方程 (12.1) 的满足任何初始条件 $(x_1(t_0), x_2(t_0)) = (x_{10}, x_{20})$ 的解 $(x_1(t), x_2(t))$, 我们得到

$$V(x_1(t), x_2(t)) \leqslant V(x_{10}, x_{20}) \exp\left[2\int_{t_0}^{t}(-2 + 8\sin t)dt\right], \quad t \geqslant t_0. \tag{12.3}$$

我们看到

$$u(t) = V(x_{10}, x_{20}) \exp\left[2\int_{t_0}^{t}(-2 + 8\sin t)dt\right]$$

是如下方程的满足初始条件 $u(t_0) = V(x_{10}, x_{20})$ 的解

$$\frac{du}{dt} = 2(-2 + 8\sin t)u. \tag{12.4}$$

(12.3) 式表明

$$V(x_1(t), x_2(t)) \leqslant u(t), \quad t \geqslant t_0. \tag{12.5}$$

而方程 (12.4) 的满足任何初始条件 $u(t_0) = u_0$ 的解为

$$u(t) = u_0 \exp\left[2\int_{t_0}^{t}(-2 + 8\sin t)dt\right]. \tag{12.6}$$

从 (12.6) 我们不难得到方程 (12.4) 的零解是全局渐近稳定的. 进一步, 从 (12.5) 式我们直接能够得到方程 (12.1) 的零解也是全局渐近稳定的.

这个例子告诉我们, 可以通过使用 Lyapunov 函数、微分不等式 (12.2), 以及标量方程 (12.4) 的零解的稳定性来得到方程 (12.1) 的零解的稳定性. 这种方法被称作常微分方程稳定性的比较判别法. 为了对一般方程组 (3.1) 给出比较判别法的一般性结论, 我们首先引入常微分方程比较原理的几个基本定理. 关于常微分方程比较原理的更多内容, 感兴趣的读者可参阅这方面的相关文献.

引理 12.1　设 $\phi(t): [t_0, b) \to R$ 是一连续可微函数, $F(t, x)$ 是定义在包含曲线 $x = \phi(t)\,(t_0 \leqslant t < b)$ 的某个平面区域 G 内的连续标量函数, 且关于 x 满足局部的 Lipschitz 条件. 设

$$\frac{d\phi(t)}{dt} \leqslant F(t, \phi(t)), \quad t \in [t_0, b).$$

进一步设 $x = \Phi(t)$ 是方程

$$\frac{dx}{dt} = F(t, x)$$

的定义于 $[t_0, b)$ 上的始终位于 G 内的解. 如果 $\phi(t_0) \leqslant \Phi(t_0)$, 则 $\phi(t) \leqslant \Phi(t)$ 对一切 $t \in [t_0, b)$.

证明　对任何常数 $T \in (t_0, b)$, 我们考虑区间 $[t_0, T]$. 对任何常数 $\varepsilon > 0$ 我们考虑如下含参数 ε 的方程

$$\frac{dx}{dt} = F(t, x) + \varepsilon.$$

设 $x = \Phi_\varepsilon(t)$ 是这个方程满足初始条件 $x(t_0) = \Phi(t_0)$ 的解. 由微分方程的解对参数的连续性得知, 存在常数 $\varepsilon_0 > 0$, 只要 $0 < \varepsilon \leqslant \varepsilon_0$ 就有解 $x = \Phi_\varepsilon(t)$ 在区间 $[t_0, T]$ 上有定义, 并且位于区域 G 内.

令 $z(t) = \phi(t) - \Phi_\varepsilon(t)$. 若 $z(t_0) = \phi(t_0) - \Phi(t_0) < 0$, 并且存在 $t_1 \in (t_0, T]$ 使得 $z(t_1) \geqslant 0$, 则存在 $t_2 \in (t_0, T]$ 使得 $z(t_2) = 0$ 和 $z(t) < 0$ 对一切 $t \in [t_0, t_2)$. 于是导数 $\left.\dfrac{dz(t)}{dt}\right|_{t=t_2} \geqslant 0$. 但是, 根据引理 12.1 的条件我们有

$$\left.\frac{dz(t)}{dt}\right|_{t=t_2} = \left.\frac{d\phi(t)}{dt}\right|_{t=t_2} - (F(t_2, \Phi_\varepsilon(t_2)) + \varepsilon)$$
$$= \left.\frac{d\phi(t)}{dt}\right|_{t=t_2} - (F(t_2, \phi(t_2)) + \varepsilon) < 0.$$

得到矛盾. 因此, 我们有 $z(t) < 0$ 对一切 $t \in [t_0, T]$. 由 ε 的任意性, 我们有 $\phi(t) \leqslant \Phi(t)$ 对一切 $t \in [t_0, T]$. 再由于 T 的任意性, 我们最终有 $\phi(t) \leqslant \Phi(t)$ 对一切 $t \in [t_0, b)$.

若 $z(t_0) = 0$, 则由于

$$\left. \frac{dz(t)}{dt} \right|_{t=t_0} = \left. \frac{d\phi(t)}{dt} \right|_{t=t_0} - (F(t_0, \phi(t_0)) + \varepsilon) < 0,$$

存在 $t^* \in (t_0, T)$, 当 $t \in (t_0, t^*)$ 时有 $z(t) < 0$. 若存在 $t_1 \in (t^*, T]$ 使得 $z(t_1) \geqslant 0$, 则存在 $t_2 \in (t_0, T]$ 使得 $z(t_2) = 0$ 和 $z(t) < 0$ 对一切 $t \in [t_0, t_2)$. 于是导数 $\left. \dfrac{dz(t)}{dt} \right|_{t=t_2} \geqslant 0$. 但是, 根据引理 12.1 的条件我们有

$$\begin{aligned}
\left. \frac{dz(t)}{dt} \right|_{t=t_2} &= \left. \frac{d\phi(t)}{dt} \right|_{t=t_2} - (F(t_2, \Phi_\varepsilon(t_2)) + \varepsilon) \\
&= \left. \frac{d\phi(t)}{dt} \right|_{t=t_2} - (F(t_2, \phi(t_2)) + \varepsilon) < 0.
\end{aligned}$$

得到矛盾. 因此, 我们有 $z(t) < 0$ 对一切 $t \in (t_0, T]$. 由于 ε 的任意性, 我们有 $\phi(t) \leqslant \Phi(t)$ 对一切 $t \in [t_0, T]$. 再由于 T 的任意性, 我们最终有 $\phi(t) \leqslant \Phi(t)$ 对一切 $t \in [t_0, b)$. 证毕.

类似地, 我们也有下面的结论.

引理 12.2 设 $\phi(t) : [t_0, b) \to R$ 是一连续可微函数, $F(t, x)$ 是在包含曲线 $x = \phi(t)\,(t_0 \leqslant t < b)$ 的某个平面区域 G 内定义的标量连续函数, 且关于 x 满足局部的 Lipschitz 条件. 设

$$\frac{d\phi(t)}{dt} \geqslant F(t, \phi(t)), \quad t \in [t_0, b).$$

进一步设 $x = \Phi(t)$ 是方程

$$\frac{dx}{dt} = F(t, x)$$

的定义于 $[t_0, b)$ 上的位于 G 内的解. 如果 $\phi(t_0) \geqslant \Phi(t_0)$, 则 $\phi(t) \geqslant \Phi(t)$ 对一切 $t \in [t_0, b)$.

引理 12.1 和引理 12.2 能够推广到下面更一般的情形.

引理 12.1* 设 $\phi(t) : [t_0, b) \to R$ 是一连续函数, $F(t, x)$ 是定义在包含曲线 $x = \phi(t)\,(t_0 \leqslant t < b)$ 的某个平面区域 G 内的连续标量函数, 且关于 x 满足局部的 Lipschitz 条件. 设

$$D^+\phi(t) \leqslant F(t, \phi(t)), \quad t \in [t_0, b),$$

这里

$$D^+\phi(t) = \limsup_{h \to 0+} \frac{1}{h}[\phi(t+h) - \phi(t)].$$

进一步设 $x = \Phi(t)$ 是方程

$$\frac{dx}{dt} = F(t, x)$$

的定义于 $[t_0, b)$ 上的位于 G 内的解. 如果 $\phi(t_0) \leqslant \Phi(t_0)$, 则 $\phi(t) \leqslant \Phi(t)$ 对一切 $t \in [t_0, b)$.

引理 12.2* 设 $\phi(t): [t_0, b) \to R$ 是一连续函数, $F(t, x)$ 是定义在包含曲线 $x = \phi(t)$ $(t_0 \leqslant t < b)$ 的某个平面区域 G 内的连续标量函数, 且关于 x 满足局部的 Lipschitz 条件. 设

$$D_+\phi(t) \geqslant F(t, \phi(t)), \quad t \in [t_0, b),$$

这里

$$D_+\phi(t) = \liminf_{h \to 0+} \frac{1}{h}[\phi(t+h) - \phi(t)].$$

进一步设 $x = \Phi(t)$ 是方程

$$\frac{dx}{dt} = F(t, x)$$

的定义于 $[t_0, b)$ 上的位于 G 内的解. 如果 $\phi(t_0) \geqslant \Phi(t_0)$, 则 $\phi(t) \geqslant \Phi(t)$ 对一切 $t \in [t_0, b)$.

我们考虑方程组 (3.1), 同时考虑如下标量方程

$$\frac{du}{dt} = g(t, u), \tag{12.7}$$

其中 $g(t, u): [0, \infty) \times I \to R$ 是连续的, 且关于 u 满足局部的 Lipschitz 条件, $I = (-r, r)$, $r > 0$ 是某个常数, 或 $r = \infty$, $g(t, 0) \equiv 0$ 对一切 $t \geqslant 0$. 设方程 (12.7) 满足初始条件 $u(t_0) = u_0$ 的解为 $u(t) = u(t, t_0, u_0)$.

定理 12.1 对于方程组 (3.1), 设存在定正的 Lyapunov 函数 $V(t, x)$ 使得全导数

$$\dot{V}_{(3.1)}(t, x) \leqslant g(t, V(t, x)), \tag{12.8}$$

则我们有:

(1) 若方程 (12.7) 的零解稳定, 则方程组 (3.1) 的零解也稳定.

(2) 若 $V(t, x)$ 具有无穷小上界, 方程 (12.7) 的零解一致稳定, 则方程组 (3.1) 的零解也一致稳定.

(3) 若方程 (12.7) 的零解渐近稳定, 则方程组 (3.1) 的零解也渐近稳定.

(4) 若 $V(t,x)$ 具有无穷小上界, 方程 (12.7) 的零解一致渐近稳定, 则方程组 (3.1) 的零解也一致渐近稳定.

(5) 若 $V(t,x)$ 具有无穷大性质, 方程 (12.7) 的零解全局渐近稳定, 则方程组 (3.1) 的零解也全局渐近稳定.

(6) 若 $V(t,x)$ 具有无穷大性质和无穷小上界, 方程 (12.7) 的零解全局一致渐近稳定, 则方程组 (3.1) 的零解也全局一致渐近稳定.

证明　由于 $V(t,x)$ 定正, 根据命题 2.2, 存在严格单增的连续函数 $a(r):R_+ \to R_+$, 且满足 $a(0)=0$, 使得

$$V(t,x) \geqslant a(|x|) \quad 对一切 \quad (t,x) \in R_+ \times G. \tag{12.9}$$

首先证明结论 (1), 对任何 $\varepsilon > 0$ 和 $t_0 \in R_+$, 由于方程 (12.7) 的零解稳定, 故存在 $\delta^*(t_0,\varepsilon) > 0$, 只要 $0 \leqslant u_0 < \delta^*(t_0,\varepsilon)$ 就有

$$0 \leqslant u(t,t_0,u_0) < a(\varepsilon) \quad 对一切 \quad t \geqslant t_0. \tag{12.10}$$

又因为 $V(t,x)$ 连续, 并且 $V(t_0,0) \equiv 0$, 故存在 $\delta(t_0,\varepsilon) > 0$ 使得只要 $|x_0| < \delta(t_0,\varepsilon)$ 就有

$$0 \leqslant V(t_0,x_0) < \delta^*(t_0,\varepsilon).$$

考虑方程组 (3.1) 的满足初始条件 $x(t_0)=x_0$ 的解 $x(t)=x(t,t_0,x_0)$. 根据条件 (12.8) 我们有

$$\dot{V}(t,x(t)) \leqslant g(t,V(t,x(t))) \quad 对一切 \quad t \geqslant t_0.$$

因此, 由引理 12.1 我们得到

$$V(t,x(t)) \leqslant u(t,t_0,V(t_0,x_0)) \quad 对一切 \quad t \geqslant t_0.$$

结合 (12.9) 和 (12.10) 我们得到只要 $t_0 \in R_+$ 和 $|x_0| < \delta(t_0,\varepsilon)$ 就有

$$a(|x(t)|) < a(\varepsilon) \quad 对一切 \quad t \geqslant t_0.$$

即 $|x(t,t_0,x_0)| < \varepsilon$ 对一切 $t \geqslant t_0$. 故方程组 (3.1) 的零解稳定.

下面证明结论 (2). 由于 $V(t,x)$ 具有无穷小上界, 根据命题 2.3, 存在严格单增的连续函数 $b(r):R_+ \to R_+$, 且满足 $b(0)=0$, 使得

$$V(t,x) \leqslant b(|x|) \quad 对一切 \quad (t,x) \in R_+ \times G. \tag{12.11}$$

对任何 $\varepsilon > 0$, 由于方程 (12.7) 的零解一致稳定, 故存在 $\delta^*(\varepsilon) > 0$, 使得对任何 $t_0 \in R_+$ 和 $0 \leqslant u_0 < \delta^*(\varepsilon)$ 就有

$$0 \leqslant u(t,t_0,u_0) < a(\varepsilon) \quad 对一切 \quad t \geqslant t_0. \tag{12.12}$$

由于 $V(t_0, 0) \leqslant b(0) = 0$, 故存在 $\delta(\varepsilon) > 0$ 使得只要 $|x_0| < \delta(\varepsilon)$ 就有 $V(t_0, x_0) \leqslant b(|x_0|) < \delta^*(\varepsilon)$. 考虑方程组 (3.1) 的满足初始条件 $x(t_0) = x_0$ 的解 $x(t) = x(t, t_0, x_0)$. 根据条件 (12.8) 我们有

$$\dot{V}(t, x(t)) \leqslant g(t, V(t, x(t))) \quad \text{对一切} \quad t \geqslant t_0.$$

因此, 由引理 12.1 我们得到

$$V(t, x(t)) \leqslant u(t, t_0, V(t_0, x_0)) \quad \text{对一切} \quad t \geqslant t_0.$$

结合 (12.9) 和 (12.12) 我们得到只要 $t_0 \in R_+$ 和 $|x_0| < \delta(\varepsilon)$ 就有

$$a(|x(t)|) < a(\varepsilon) \quad \text{对一切} \quad t \geqslant t_0.$$

即 $|x(t, t_0, x_0)| < \varepsilon$ 对一切 $t \geqslant t_0$. 故方程组 (3.1) 的零解一致稳定.

　　现在证明结论 (3). 由结论 (1) 得知方程组 (3.1) 的零解是稳定的. 下面只需证明零解的吸引性. 由于方程 (12.7) 的零解是吸引的, 故对任何 $t_0 \in R_+$ 存在常数 $\sigma^*(t_0) > 0$ 使得对任何 $0 \leqslant u_0 \leqslant \sigma^*(t_0)$ 有

$$\lim_{t \to \infty} u(t, t_0, u_0) = 0. \tag{12.13}$$

又因为 $V(t, x)$ 连续, 并且 $V(t_0, 0) \equiv 0$, 故存在 $\sigma(t_0) > 0$ 使得只要 $|x_0| < \sigma(t_0)$ 就有

$$0 \leqslant V(t_0, x_0) < \sigma^*(t_0).$$

考虑方程组 (3.1) 的满足初始条件 $x(t_0) = x_0$ 的解 $x(t) = x(t, t_0, x_0)$. 根据条件 (12.8) 我们有

$$\dot{V}(t, x(t)) \leqslant g(t, V(t, x(t))) \quad \text{对一切} \quad t \geqslant t_0.$$

于是, 由引理 12.1 我们得到

$$V(t, x(t)) \leqslant u(t, t_0, V(t_0, x_0)) \quad \text{对一切} \quad t \geqslant t_0.$$

结合 (12.9) 和 (12.13) 我们最终得到只要 $|x_0| < \sigma(t_0)$ 就有

$$\lim_{t \to \infty} x(t, t_0, x_0) = 0.$$

即方程组 (3.1) 的零解是吸引的.

　　现在证明结论 (4). 由结论 (2) 得知方程组 (3.1) 的零解是一致稳定的. 下面只需证明零解的一致吸引性. 根据方程 (12.7) 的零解的一致吸引性, 我们得到

存在常数 $\sigma^* > 0$, 对任何 $\varepsilon > 0$ 存在 $T = T(\varepsilon) > 0$ 使得对任何 $t_0 \in R_+$ 和 $0 \leqslant u_0 \leqslant \sigma^*$, 当 $t \geqslant t_0 + T$ 时有

$$0 \leqslant u(t, t_0, u_0) < a(\varepsilon). \tag{12.14}$$

由 (12.11) 式, 存在 $\sigma > 0$ 使得只要 $|x_0| < \sigma$ 就有 $V(t_0, x_0) \leqslant b(|x_0|) < \sigma^*$. 考虑方程组 (3.1) 的满足初始条件 $x(t_0) = x_0$ 的解 $x(t) = x(t, t_0, x_0)$. 根据条件 (12.8) 我们有

$$\dot{V}(t, x(t)) \leqslant g(t, V(t, x(t)))　　对一切　t \geqslant t_0.$$

因此, 由引理 12.1 我们得到

$$V(t, x(t)) \leqslant u(t, t_0, V(t_0, x_0))　　对一切　t \geqslant t_0.$$

结合 (12.9) 和 (12.14) 我们得到只要 $|x_0| < \sigma$ 和 $t \geqslant t_0 + T$ 就有

$$a(|x(t)|) < a(\varepsilon).$$

即 $|x(t, t_0, x_0)| < \varepsilon$ 对一切 $t \geqslant t_0 + T$. 故方程组 (3.1) 的零解一致渐近稳定.

类似地, 我们能够证明结论 (5) 和 (6). 证毕.

定理 12.2　对于方程组 (3.1), 设存在定正和具有无穷小上界的 Lyapunov 函数 $V(t, x)$ 使得全导数

$$\dot{V}_{(3.1)}(t, x) \geqslant g(t, V(t, x)),$$

则我们有, 若方程 (12.7) 的零解不稳定, 则方程组 (3.1) 的零解也不稳定.

证明　由于 $V(t, x)$ 定正和具有无穷小上界, 根据命题 2.3, 存在严格单增的连续函数 $a(r), b(r) : R_+ \to R_+$, 且满足 $a(0) = b(0) = 0$, 使得

$$a(|x|) \leqslant V(t, x) \leqslant b(|x|)　　对一切　(t, x) \in R_+ \times G. \tag{12.15}$$

由于方程 (12.7) 的零解不稳定, 故存在 ε_0 和 $t_0 \in R_+$, 以及两个序列 $\{u_n\}$ 和 $\{t_n\}$, 且 $u_n > 0$, $\lim_{n \to \infty} u_n = 0$ 和 $t_n > t_0$, 使得

$$u(t_n, t_0, u_n) > b(\varepsilon_0). \tag{12.16}$$

考虑方程 $u_n = V(t_0, x)$, 由 (12.15), 对每个 n 存在 x_n 使得 $u_n = V(t_0, x_n)$. 由于 $\lim_{n \to \infty} u_n = 0$, 我们有 $\lim_{n \to \infty} x_n = 0$. 考虑方程组 (3.1) 的解 $x(t) = x(t, t_0, x_n)$, 根据定理 12.2 的条件我们有

$$\dot{V}(t, x(t)) \geqslant g(t, V(t, x(t)))　　对一切　t \geqslant t_0.$$

于是, 由引理 12.2 我们得到

$$V(t, x(t)) \geqslant u(t, t_0, u_n) \quad \text{对一切} \quad t \geqslant t_0.$$

结合 (12.15) 和 (12.16) 我们最终得到

$$|x(t_n, t_0, x_n)| > \varepsilon_0, \quad n = 1, 2, \cdots.$$

所以, 方程组 (3.1) 的零解不稳定. 证毕.

类似地, 我们也可将定理 12.1 和定理 12.2 推广到 Lyapunov 函数 $V(t, x)$ 是定义在 $(t, x) \in R_+ \times G$ 上的连续标量函数, 并且关于 x 满足局部的 Lipschitz 条件的情形.

例 12.1 讨论方程组

$$\begin{cases} \dfrac{dx_1}{dt} = \left(-1 + \dfrac{3}{2}\cos t\right)x_1 - x_1 x_2^2, \\ \dfrac{dx_2}{dt} = \left(-1 - \dfrac{3}{2}\cos t\right)x_2 - x_2 x_3^2, \\ \dfrac{dx_3}{dt} = \left(-1 - \dfrac{3}{2}\cos t\right)x_3 - x_3 x_1^2 \end{cases} \tag{12.17}$$

的零解的稳定性.

令 Lyapunov 函数 $V(x_1, x_2, x_3) = \dfrac{1}{2}(x_1^2 + x_2^2 + x_3^2)$. 关于方程组 (12.17) 的全导数为

$$\begin{aligned} \dot{V}_{(12.17)}(x_1, x_2, x_3) &= \left(-1 + \frac{3}{2}\cos t\right)x_1^2 + \left(-1 - \frac{3}{2}\cos t\right)x_2^2 \\ &\quad + \left(-1 - \frac{3}{2}\cos t\right)x_3^2 - x_1^2 x_2^2 - x_2^2 x_3^2 - x_3^2 x_1^2 \\ &\leqslant (-2 + 3|\cos t|)V(x_1, x_2, x_3). \end{aligned}$$

引入比较方程为

$$\frac{du}{dt} = (-2 + 3|\cos t|)u.$$

容易求得比较方程满足初始条件 $u(t_0) = u_0$ 的解为

$$u(t) = u_0 \exp \int_{t_0}^{t} (-2 + 3|\cos s|)ds.$$

选取 k_0 是满足 $k_0 \pi \geqslant t_0$ 的最小整数, k_1 是满足 $k_1 \pi \leqslant t$ 的最大整数, 则我们有 $t - t_0 \geqslant (k_1 - k_0)\pi$. 从而

$$\int_{t_0}^{t} 3|\cos s|ds \leqslant 6(k_1 - k_0) + 6\pi.$$

于是

$$|u(t)| \leqslant |u_0| \exp(-2(t - t_0) + 6(k_1 - k_0) + 6\pi)$$
$$\leqslant |u_0| \exp(-2(\pi - 3)(k_1 - k_0) + 6\pi).$$

从此式我们不难得到, 比较方程的零解是渐近稳定的. 由比较原理得知, 原方程组 (12.17) 的零解是渐近稳定的.

第 13 节　线性方程组的 Lyapunov 函数

在上面几节中我们建立了一系列判别常微分方程的解的稳定性、渐近稳定性、不稳定性、全局渐近稳定性, 以及解的渐近性质的 Lyapunov 函数型基本定理. 这些判别准则使我们成功地避开了具体求解微分方程的麻烦. 然而却产生了新的问题, 这就是如何根据具体的微分方程构造出合适的 Lyapunov 函数. 从 20 世纪 60 年代开始, 常微分方程稳定性理论的深入发展和这一理论在许多其他学科领域中的广泛应用, 推动了 Lyapunov 函数构造方法的研究, 产生了许多很好的方法, 从而形成了 Lyapunov 函数构造理论. 现在我们将从最基本的情形、常系数线性方程组开始, 介绍这方面的基本内容.

考虑常系数线性方程组

$$\frac{dx}{dt} = Ax, \tag{13.1}$$

这里 A 是实的 $n \times n$ 常数矩阵. 我们称如下多项式方程

$$F(\lambda) = \det(A - \lambda E) = 0$$

为方程组 (13.1) 的特征方程, 这里 E 表示单位矩阵, 这是一个 n 次多项式方程. 这个方程的 n 个根 $\lambda_i (i = 1, 2, \cdots, n)$ 称为方程组 (13.1) 的特征根.

显然, 在所有各种类型的 Lyapunov 函数中, 二次型是一类比较好的 Lyapunov 函数, 因为定正的二次型就是一个定正的 Lyapunov 函数, 定负的二次型就是一个定负的 Lyapunov 函数, 半定正的二次型就是一个常正的 Lyapunov 函数, 半定负的二次型就是一个常负的 Lyapunov 函数, 既非半定正也非半定负的二次型是变号的 Lyapunov 函数.

在本节中我们将研究关于常系数线性方程组 (13.1) 是否存在二次型 Lyapunov 函数的问题.

首先, 直接由方程组 (13.1) 的通解表达式得到下面的结论.

定理 13.1　(a) 若方程组 (13.1) 的所有特征根 λ_i 都具有负实部, 则它的零解 $x = 0$ 是全局渐近稳定的.

(b) 若方程组 (13.1) 的特征根 λ_i 中至少有一个具有正的实部, 则它的零解 $x = 0$ 是不稳定的.

证明　设 $\lambda_i (i = 1, 2, \cdots, k)$ 分别是矩阵 A 的 n_i 重不同的特征值, 且 $n =$

$n_1 + n_2 + \cdots + n_k$. 令

$$U_i = \{x \in R^n : (A - \lambda_i E)^{n_i} x = 0\}, \quad i = 1, 2, \cdots, k.$$

则 $R^n = U_1 \oplus U_2 \oplus \cdots \oplus U_k$. 对任何 $\eta \in R^n$, 则我们有唯一分解式 $\eta = \sum\limits_{i=1}^{k} v_i$, 其中 $v_i \in U_i (i = 1, 2, \cdots, k)$. 考虑方程 (13.1) 满足初始条件 $x(0) = \eta$ 的解, 则我们有

$$
\begin{aligned}
x(t) &= (\exp At)\eta \\
&= \sum_{i=1}^{k} (\exp At)v_i \\
&= \sum_{i=1}^{k} e^{\lambda_i t}[\exp(A - \lambda_i E)t]v_i \\
&= \sum_{i=1}^{k} e^{\lambda_i t}\left[\sum_{l=1}^{n_i-1} \frac{1}{l!}(A - \lambda_i E)^l t^l\right] v_i.
\end{aligned}
\tag{13.2}
$$

注意: 若证明了在初始时刻 $t_0 = 0$ 时, 零解 $x = 0$ 是全局渐近稳定的, 则对任何初始时刻 $t_0 \in R_+$, 零解 $x = 0$ 都是全局渐近稳定的.

(a) 设 A 的特征值 $\lambda_i (i = 1, 2, \cdots, k)$ 都具有负实部. 由于 $\mathrm{Re}(\lambda_i) < 0 (i = 1, 2, \cdots, k)$, 则根据 (13.2) 我们有: 当 $t \to \infty$ 时,

$$e^{\lambda_i t}\left[\sum_{l=1}^{n_i-1} \frac{1}{l!}(A - \lambda_i E)^l t^l\right] \to 0, \quad i = 1, 2, \cdots, k.$$

故当 $t \to \infty$ 时有 $x(t) \to 0$, 因此, $x = 0$ 是全局吸引的, 并且标准基解矩阵 $\exp At$ 在 $t \geqslant 0$ 上有界. 设 $|\exp At| \leqslant M$ 对一切 $t \geqslant 0$, 且 M 为某正常数, 于是

$$|x(t)| = |(\exp At)\eta| \leqslant M|\eta| \quad \text{对一切} \quad t \geqslant 0.$$

由此不等式我们直接得到 $x = 0$ 是稳定的. 故 $x = 0$ 是全局渐近稳定的.

(b) 不妨设 λ_1 具有正实部. 若取初始值 $\eta = v_1 \in U_1$, 则我们有

$$x(t) = e^{\lambda_1 t}\left[\sum_{l=0}^{n_1-1} \frac{1}{l!}(A - \lambda_1 E)^l t^l\right] v_1.$$

显然, 对任何 $v_1 \in U_1$, 当 $v_1 \neq 0$ 时, 则由解的存在唯一性得知 $x(t) \neq 0$, 从而 $\left[\sum\limits_{l=0}^{n_1-1} \frac{1}{l!}(A - \lambda_1 E)^l t^l\right]v_1 \neq 0$, 因此我们有 $\lim_{t\to\infty} |x(t)| = \infty$. 故 $x = 0$ 不稳定. 证毕.

关于方程组 (13.1) 的二次型 Lyapunov 函数的存在性问题我们可以叙述为下面的形式.

对于给定的一个二次型 $W(x) = x^\mathrm{T}Cx$, 这里 C 为 $n \times n$ 对称矩阵, x^T 是 x 的转置, 求另一个二次型 $V(x) = x^\mathrm{T}Bx$, 其中 B 也是 $n \times n$ 对称矩阵, 使得 $V(x)$ 关于方程组 (13.1) 的全导数

$$\dot{V}_{(13.1)}(x) = W(x), \quad x \in R^n \tag{13.3}$$

由于全导数

$$\dot{V}_{(13.1)}(x) = \dot{x}^\mathrm{T}Bx + x^\mathrm{T}B\dot{x} = x^\mathrm{T}(A^\mathrm{T}B + BA)x,$$

因此我们从 (13.3) 式得到

$$x^\mathrm{T}(A^\mathrm{T}B + BA)x = x^\mathrm{T}Cx, \quad x \in R^n,$$

也就是

$$A^\mathrm{T}B + BA = C. \tag{13.4}$$

这样上述二次型 Lyapunov 函数的存在性问题也可叙述为:

对于给定的 $n \times n$ 对称矩阵 C, 求另一个 $n \times n$ 对称矩阵 B, 使得满足矩阵方程 (13.4).

方程 (13.4) 通常称为 Lyapunov 矩阵方程, 关于方程 (13.4) 的可解性, 我们有下面的基本定理.

定理 13.2 若方程组 (13.1) 的所有特征根 λ_i 满足 $\lambda_j + \lambda_k \neq 0$ 对任何 $j, k = 1, 2, \cdots, n$, 则对任何给定的 $n \times n$ 对称矩阵 C 存在唯一的 $n \times n$ 对称矩阵 B 使得 $A^\mathrm{T}B + BA = C$.

证明 事实上, 这个定理属于线性代数的范畴. 注意到所求的矩阵 B 只有 $\frac{1}{2}n(n+1)$ 个未知元素, 因此根据矩阵 $A^\mathrm{T}B + BA$ 和 C 的对称性, 方程 (13.4) 可以展开为 $\frac{1}{2}n(n+1)$ 个未知数的 $\frac{1}{2}n(n+1)$ 个方程组成的代数线性方程组.

根据定理的条件, 显然特征根 $\lambda_i \neq 0(i = 1, 2, \cdots, n)$. 根据若当标准形理论, 存在 $n \times n$ 非奇异正交矩阵 U, 将方程组 (13.1) 的系数矩阵 A 化为如下标准形

$$A^* = U^\mathrm{T}AU = \begin{bmatrix} \lambda_1 & d_2 & 0 & \cdots & 0 \\ 0 & \lambda_2 & d_3 & \cdots & 0 \\ \vdots & \vdots & \vdots & & \vdots \\ 0 & 0 & 0 & \cdots & d_n \\ 0 & 0 & 0 & \cdots & \lambda_n \end{bmatrix}, \tag{13.5}$$

这里 $d_i = 0$ 或者 $d_i = 1(i = 2, 3, \cdots, n)$. 用矩阵 U 和它的转置矩阵 U^{T} 分别右乘和左乘方程 (13.4) 的两边, 并且利用关系式 $U^{-1} = U^{\mathrm{T}}$ 和 $U^{\mathrm{T}}U = UU^{\mathrm{T}} = E$, 我们得到

$$U^{\mathrm{T}}A^{\mathrm{T}}(U^{-1})^{\mathrm{T}}U^{\mathrm{T}}BU + U^{\mathrm{T}}BUU^{-1}AU = U^{\mathrm{T}}CU,$$

记 $C^* = U^{\mathrm{T}}CU$ 和 $B^* = U^{\mathrm{T}}BU$. 由于 C 是已知的, 故 C^* 也是已知的. 由于 B 是待定的, 故 B^* 也是待定的. 因此只要 B^* 被确定, 则 $B = (U^{-1})^{\mathrm{T}}B^*U^{-1}$ 也就确定了. 显然方程 (13.4) 变为

$$(A^*)^{\mathrm{T}}B^* + B^*A^* = C^*. \tag{13.6}$$

设 $C^* = (c_{ij}^*)_{n \times n}$ 和 $B^* = (b_{ij}^*)_{n \times n}$, 这里 c_{ij}^* 和 b_{ij}^* 分别是 C^* 和 B^* 的元素, 将 A^*, B^* 和 C^* 代入矩阵方程 (13.6), 并根据 (13.5) 式我们将得到如下一系列代数线性方程

$$(\lambda_1 + \lambda_j)b_{1j}^* + d_j b_{1j-1}^* = c_{1j}^*,$$

$$(\lambda_i + \lambda_j)b_{ij}^* + d_i b_{i-1j}^* + d_j b_{ij-1}^* = c_{ij}^*, \tag{13.7}$$

$$i, j = 1, 2, \cdots, n.$$

这里我们记 $d_1 = b_{i0}^* = 0(i = 1, 2, \cdots, n)$. 依照定理的条件 $\lambda_i + \lambda_j \neq 0(i, j = 1, 2, \cdots, n)$ 我们可以逐个从方程组 (13.7) 中求出元素 b_{ij}^* 如下:

$$b_{1j}^* = \frac{1}{\lambda_1 + \lambda_j}(c_{1j}^* - d_j b_{1j-1}^*),$$

$$b_{ij}^* = \frac{1}{\lambda_i + \lambda_j}(c_{ij}^* - d_i b_{i-1j}^* - d_j b_{ij-1}^*), \quad i, j = 1, 2, \cdots, n. \tag{13.8}$$

这样我们就从矩阵方程 (13.6) 中确定了对称矩阵 B^*.

下面我们证明矩阵 B 的唯一性. 由于矩阵 U 是非奇异的, 故当矩阵 $C = 0$ 时, 也有 $C^* = 0$. 根据 (13.8) 式当 $C^* = 0$ 时我们不难得到所有的 $b_{ij}^* = 0(i, j = 1, 2, \cdots, n)$, 从而矩阵 $B^* = 0$, 即矩阵 $B = (U^{-1})^{\mathrm{T}}B^*U^{-1} = 0$. 这表明当矩阵 $C = 0$ 时满足矩阵方程 $A^{\mathrm{T}}B + BA = C$ 的矩阵 $B = 0$. 根据这个性质, 我们便能证明矩阵 B 的唯一性. 事实上, 若矩阵 B_1 和 B_2 都使得

$$A^{\mathrm{T}}B_1 + B_1A = C, \quad A^{\mathrm{T}}B_2 + B_2A = C.$$

则就有 $A^{\mathrm{T}}(B_1 - B_2) + (B_1 - B_2)A = 0$, 从而 $B_1 - B_2 = 0$, 即 $B_1 = B_2$. 证毕.

需要说明的是, 当对称矩阵 C 为实矩阵时, 满足方程 (13.4) 的对称矩阵 B 也是实的. 因为若 B 是复的, 则 B 就可以写成 $B = B_1 + iB_2$, 其中 B_1 和 B_2 是实对称的, 代入方程 (13.4) 得到

$$A^\mathrm{T} B_1 + B_1 A = C$$

和

$$A^\mathrm{T} B_2 + B_2 A = 0.$$

类似于上面矩阵 B 的唯一性的证明我们有 $B_2 = 0$, 即 $B = B_1$ 为实矩阵.

作为定理 13.2 的应用, 我们有如下一系列更加明确的结论.

定理 13.3　若方程组 (13.1) 的所有特征根都具有负实部, 则对任何给定的定负二次型 $W(x) = x^\mathrm{T} C x$ 存在一个定正的二次型 $V(x) = x^\mathrm{T} B x$ 使得全导数

$$\dot{V}_{(13.1)}(x) = W(x), \quad x \in R^n.$$

证明　根据定理 13.2 得知, 对于给定的定负二次型 $W(x)$ 必存在唯一的二次型 $V(x)$ 使得全导数

$$\dot{V}_{(13.1)}(x) = W(x), \quad x \in R^n. \tag{13.9}$$

若 $V(x)$ 不是定正的, 则在原点 $x = 0$ 的任意充分小的邻域内存在点 $x_0 \neq 0$ 使得 $V(x_0) \leqslant 0$. 考虑方程组 (13.1) 的解 $x(t) = x(t, t_0, x_0), t \geqslant t_0$, 令 $V(t) = V(x(t, t_0, x_0))$, 则由 (13.9) 我们有 $\dot{V}(t) = W(x(t)), t \geqslant t_0$. 根据解的存在唯一性得知, 对一切 $t \geqslant t_0$ 有 $x(t) \neq 0$, 故 $\dot{V}(t) = W(x(t)) < 0$ 对一切 $t \geqslant t_0$. 因此, $V(t)$ 在 $[t_0, \infty)$ 上是单调减少的, 即对任何 $t > t_1 > t_0$ 有 $V(t) < V(t_1) < V(x_0) \leqslant 0$. 所以, 当 $t \to \infty$ 时解 $x(t)$ 不可能趋向于 $x = 0$.

但是, 由于方程组 (13.1) 的特征根都具有负实部, 故由定理 9.1 得知, 零解 $x = 0$ 是渐近稳定的, 因此又有 $x(t) \to 0$ 当 $t \to \infty$ 时, 这是矛盾的. 因此必有 $V(x)$ 是定正的. 证毕.

定理 13.3 用矩阵的语言来说就是: 若矩阵 A 的特征值都具有负实部, 则对任何定负矩阵 C, 存在定正矩阵 B 使得 $A^\mathrm{T} B + B A = C$.

定理 13.4　若方程组 (13.1) 的特征根中至少有一个具有正实部, 并且任何两个特征根 $\lambda_i + \lambda_j \neq 0 (i, j = 1, 2, \cdots, n)$, 则对任何给定的定正二次型 $W(x) = x^\mathrm{T} C x$ 存在一个二次型 $V(x) = x^\mathrm{T} B x$, 并且 $V(x)$ 不是常负的, 使得全导数

$$\dot{V}_{(13.1)}(x) = W(x), \quad x \in R^n.$$

证明　根据定理 13.2, 二次型 $V(x)$ 是存在的. 我们只需证明 $V(x)$ 不是常负的.

若 $V(x)$ 是常负的, 则 $V(x)$ 或者是定负的或者在原点 $x = 0$ 的任意充分小的邻域内存在点 $x_0 \neq 0$ 使得 $V(x_0) = 0$. 若 $V(x)$ 是定负的, 则根据渐近稳定的 Lyapunov 型基本定理得知, 方程组 (13.1) 的零解 $x = 0$ 是渐近稳定的. 但是, 方程组 (13.1) 至少有一个正实部的特征根, 故根据定理 13.1 得知, 零解 $x = 0$ 又是不稳定的. 因此我们得到矛盾. 若 $V(x_0) = 0$, 考虑方程组 (13.1) 的解 $x(t) = x(t, t_0, x_0), t \geqslant t_0$, 则按照定理 13.3 相同的证法我们得到 $V(x(t)) > V(x_0) = 0$ 对一切 $t \geqslant t_0$. 但这和 $V(x)$ 是常负的矛盾. 所以 $V(x)$ 不可能是常负的. 证毕.

定理 13.5　若方程组 (13.1) 的特征根中至少有一个具有正实部, 则对任何给定的定正二次型 $W(x) = x^{\mathrm{T}} C x$ 存在正常数 a 和二次型 $V(x) = x^{\mathrm{T}} B x$, 并且 $V(x)$ 不是常负的, 使得全导数

$$\dot{V}_{(13.1)}(x) = aV(x) + W(x), \quad x \in R^n.$$

证明　考虑如下方程组

$$\frac{dx}{dt} = \left(A - \frac{a}{2}E \right)x, \tag{13.10}$$

方程组 (13.10) 的特征根 λ_i^* 和方程组 (13.1) 的特征根 λ_i 之间有关系式

$$\lambda_i = \frac{a}{2} + \lambda_i^*, \quad i = 1, 2, \cdots, n.$$

对于方程组 (13.10) 的任何两个特征根 λ_i^* 和 λ_j^*, 我们有

$$\lambda_i^* + \lambda_j^* = \lambda_i + \lambda_j - a.$$

由于 λ_i 个数有限, 所以我们看到, 可取充分小的常数 $a > 0$ 使得方程组 (13.10) 的特征根中至少有一个具有正实部, 并且任何两个特征根 $\lambda_i^* + \lambda_j^* = \lambda_i + \lambda_j - a \neq 0$ 对一切 $i, j = 1, 2, \cdots, n$.

这样根据定理 13.4 得到, 对于给定的定正二次型 $W(x) = x^{\mathrm{T}} C x$, 存在一个二次型 $V(x) = x^{\mathrm{T}} B x$, 并且 $V(x)$ 不是常负的, 使得关于方程组 (13.10) 的全导数

$$\dot{V}_{(13.10)}(x) = W(x), \quad x \in R^n.$$

由于

$$\dot{V}_{(13.10)}(x) = \dot{x}^{\mathrm{T}} B x + x^{\mathrm{T}} B \dot{x} = x^{\mathrm{T}}(A^{\mathrm{T}} B + BA)x - ax^{\mathrm{T}} B x$$

$$= \dot{V}_{(13.1)}(x) - ax^{\mathrm{T}}Bx.$$

于是我们最终有

$$\dot{V}_{(13.1)}(x) = aV(x) + W(x), \quad x \in R^n.$$

证毕.

定理 13.5 用矩阵的语言来说就是: 若矩阵 A 至少有一个正实部特征值, 则对任何定正矩阵 C, 存在常数 $a > 0$ 和不是常负的对称阵 B 使得 $A^{\mathrm{T}}B + BA = aB + C$.

第 14 节　线性近似决定的稳定性

本节我们研究形如

$$\frac{dx}{dt} = Ax + F(t,x) \tag{14.1}$$

的非线性方程组的零解 $x = 0$ 的稳定性问题. 这里 A 是 $n \times n$ 常数矩阵, 而向量函数 $F(t,x)$ 在 $(t,x) \in R_+ \times G$ 上有定义和连续, 并且满足关于 x 的局部 Lipschitz 条件, 区域 $G = \{x : |x| \leqslant H\}$ 对某个常数 $H > 0$, $F(t,0) \equiv 0$ 对一切 $t \geqslant 0$. 我们始终假设

$$|F(t,x)| \leqslant a|x|, \quad t \geqslant \tau, |x| \leqslant \eta. \tag{14.2}$$

这里 $\tau > 0$ 为充分大, 而 $\eta > 0$ 为充分小的常数, $a > 0$ 为某个常数.

这里我们需要解决的是能否由常系数线性方程组

$$\frac{dx}{dt} = Ax \tag{14.3}$$

的零解 $x = 0$ 的稳定性来确定非线性方程组 (14.1) 的零解 $x = 0$ 的稳定性问题. 我们有下面的两个重要结果, 这些结果都是通过构造二次型 Lyapunov 函数来证明的.

定理 14.1　若方程组 (14.3) 的特征根都具有负实部, 并且函数 $F(t,x)$ 满足 (14.2) 式, 则当 $a > 0$ 适当小时, 方程组 (14.1) 的零解 $x = 0$ 是渐近稳定的.

证明　由定理 13.3 得知, 对于给定的定负二次型 $W(x) = -x^{\mathrm{T}}x$, 即对称矩阵 $C = E$ 为单位矩阵, 必存在一个定正二次型 $V(x) = x^{\mathrm{T}}Bx$ 使得关于方程组 (14.3) 的全导数

$$\dot{V}_{(14.3)}(x) = x^{\mathrm{T}}(A^{\mathrm{T}}B + BA)x = -x^{\mathrm{T}}x.$$

现在把 $V(x)$ 作为方程组 (14.1) 的 Lyapunov 函数, 计算关于方程组 (14.1) 的全导数得

$$\begin{aligned}
\dot{V}_{(14.1)}(t,x) &= \dot{x}^{\mathrm{T}}Bx + x^{\mathrm{T}}B\dot{x} \\
&= x^{\mathrm{T}}(A^{\mathrm{T}}B + BA)x + F(t,x)^{\mathrm{T}}Bx + x^{\mathrm{T}}BF(t,x) \\
&= -x^{\mathrm{T}}x + 2x^{\mathrm{T}}BF(t,x).
\end{aligned}$$

根据条件 (14.2), 我们有 $|x^{\mathrm{T}}BF(t,x)| \leqslant a|B||x|^2$ 对一切 $t \in R_+$ 和 $|x| \leqslant \eta$. 所以我们得到

$$\dot{V}_{(14.1)}(t,x) \leqslant -|x|^2 + |x^{\mathrm{T}}BF(t,x)|.$$
$$\leqslant -|x|^2 + a|B||x|^2, \quad |x| \leqslant \eta.$$

显然当 $a > 0$ 适当地小时必有全导数 $\dot{V}_{(14.1)}(t,x)$ 在区域 $|x| \leqslant \eta$ 上是定负的. 因此, 由定理 6.2 得知, 方程组 (14.1) 的零解 $x = 0$ 是渐近稳定的. 证毕.

定理 14.2 若方程组 (14.3) 的特征根中至少有一个具有正实部, 并且函数 $F(t,x)$ 满足条件 (14.2), 则当 $a > 0$ 适当小时方程组 (14.1) 的零解 $x = 0$ 是不稳定的.

证明 由定理 13.5 得知, 对于定正二次型 $W(x) = x^{\mathrm{T}}x$, 必存在常数 $\lambda > 0$ 和一个二次型 $V(x) = x^{\mathrm{T}}Bx$, 且 $V(x)$ 不是常负的, 使得关于方程组 (14.3) 的全导数为

$$\dot{V}_{(14.3)}(x) = \lambda V(x) + x^{\mathrm{T}}x, \quad x \in R^n.$$

现在把 $V(x)$ 作为方程组 (14.1) 的 Lyapunov 函数, 则关于方程组 (14.1) 的全导数为

$$\dot{V}_{(14.1)}(t,x) = (Ax + F(t,x))^{\mathrm{T}}Bx + x^{\mathrm{T}}B(Ax + F(t,x))$$
$$= \lambda V(x) + x^{\mathrm{T}}x + 2x^{\mathrm{T}}BF(t,x).$$

令 $U(t,x) = |x|^2 + 2x^{\mathrm{T}}BF(t,x)$, 因为 $|2x^{\mathrm{T}}B| \leqslant b|x|$, 这里 $b > 0$ 是某个常数, 所以当 $t \in R_+, |x| \leqslant \eta$ 时我们有

$$U(t,x) \geqslant |x|^2 - |2x^{\mathrm{T}}B||F(t,x)| \geqslant |x|^2 - ab|x|^2,$$

显然当 $a > 0$ 适当小时, 函数 $U(t,x)$ 在 $t \in R_+, |x| \leqslant \eta$ 上是定正的. 因为 $V(x)$ 不是常负的, 故在 $x = 0$ 的任意充分小的邻域内都有点 $x_0 \neq 0$ 使得 $V(x_0) > 0$. 因此由推论 7.2 得知, 零解 $x = 0$ 是不稳定的. 证毕.

以上两个定理说明, 当方程组 (14.1) 的线性近似方程组 (14.3) 的特征根都具有负实部或者至少有一个具有正实部, 并且条件 (14.2) 成立时, 非线性方程组 (14.1) 的零解的稳定性就可由它的线性近似方程组 (14.3) 的零解的稳定性来决定, 即由线性方程组 (14.3) 的特征根的性质来决定. 显然, 判定线性方程组 (14.3) 的特征根的特性要比直接判别方程组 (14.1) 的零解的稳定性问题容易得多. 但是当线性近似方程组 (14.3) 的特征根都没有正实部, 并且至少有一个具有零实部时, 则当条件 (14.2) 成立, 甚至下面更强的条件 (14.5) 成立时, 非线性方程组 (14.1)

的零解的稳定性是不能由线性近似方程组 (14.3) 的零解的稳定性来决定的. 关于这一点我们将通过例子来说明.

值得注意的是, 线性方程组 (14.3) 的特征方程是一个实系数的 n-次多项式方程:

$$\det(A - \lambda E) = \lambda^n + a_1\lambda^{n-1} + \cdots + a_{n-1}\lambda + a_n = 0. \tag{14.4}$$

当 n 比较大时, 这个多项式方程的根是不容易, 甚至是不可能具体计算出来的. 那么如何判定特征根都具有负实部呢? 我们有下面的 Hurwitz 准则.

Hurwitz 准则　定义行列式如下:

$$\Delta_1 = a_1, \ \Delta_2 = \begin{vmatrix} a_1 & 1 \\ a_3 & a_2 \end{vmatrix}, \ \Delta_3 = \begin{vmatrix} a_1 & 1 & 0 \\ a_3 & a_2 & a_1 \\ a_5 & a_4 & a_3 \end{vmatrix}, \cdots,$$

$$\Delta_n = \begin{vmatrix} a_1 & 1 & 0 & 0 & \cdots & 0 \\ a_3 & a_2 & a_1 & 1 & \cdots & 0 \\ \vdots & \vdots & \vdots & \vdots & & \vdots \\ a_{2n-1} & a_{2n-2} & a_{2n-3} & a_{2n-4} & \cdots & a_n \end{vmatrix} = a_n\Delta_{n-1},$$

其中 $a_i = 0$ 对一切 $i > n$. 如果 $\Delta_i > 0$ 对所有 $i = 1, 2, \cdots, n$, 则特征方程 (14.4) 的所有根都具有负实部.

此外, 条件 (14.2) 经常可以用下面更强的但比较好验证的条件来代替: 当 $|x| \to 0$ 时一致地对 $t \in [\tau, \infty)$ 有

$$\frac{|F(t, x)|}{|x|} \to 0. \tag{14.5}$$

下面我们通过具体例子来说明上述结果的应用.

例 14.1　讨论方程组

$$\begin{cases} \dot{x} = -2x + y - z + x^2 e^x, \\ \dot{y} = x - y + x^3 y + y^2, \\ \dot{z} = x + y - z + e^x(y^2 + z^2) \end{cases} \tag{14.6}$$

的零解 $x = y = z = 0$ 的稳定性问题.

解　方程组 (14.6) 的线性近似方程组的特征方程为

$$F(\lambda) = \begin{vmatrix} -2-\lambda & 1 & -1 \\ 1 & -1-\lambda & 0 \\ 1 & 1 & -1-\lambda \end{vmatrix}$$

$$= \lambda^3 + 4\lambda^2 + 5\lambda + 3 = 0.$$

由 Hurwitz 准则得知, 特征根都具有负实部. 此外, 条件 (14.5) 也是成立的. 根据定理 14.1, 方程组 (14.6) 的零解 $x = y = z = 0$ 是渐近稳定的.

例 14.2　讨论方程组

$$\begin{cases} \dot{x} = -x - y + z + x^2 y, \\ \dot{y} = x - 2y + 2z - z^2, \\ \dot{z} = z + 2y + x + e^x y^2 \end{cases} \tag{14.7}$$

的零解 $x = y = z = 0$ 的稳定性问题.

解　方程组 (14.7) 的线性近似方程组的特征方程为

$$F(\lambda) = \begin{vmatrix} -1 - \lambda & 1 & 1 \\ 1 & -2 - \lambda & 2 \\ 1 & 2 & 1 - \lambda \end{vmatrix}$$

$$= \lambda^3 + 2\lambda^2 - 5\lambda - 9 = 0.$$

因为 $F(1) < 0$ 和 $F(3) > 0$, 所以 $F(\lambda) = 0$ 至少有一个正根 $\lambda \in (1, 3)$. 此外, 条件 (14.5) 也是成立的. 故由定理 14.2 得知, 零解 $x = y = z = 0$ 是不稳定的.

例 14.3　讨论方程组

$$\begin{cases} \dot{x} = -y + ax^3, \\ \dot{y} = x + ax^3 \end{cases} \tag{14.8}$$

的零解 $x = y = 0$ 的稳定性问题.

解　线性近似方程组的特征方程为 $F(\lambda) = \lambda^2 + 1 = 0$, 特征根为 $\lambda = \pm i$. 由于实部为零, 故定理 14.1 和定理 14.2 都不能使用. 选取 Lyapunov 函数 $V(x, y) = \dfrac{1}{2}(x^2 + y^2)$, 求全导数得

$$\dot{V}_{(14.8)}(x, y) = a(x^4 + y^4),$$

所以我们有: 当 $a < 0$ 时零解 $x = y = 0$ 是渐近稳定的; 当 $a > 0$ 时零解 $x = y = 0$ 是不稳定的; 而当 $a = 0$ 时零解 $x = y = 0$ 是稳定的, 但不是渐近稳定的.

第 15 节　类比法构造 Lyapunov 函数

关于非线性微分方程的 Lyapunov 函数构造有许多种方法, 例如类比法、积分法、能量法、大系统分解法等等. 本节我们以三阶非线性微分方程为基础, 重点讨论构造非线性方程的 Lyapunov 函数的方法——类比法.

首先考虑三阶常系数线性方程组

$$\frac{dx}{dt} = Ax, \tag{15.1}$$

其中

$$x = (x_1, x_2, x_3)^{\mathrm{T}}, \quad A = (a_{ij})_{3\times 3}.$$

假设方程组 (15.1) 的特征根 λ_i 满足 $\lambda_j + \lambda_k \neq 0 (j, k = 1, 2, 3)$, 则根据定理 13.2 对事先给定的二次型 $W(x) = x^{\mathrm{T}} C x$, 其中 $C = (w_{ij})_{3\times 3}$, 都可以找到唯一的二次型 $V(x) = x^{\mathrm{T}} B x$, 其中 $B = (v_{ij})_{3\times 3}$, 使得全导数

$$\dot{V}_{(15.1)}(x) = 2W(x), \quad x \in R^3. \tag{15.2}$$

展开 (15.2) 式得到

$$
\begin{aligned}
& 2(v_{11}x_1 + v_{12}x_2 + v_{13}x_3)(a_{11}x_1 + a_{12}x_2 + a_{13}x_3) \\
& + 2(v_{12}x_1 + v_{22}x_2 + v_{23}x_3)(a_{21}x_1 + a_{22}x_2 + a_{23}x_3) \\
& + 2(v_{13}x_1 + v_{23}x_2 + v_{33}x_3)(a_{31}x_1 + a_{32}x_2 + a_{33}x_3) \\
& = 2(w_{11}x_1^2 + 2w_{12}x_1x_2 + 2w_{13}x_1x_3 + w_{22}x_2^2 + 2w_{23}x_2x_3 + w_{33}x_3^2),
\end{aligned}
$$

比较上述两端同次项的系数得到

$$
\begin{cases}
a_{11}v_{11} + a_{21}v_{12} + a_{31}v_{13} + 0v_{22} + 0v_{23} + 0v_{33} = w_{11}, \\
a_{11}v_{21} + (a_{11} + a_{22})v_{12} + a_{32}v_{13} + a_{21}v_{22} + a_{31}v_{23} + 0v_{33} = 2w_{12}, \\
a_{11}v_{11} + a_{13}v_{12} + (a_{11} + a_{33})v_{13} + 0v_{22} + a_{21}v_{23} + a_{31}v_{33} = 2w_{13}, \\
0v_{11} + a_{12}v_{12} + 0v_{13} + a_{22}v_{22} + a_{23}v_{23} + 0v_{33} = w_{22}, \\
0v_{11} + a_{12}v_{12} + a_{12}v_{13} + a_{23}v_{22} + (a_{22} + a_{33})v_{23} + a_{32}v_{33} = 2w_{23}, \\
0v_{11} + 0v_{12} + a_{13}v_{13} + 0v_{22} + a_{23}v_{23} + a_{33}v_{33} = w_{33},
\end{cases}
\tag{15.3}
$$

这个代数线性方程组的系数行列式为

$$
\Delta = \begin{vmatrix}
a_{11} & a_{21} & a_{31} & 0 & 0 & 0 \\
a_{12} & a_{11}+a_{22} & a_{32} & a_{21} & a_{31} & 0 \\
a_{13} & a_{23} & a_{11}+a_{33} & 0 & a_{21} & a_{31} \\
0 & a_{12} & 0 & a_{22} & a_{32} & 0 \\
0 & a_{13} & a_{12} & a_{23} & a_{22}+a_{33} & a_{32} \\
0 & 0 & a_{13} & 0 & a_{23} & a_{13}
\end{vmatrix},
$$

注意到满足 (15.2) 式的二次型 $V(x)$ 是唯一的, 所以上述代数线性方程组 (15.3) 必有唯一的解 $(v_{11}, v_{12}, v_{13}, v_{22}, v_{23}, v_{33})$, 因此系数行列式 $\Delta \neq 0$. 根据求解线性代数方程组的克拉默法则我们得到

$$
v_{ik} = \frac{\Delta_{ik}}{\Delta}, \quad i, k = 1, 2, 3, i \leqslant k.
$$

这里 Δ_{ik} 表示 Δ 中对应于 v_{ik} 的列用方程组 (15.3) 右端的非齐项 $(w_{11}, 2w_{12}, 2w_{13},$ $w_{22}, 2w_{23}, w_{33})$ 代替后所得的行列式. 所以二次型 $V(x) = x^{\mathrm{T}} B x$ 为

$$
V(x) = \frac{1}{\Delta} \sum_{i,k=1}^{3} \Delta_{ik} x_i x_k \quad (\text{其中 } \Delta_{ik} = \Delta_{ki}).
$$

经过计算我们不难得到

$$
V(x) = \frac{-1}{\Delta} \begin{vmatrix}
0 & x_1^2 & 2x_1x_2 & 2x_1x_3 & x_2^2 & 2x_2x_3 & x_3^2 \\
w_{11} & a_{11} & a_{21} & a_{31} & 0 & 0 & 0 \\
2w_{12} & a_{12} & a_{11}+a_{22} & a_{32} & a_{21} & a_{31} & 0 \\
2w_{13} & a_{13} & a_{23} & a_{11}+a_{33} & 0 & a_{21} & a_{31} \\
w_{22} & 0 & a_{12} & 0 & a_{22} & a_{32} & 0 \\
2w_{23} & 0 & a_{13} & a_{12} & a_{23} & a_{22}+a_{33} & a_{32} \\
w_{33} & 0 & 0 & a_{13} & 0 & a_{23} & a_{33}
\end{vmatrix}. \tag{15.4}
$$

这就是三阶常系数线性方程组的二次型 Lyapunov 函数 $V(x) = x^{\mathrm{T}} B x$ 的计算公式, 我们把 $V(x)$ 的这个表达式称作巴尔巴欣公式. 类似的方法我们也可以给出二阶、四阶、五阶以及更高阶常系数线性微分方程的二次型 Lyapunov 函数的巴尔巴欣计算公式.

考虑三阶非线性微分方程

$$
x''' + ax'' + bx' + f(x) = 0, \tag{15.5}
$$

其中 a, b 是实常数, $f(x)$ 是 $x \in R$ 的连续可微函数, 且 $f(0) = 0$.

首先将方程 (15.5) 化为等价的方程组

$$\begin{cases} \dot{x} = y, \\ \dot{y} = z, \\ \dot{z} = -f(x) - by - az. \end{cases} \tag{15.6}$$

将函数 $f(x)$ 视为 cx, 这里 c 为常数, 则我们得到三阶线性方程组

$$\begin{cases} \dot{x} = y, \\ \dot{y} = z, \\ \dot{z} = -cx - by - az, \end{cases}$$

对应给定的二次型

$$W(x, y, z) = -\frac{1}{2}(ab - c)y^2.$$

由巴尔巴欣公式 (15.4) 计算得到

$$V(x, y, z) = \frac{1}{2}acx^2 + cxy + \frac{1}{2}(a^2 + b)y^2 + ayz + \frac{1}{2}z^2,$$

用 $f(x)$ 代替 $V(x, y, z)$ 中的 cx, 并注意到 $F(x) = \int_0^x f(s)ds$ 可代替 $V(x, y, z)$ 中的 $\frac{1}{2}cx^2$, 这样我们就得到了非线性方程组 (15.6) 的 Lyapunov 函数为

$$U(x, y, z) = aF(x) + f(x)y + \frac{1}{2}by^2 + \frac{1}{2}(ay + z)^2, \tag{15.7}$$

并且全导数为

$$\dot{U}_{(15.6)}(x, y, z) = -(ab - f'(x))y^2,$$

因此我们得到结论如下.

定理 15.1　若 $a > 0$, $b > 0$ 和 $xf(x) > 0$ 对 $x \neq 0$, 并且 $\lim_{|x| \to \infty} \int_0^x f(s)ds = +\infty$ 和 $f'(x) - ab < 0$ 对 $x \in R$, 则方程组 (15.6) 的零解 $x = y = z = 0$ 是全局渐近稳定的.

证明　由于我们有

$$\begin{aligned} R(x, y) &= aF(x) + f(x)y + \frac{1}{2}by^2 \\ &= \frac{1}{2b}[by + f(x)]^2 + \frac{1}{2b}[2abF(x) - f^2(x)] \\ &= \frac{1}{2b}[by + f(x)]^2 + \frac{1}{2b}\left[2\int_0^x f(x)(ab - f'(x))dx\right] \geqslant 0 \end{aligned}$$

对一切 $(x,y) \in R^2$, 所以不难证明 $U(x,y,z)$ 是定正的和具有无穷大性质的.

由于全导数

$$\dot{U}_{(15.6)}(x,y,z) = -(ab - f'(x))y^2 \leqslant 0.$$

并且不难验证集合 $E = \{(x,y,z) : \dot{U}_{(11.6)}(x,y,z) = 0\}$ 除了零解 $x = y = z = 0$ 之外不包含方程组 (15.6) 的任何其他整条正半轨线. 故根据定理 8.5 得知, 定理 15.1 的结论成立. 证毕.

值得注意的是, 方程 (15.5) 的等价方程组除了 (15.6) 之外还有其他的形式. 例如, 令 $x' = y$ 和 $y' = z - ay$, 则我们有方程 (15.5) 的如下等价方程组

$$\begin{cases} \dot{x} = y, \\ \dot{y} = -ay + z, \\ \dot{z} = -f(x) - by, \end{cases} \tag{15.8}$$

此时, 不能把函数 (15.7) 作为方程组 (15.8) 的 Lyapunov 函数. 我们考虑线性方程组

$$\begin{cases} \dot{x} = y, \\ \dot{y} = -ay + z, \\ \dot{z} = -cx - by, \end{cases}$$

对于给定的二次型 $W(x,y,z) = -\dfrac{1}{2}(ab - c)y^2$, 由巴尔巴欣公式 (15.4) 计算得到

$$V(x,y,z) = \frac{1}{2}acx^2 + cxy + \frac{1}{2}by^2 + \frac{1}{2}z^2.$$

因此方程组 (15.8) 的 Lyapunov 函数为

$$U(x,y,z) = aF(x) + f(x)y + \frac{1}{2}by^2 + \frac{1}{2}z^2,$$

并且全导数为

$$\dot{U}_{(15.8)}(x,y,z) = -(ab - f'(x))y^2.$$

此外, 方程 (15.5) 还有下面的等价方程组

$$\begin{cases} \dot{x} = y, \\ \dot{y} = -bx - ay + z, \\ \dot{z} = -f(x). \end{cases} \tag{15.9}$$

利用巴尔巴欣公式 (15.4), 通过类比我们得到方程组 (15.9) 的 Lyapunov 函数为

$$U(x,y,z) = \frac{1}{2}(bx - z)^2 + aF(x) + f(x)y + \frac{1}{2}by^2,$$

并且全导数为

$$\dot{U}_{(15.9)}(x,y,z) = -(ab - f'(x))y^2.$$

其次考虑三阶非线性微分方程

$$x''' + ax'' + \phi(x') + cx = 0, \tag{15.10}$$

这里 a,c 是常数, 而 $\phi(y)$ 是 $y \in R$ 的连续可微函数, 且 $\phi(0) = 0$.

考虑方程 (15.10) 的等价方程组

$$\begin{cases} \dot{x} = y, \\ \dot{y} = z, \\ \dot{z} = -cx - \phi(y) - az, \end{cases} \tag{15.11}$$

考察上面求出的函数

$$\begin{aligned} V(x,y,z) &= \frac{1}{2}acx^2 + cxy + \frac{1}{2}(a^2 + b)y^2 + ayz + \frac{1}{2}z^2 \\ &= \frac{1}{2}acx^2 + cxy + \frac{1}{2}by^2 + \frac{1}{2}(ay + z)^2, \end{aligned}$$

用 $\phi(y)$ 代替 by, 则 $\frac{1}{2}by^2$ 就是 $\int_0^y \phi(u)du$, 因此我们得到方程组 (15.11) 的 Lyapunov 函数为

$$U(x,y,z) = \frac{1}{2}acx^2 + cxy + \int_0^y \phi(u)du + \frac{1}{2}(ay + z)^2,$$

求全导数得到

$$\dot{U}_{(15.11)}(x,y,z) = \left(c - a\frac{\phi(y)}{y}\right)y^2,$$

因此我们有如下结果.

定理 15.2 若 $a > 0, c > 0$, 并且 $\dfrac{\phi(y)}{y} > \dfrac{c}{a}$ 对 $y \neq 0$, 则方程组 (15.11) 的零解 $x = y = z = 0$ 是全局渐近稳定的.

证明 不难验证函数 $U(x,y,z)$ 对一切 $(x,y,z) \in R^3$ 是定正的, 但是 $U(x,y,z)$ 不一定具有无穷大性质. 因此, 为了得到全局渐近稳定性, 我们需要证明方程组 (15.11) 的任何解 $x(t) = x(t,t_0,x_0,y_0,z_0)$, $y(t) = y(t,t_0,x_0,y_0,z_0)$ 和 $z(t) = z(t,t_0,x_0,y_0,z_0)$ 在 $t \geqslant t_0$ 上有界, 这里 $t_0 \in R_+$ 和 $(x_0,y_0,z_0) \in R^3$.

不难看出, 我们能够选取足够大的正数 L 和 N (例如, $L = U(x_0,y_0,z_0) + 1$, $N = |y_0| + 1$), 使得点 (x_0,y_0,z_0) 位于区域 D 之中, 这里

$$D = \{(x,y,z) : U(x,y,z) < L, |y| < N\},$$

显然区域 D 是 R^3 中的有界区域. 下面我们证明对一切 $t \geqslant t_0$ 解 $(x(t), y(t), z(t))$ 将不离开区域 D. 事实上, 由于全导数 $\dot{U}_{(15.11)}(x, y, z) \leqslant 0$ 对一切 $(x, y, z) \in R^3$, 所以解 $(x(t), y(t), z(t))$ 若要从区域 D 中离开就必须通过平面 $y = \pm N$, 即存在 $t^* > t_0$ 使得 $|y(t^*)| = N$, 且当 $t \in [t_0, t^*)$ 时有 $|y(t)| < N$. 但是从不等式 $U(x, y, z) < L$ 得到

$$-(2L)^{\frac{1}{2}} < z + ay < (2L)^{\frac{1}{2}}.$$

如果 $y(t^*) = N$, 则我们有 $\dot{y}(t^*) \geqslant 0$, 并且有 $z(t^*) < -aN + (2L)^{\frac{1}{2}}$. 因此当 N 足够大时我们有 $z(t^*) < 0$ 和 $\dot{y}(t^*) = z(t^*) < 0$. 如果 $y(t^*) = -N$, 则我们有 $\dot{y}(t^*) \leqslant 0$, 并且有 $z(t^*) > aN - (2L)^{\frac{1}{2}}$. 因此当 N 足够大时我们有 $z(t^*) > 0$ 和 $\dot{y}(t^*) = z(t^*) > 0$. 但这些都是矛盾的, 故对一切 $t \geqslant t_0$ 我们有 $|y(t)| < N$. 因此解 $(x(t), y(t), z(t))$ 在 $t \in [t_0, \infty)$ 上将不离开区域 D, 所以这个解在 $[t_0, \infty)$ 上有界.

最后不难证明集合 $E = \{(x, y, z) : \dot{U}_{(15.11)}(x, y, z) = 0\}$ 除了零解 $x = y = z = 0$ 之外不包含方程组 (15.11) 的任何其他整条正半轨线. 因此, 根据定理 8.5 得知, 定理 15.2 的结论正确. 证毕.

再研究如下三阶非线性微分方程

$$x''' + f(x, x')x'' + bx' + cx = 0, \tag{15.12}$$

这里 b, c 是实常数, 函数 $f(x, y)$ 对 $(x, y) \in R^2$ 是连续可微的.

方程 (15.12) 的等价方程组为

$$\begin{cases} \dot{x} = y, \\ \dot{y} = z, \\ \dot{z} = -cx - by - f(x, y)z, \end{cases} \tag{15.13}$$

其对应的线性方程组为

$$\begin{cases} \dot{x} = y, \\ \dot{y} = z, \\ \dot{z} = -cx - by - az, \end{cases} \tag{15.14}$$

根据巴尔巴欣公式 (15.4) 求得满足全导数

$$\dot{V}_{(15.14)}(x, y, z) = -b(ab - c)z^2$$

的二次型 Lyapunov 函数为

$$V(x, y, z) = \frac{1}{2}[(bz + cy)^2 + b(cx + by)^2 + c(ab - c)y^2].$$

通过类比我们得到非线性方程组 (15.14) 的 Lyapunov 函数为

$$U(x,y,z) = \frac{1}{2}\bigg[(bz+cy)^2 + b(cx+by)^2 + c\bigg(2b\int_0^y f(x,y)ydy - cy^2\bigg)\bigg],$$

并且全导数为

$$\dot{U}_{(15.13)}(x,y,z) = -b(bf(x,y)-c)z^2 + bcy\int_0^y \frac{\partial f}{\partial x}ydy.$$

我们有如下结论.

定理 15.3　若 $b>0, c>0$, 并且 $f(x,y) > \dfrac{c}{b}$ 和 $y\dfrac{\partial f}{\partial x} \leqslant 0$ 对一切 $(x,y) \in R^2$, 则方程组 (15.13) 的零解 $x = y = z = 0$ 是全局渐近稳定的.

证明　显然, 函数 $U(x,y,z)$ 对一切 $(x,y,z) \in R^3$ 是定正的, 而 $\dot{U}_{(15.13)}(x,y,z)$ 是常负的. 对任何常数 $L>0$ 和 $N>0$, 考虑区域 D 如下:

$$D = \{(x,y,z) : U(x,y,z) < L, |y| < N\}.$$

显然, 区域 D 是有界的. 对于 R^3 中的任何初始点 $p_0 = (x_0, y_0, z_0)$, 我们总可以选取足够大的 $L>0$ 和 $N>0$ 使得 $p_0 \in D$. 考虑方程组 (15.13) 通过点 p_0 的解 $x(t) = x(t,t_0,p_0)$, $y(t) = y(t,t_0,p_0)$, $z(t) = z(t,t_0,p_0)$. 我们证明解 $(x(t),y(t),z(t))$ 对一切 $t \geqslant t_0$ 将不离开区域 D. 事实上, 若解 $(x(t),y(t),z(t))$ 在某时刻 $t^* > t_0$ 离开区域 D, 则由于全导数 $\dot{U}_{(15.13)}(x,y,z) \leqslant 0$ 对一切 $(x,y,z) \in R^3$, 故它只能从平面 $y = \pm N$ 离开区域 D, 即我们有 $|y(t^*)| = N$. 从 $U(x,y,z) < L$ 我们得到

$$-(2L)^{\frac{1}{2}} < bz + cy < (2L)^{\frac{1}{2}},$$

当 $y = N$ 时有 $bz < -cN + (2L)^{\frac{1}{2}}$, 而当 $y = -N$ 时有 $bz > cN - (2L)^{\frac{1}{2}}$. 这样一来, 当 N 足够大时在平面 $y = N$ 上有导数 $\dot{y} = z < 0$, 而在平面 $y = -N$ 上有导数 $\dot{y} = z > 0$. 但是当 $y(t^*) = N$ 时有 $\dot{y}(t^*) \geqslant 0$, 而当 $y(t^*) = -N$ 时有 $\dot{y}(t^*) \leqslant 0$. 这是矛盾的. 因此方程组 (15.13) 的任何解 $(x(t),y(t),z(t))$ 在 $[t_0,\infty)$ 上有界.

由于集合 $E = \{(x,y,z) : \dot{U}_{(15.13)}(x,y,z) = 0\} \subset \{z = 0\}$, 当 $z(t) \equiv 0$ 时直接从方程组 (15.13) 得到 $y(t) \equiv \alpha$ 为常数, $x(t) = \alpha(t-t_0) + \beta$, 且 β 为常数, 并且

$$-c(\alpha(t-t_0) + \beta) - bc\alpha \equiv 0, \quad t \geqslant t_0.$$

显然只能有 $\alpha = \beta = 0$, 即 $x(t) = y(t) \equiv 0$. 所以集合 E 除了零解 $x = y = z = 0$ 之外不包含方程组 (15.13) 的任何其他整条正半轨线. 因此零解 $x = y = z = 0$ 是全局渐近稳定的. 证毕.

　　下面给出的非线性微分方程都可以应用类比法建立它们的零解的全局渐近稳定性的条件.

$$\begin{cases} \dot{x} = a_{11}x + a_{12}y, \\ \dot{y} = f(x) + a_{22}y. \end{cases}$$

$$\begin{cases} \dot{x} = f(x) + a_{12}y, \\ \dot{y} = g(x) + a_{22}y. \end{cases}$$

$$x'' + \phi(x)x' + f(x) = 0.$$

$$x''' + ax'' + \phi(x') + f(x) = 0.$$

$$x''' + \phi(x, x')x'' + f(x, x') = 0.$$

$$x''' + f(x'') + bx' + cx = 0.$$

第 16 节　力学系统的稳定性

稳定性理论和 Lyapunov 函数方法的应用是一个非常庞大的领域, 正如在前言中我们已经提到的, 几乎在自然科学的各个领域都可以看到稳定性理论和 Lyapunov 函数方法的应用. 这里我们首先将以产生稳定性概念的力学系统为基础, 介绍稳定性理论和 Lyapunov 函数方法的一些应用.

根据理论力学知识得知, 一个理想的力学系统的运动由如下著名的拉格朗日方程来描述:

$$\frac{d}{dt}\left(\frac{\partial T}{\partial \dot{q}_i}\right) - \frac{\partial T}{\partial q_i} = Q_i, \quad i = 1, 2, \cdots, n, \tag{16.1}$$

其中 $q_1, q_2, \cdots, q_n$ 为系统的广义坐标, $\dot{q}_i = \dfrac{dq_i}{dt}$, T 为系统的动能, 而 $Q_1, Q_2, \cdots, Q_n$ 为系统的广义力.

根据力学系统的特点, 我们把力学系统分成保守系统和非保守系统.

首先我们讨论保守系统的稳定性问题. 这里所说的保守系统是指加在系统上的所有力都是有势力, 即重力、弹力等等. 由理论力学知识得知, 一个保守系统的拉格朗日方程 (16.1) 可以化为下面著名的哈密顿方程

$$\dot{q}_i = \frac{\partial H}{\partial p_i}, \quad \dot{p}_i = -\frac{\partial H}{\partial q_i}, \quad i = 1, 2, \cdots, n, \tag{16.2}$$

这里 $p_1, p_2, \cdots, p_n$ 为广义冲量, $\dot{p}_i = \dfrac{dp_i}{dt}$. 我们记 $p = (p_1, p_2, \cdots, p_n)^{\mathrm{T}}$ 和 $q = (q_1, q_2, \cdots, q_n)^{\mathrm{T}}$. 在方程组 (16.2) 中 $H = H(p, q) = T(p, q) + N(q)$ 称为哈密顿函数, 它表示系统的总能量, 其中 $T(p, q)$ 为系统的动能, $N(q)$ 为系统的势能. 根据保守系统的特性, 我们知道 $H(p, q)$ 是守恒的, 即沿着保守系统 (16.2) 的任何运动 $(p, q) = (p(t), q(t))$ 有 $H(p(t), q(t)) \equiv c$ 为常数. 为了讨论方便, 我们始终假设动能 $T(p, q) = \dfrac{1}{2}p^{\mathrm{T}}B(q)p$, 这里 $B(q)$ 为关于 q 的连续可微的 $n \times n$ 对称矩阵, 并且矩阵 $B(0)$ 是定正的. 我们设系统 (16.2) 有平衡位置 $p = q = 0$, 关于这个平衡位置的稳定性问题, 我们有如下结论. 它是由狄利克雷于 1846 年建立的.

定理 16.1　设保守系统 (16.2) 的势能函数 $N(q)$ 在 $q = 0$ 有孤立极小值, 则平衡位置 $p = q = 0$ 是稳定的.

证明　由定理条件得知, $N(q) - N(0) > 0$ 对一切 $\|q\| \leqslant L$, 这里 $L > 0$ 为某

一常数. 选取系统的总能量为 Lyapunov 函数, 即

$$V(p,q) = T(p,q) + N(q) - N(0) = H(p,q) - N(0),$$

由于 $T(p,q) = \frac{1}{2}p^{\mathrm{T}}B(q)p$, 并且 $B(0)$ 是定正的, 因此我们不难看出 $V(p,q)$ 在原点 $p = q = 0$ 的某个邻域内是定正的. 由于 $H(p,q)$ 是守恒的, 故计算全导数得

$$\dot{V}_{(16.2)}(p,q) \equiv 0 \quad \text{对一切} \quad p, q.$$

因此, 根据推论 5.1 得知, 平衡位置 $p = q = 0$ 是稳定的. 定理证毕.

定理 16.1 在力学系统的研究中有很大的实用价值. 自然我们要问: 它的否命题是否成立. 亦即, 如果保守系统的势能函数 $N(q)$ 在 $q = 0$ 处不具有孤立极小值, 平衡位置是否不稳定. A.Wintner 在 1941 年举出了一个例子证明定理 16.1 的否命题一般不成立. 即便如此, 人们仍在千方百计地寻找在什么条件下, 定理 16.1 的否命题成立. 这方面的主要结果之一是下面的切达耶夫定理.

定理 16.2 设保守系统 (16.2) 的势能 $N(q)$ 可以展开成级数

$$N(q) = N_m(q) + N_{m+1}(q) + \cdots \quad (m \geqslant 2),$$

其中 N_i 为广义坐标 q 的 i 次齐次式, 如果对于任意小的 $|q|$, 势能 $N(q)$ 可以取得负值, 而且 $N_m + N_{m+1} + \cdots$ 和 $mN_m + (m+1)N_{m+1} + \cdots$ 的符号由 m 次型 N_m 来决定, 则平衡位置 $p = q = 0$ 是不稳定的.

证明 由于 $N_0(q) = N_1(q) = 0$, 故 $p = q = 0$ 是平衡位置. 我们只需对 $N(q) = N_m(q)$ 这一特殊情况作出证明即可.

选取 Lyapunov 函数

$$V(p,q) = -H(p,q)q^{\mathrm{T}}p,$$

这里 $H(p,q) = T(p,q) + N_m(q)$, $q^{\mathrm{T}}p$ 表示 p 和 q 的内积, 而 $T(p,q) = \frac{1}{2}p^{\mathrm{T}}B(q)p$. 任取空间 (p,q) 中原点 $p = q = 0$ 的一个 ε 邻域 $U = \{(p,q): |p| \leqslant \varepsilon, |q| \leqslant \varepsilon\}$. 选取 $q_0 \neq 0$ 使得 $|q_0| \leqslant \varepsilon$ 和 $N_m(q_0) < 0$. 再选取 $p_0 \neq 0$ 使得 $|p_0| \leqslant \varepsilon$, $q_0^{\mathrm{T}}p_0 > 0$ 和 $H(p_0, q_0) = T(p_0, q_0) + N_m(q_0) < 0$. 这表明在 U 中存在一个点 $(p_0, q_0) \neq (0,0)$ 使得 $H(p_0, q_0) < 0$ 和 $q_0^{\mathrm{T}}p_0 > 0$. 即

$$V(p_0, q_0) = -H(p_0, q_0)q_0^{\mathrm{T}}p_0 > 0.$$

于是在原点的任意小邻域内存在 $V > 0$ 的连通区域 V_+, 在 V_+ 中有 $H(p,q) < 0$, $q^{\mathrm{T}}p > 0$ 和 $N_m(q) < 0$.

求 $V(p, q)$ 的全导数得

$$\dot{V}_{(16.2)}(p, q) = -\frac{dH(p, q)}{dt} q^{\mathrm{T}} p - H\left[\left(\frac{\partial H}{\partial p}\right)^{\mathrm{T}} p - q^{\mathrm{T}} \frac{\partial H}{\partial q}\right].$$

由于沿着系统 (16.2) 的任何解 $p = p(t)$, $q = q(t)$ 有 $H(p(t), q(t)) = c$ 为常数, 所以 $\dfrac{dH(p(t), q(t))}{dt} \equiv 0$, 于是我们有 $\dfrac{dH(p, q)}{dt} \equiv 0$. 因此

$$\dot{V}_{(16.2)}(p, q) = -H\left[\left(\frac{\partial H}{\partial p}\right)^{\mathrm{T}} p - q^{\mathrm{T}} \frac{\partial H}{\partial q}\right].$$

于是, 将 $H = T + N_m$ 代入 $\dot{V}_{(16.2)}(p, q)$ 得

$$\dot{V}_{(16.2)}(p, q) = -H\left[\left(\frac{\partial T}{\partial p}\right)^{\mathrm{T}} p - q^{\mathrm{T}} \frac{\partial T}{\partial q} - q^{\mathrm{T}} \frac{\partial N_m}{\partial q}\right].$$

由欧拉齐次式公式得知

$$\left(\frac{\partial T}{\partial p}\right)^{\mathrm{T}} p = \sum_{i=1}^{n} \frac{\partial T}{\partial p_i} p_i = 2T$$

和

$$q^{\mathrm{T}} \frac{\partial N_m}{\partial q} = \sum_{i=1}^{n} q_i \frac{\partial N_m}{\partial q_i} = m N_m.$$

所以我们有

$$\begin{aligned}
\dot{V}_{(16.2)}(p, q) &= -H\left[2T - q^{\mathrm{T}} \frac{\partial T}{\partial q} - m N_m\right] \\
&= -H\left[2T - \frac{1}{2} p^{\mathrm{T}} \left(q^{\mathrm{T}} \frac{\partial B}{\partial q}\right) p - m N_m\right] \\
&= -H\left[\frac{1}{2} p^{\mathrm{T}} \left(2B(q) - q^{\mathrm{T}} \frac{\partial B}{\partial q}\right) p - m N_m(q)\right]. \quad (16.3)
\end{aligned}$$

注意, 在上述计算中我们用到了如下公式:

$$\frac{\partial T}{\partial q} = \left(\frac{\partial T}{\partial q_1}, \frac{\partial T}{\partial q_2}, \cdots, \frac{\partial T}{\partial q_n}\right)^{\mathrm{T}}$$

和

$$q^{\mathrm{T}} \frac{\partial T}{\partial q} = \sum_{i=1}^{n} q_i \frac{\partial T}{\partial q_i} = \sum_{i=1}^{n} q_i \frac{1}{2} p^{\mathrm{T}} \frac{\partial B}{\partial q_i} p$$

$$= \frac{1}{2} p^{\mathrm{T}} \left(\sum_{i=1}^{n} q_i \frac{\partial B}{\partial q_i} \right) p = \frac{1}{2} p^{\mathrm{T}} \left(q^{\mathrm{T}} \frac{\partial B}{\partial q} \right) p.$$

由于 $p^{\mathrm{T}} B(0) p$ 关于 p 是定正的, 所以只要取 $|q|$ 充分小就有 (16.3) 中的方括号内的第一项也是定正的. 又已知在 $V > 0$ 区域内有 $N_m < 0$, 故 $-m N_m > 0$. 由此得知在 $V > 0$ 区域内有 $\dot{V}_{(16.2)}(p, q) > 0$. 因此, 根据推论 7.3 得知, 平衡位置 $p = q = 0$ 是不稳定的. 定理证毕.

下面是这一定理的一个推论.

推论 16.1 设保守系统的势能函数 $N(q)$ 在 $q = 0$ 处具有孤立极大值, 而这一事实是由 $N(q)$ 的最低次项 $N_m(q)(m \geqslant 2)$ 来决定的, 则平衡位置 $p = q = 0$ 是不稳定的.

例 16.1 讨论无阻尼的下垂摆的稳定性. 如引言中图所示.

解 摆的势能为

$$N(\theta) = mgl(1 - \cos \theta).$$

计算得到

$$\frac{dN(0)}{d\theta} = 0, \quad \frac{d^2 N(0)}{d^2 \theta} = mgl > 0.$$

因此, 在 $\theta = 0$ 处 $N(\theta)$ 有孤立极小值. 根据定理 16.1, 平衡位置 $\theta = 0$ 是稳定的.

例 16.2 如图 16.1 所示, 小车质量为 M, 受水平弹簧 (弹性系数为 k) 约束在水平面上振动, 车上悬挂一单摆, 质量为 m, 摆长为 l, 设阻尼不计, 判别系统在平衡位置的稳定性.

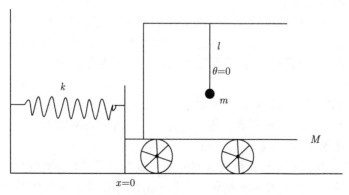

图 16.1

解 取广义坐标为 x 和 θ 如图 16.1 示, 则势能函数为

$$N(x,\theta) = \frac{1}{2}kx^2 + mlg(1-\cos\theta),$$

显然, 在 $x = \theta = 0$ 处 N 具有极小值, 故根据定理 16.1, 平衡位置 $x = \theta = 0$ 是稳定的.

例 16.3 讨论倒立摆的稳定性. 如引言中图所示.

解 摆的势能函数为

$$N(\theta) = mlg(\cos\theta - 1),$$

将 N 展开成级数得

$$N = -\frac{1}{2}mlg\left(\theta^2 - \frac{1}{4\cdot 3}\theta^4 + \cdots\right).$$

显然, 在 $\theta = 0$ 的任意小邻域内 N 可取负值, 而这一事实由 $N_2 = -\frac{1}{2}mlg\theta^2$ 来决定. 又 $2N_2 + 4N_4 + \cdots$ 的符号也是由 N_2 来决定的, 因此满足定理 16.2 的全部条件, 故平衡位置 $\theta = 0$ 是不稳定的.

现在我们讨论非保守系统的稳定性. 为了简便起见, 这里只研究保守力系加上耗散力后所得到的非保守系统的平衡位置的稳定性问题.

此时, 代替 (16.1) 的拉格朗日方程为

$$\frac{d}{dt}\left(\frac{\partial T}{\partial \dot{q}_i}\right) - \frac{\partial T}{\partial q_i} = -\frac{\partial N}{\partial q_i} + Q_i, \quad i = 1, 2, \cdots, n, \tag{16.4}$$

其中 $Q = (Q_1, Q_2, \cdots, Q_n)^{\mathrm{T}}$ 是耗散力, $N = N(q)$ 是系统的势能, 而 $T = T(q, \dot{q})$ 为系统的动能, 并且 $T = \frac{1}{2}\dot{q}^{\mathrm{T}}B(q)\dot{q}$, 这里 $B(q)$ 为关于 q 连续可微的 $n \times n$ 对称矩阵, 且 $B(0)$ 是正定的.

由于 Q 是耗散力, 故它的功率 $P = Q^{\mathrm{T}}\dot{q} \leqslant 0$. 如果功率 $P < 0$ 对 $\dot{q} \neq 0$, 则称 Q 是完全耗散力; 否则称为不完全耗散力. 设系 (16.4) 的平衡位置是 $q = \dot{q} = 0$, 关于这个平衡位置的稳定性我们有如下结论. 这个结论是 Slvadori 于 1966 年建立的.

定理 16.3 (a) 如果势能函数 $N(q)$ 在 $q = 0$ 处有孤立极小值, 则在完全耗散力作用下系统 (16.4) 的平衡位置 $q = \dot{q} = 0$ 是渐近稳定的, 而在不完全耗散力作用下平衡位置 $q = \dot{q} = 0$ 是稳定的.

(b) 如果 $N(q)$ 在 $q = 0$ 的任意充分小邻域内都可以取得负值, 并且平衡位置 $q = \dot{q} = 0$ 是孤立的, 则在完全耗散力作用下系统 (16.4) 的平衡位置 $q = \dot{q} = 0$ 是不稳定的.

证明　由定理条件得知, 无论 (a) 还是 (b), 平衡位置 $q = \dot{q} = 0$ 都是孤立的. 选取系统的总能量为 Lyapunov 函数, 即

$$V(q, \dot{q}) = T(q, \dot{q}) + N(q).$$

计算全导数得

$$
\begin{aligned}
\dot{V}_{(16.4)}(q, \dot{q}) &= \frac{d}{dt}(T(q, \dot{q}) + N(q)) \\
&= \left(\frac{\partial T}{\partial q}\right)^{\mathrm{T}} \frac{dq}{dt} + \left(\frac{\partial t}{\partial \dot{q}}\right)^{\mathrm{T}} \frac{d\dot{q}}{dt} + \left(\frac{\partial N}{\partial q}\right)^{\mathrm{T}} \frac{dq}{dt} \\
&= \left(\frac{\partial T}{\partial q}\right)^{\mathrm{T}} \dot{q} + \frac{d}{dt}\left[\left(\frac{\partial T}{\partial \dot{q}}\right)^{\mathrm{T}} \dot{q}\right] - \left[\frac{d}{dt}\left(\frac{\partial T}{\partial \dot{q}}\right)^{\mathrm{T}}\right] \dot{q} + \left(\frac{\partial N}{\partial q}\right)^{\mathrm{T}} \dot{q} \\
&= \left(\frac{\partial T}{\partial q}\right)^{\mathrm{T}} \dot{q} + \frac{d}{dt}(2T) - \left[\frac{d}{dt}\left(\frac{\partial T}{\partial \dot{q}}\right)^{\mathrm{T}}\right] \dot{q} + 2\frac{dN}{dt} - \left(\frac{\partial N}{\partial q}\right)^{\mathrm{T}} \dot{q} \\
&= \left[\frac{\partial T}{\partial q} - \frac{d}{dt}\left(\frac{\partial T}{\partial \dot{q}}\right) - \frac{\partial N}{\partial q}\right]^{\mathrm{T}} \dot{q} + 2\frac{d}{dt}(T(q, \dot{q}) + N(q)).
\end{aligned}
$$

由此得到

$$\dot{V}_{(16.4)}(q, \dot{q}) = -\left[\frac{\partial T}{\partial q} - \frac{d}{dt}\left(\frac{\partial T}{\partial \dot{q}}\right) - \frac{\partial N}{\partial q}\right]^{\mathrm{T}} \dot{q} = Q^{\mathrm{T}} \dot{q} \leqslant 0.$$

因此, 不论是完全耗散力作用还是不完全耗散力作用, $\dot{V}_{(16.4)}(q, \dot{q})$ 都是常负的. 并且在完全耗散力作用下集合 $E = \{(q, \dot{q}) : \dot{V}_{(16.4)}(q, \dot{q}) = 0\}$ 除了平衡位置 $q = \dot{q} = 0$ 外不包含系统 (16.4) 的任何其他整条正半积分曲线. 此外, 不难证明在情形 (a) 下 $V(q, \dot{q})$ 是定正的, 而在情形 (b) 下 $V(q, \dot{q})$ 不是常正的. 因此, 根据推论 5.1, 定理 6.5 和定理 7.2 得知, 定理的结论是正确的.

例 16.4　判别有阻力存在的下垂摆和倒立摆的平衡位置的稳定性.

解　它们的微分方程分别为

$$ml^2\theta'' = -mgl\sin\theta + \phi(\theta'),$$
$$ml^2\theta'' = mgl\sin\theta + \phi(\theta').$$

式中 $\phi(\theta')$ 是耗散力, 满足条件:

$$\phi(\theta')\theta' < 0, \quad \theta' \neq 0; \quad \phi(0) = 0.$$

显然 $\phi(\theta')$ 是完全耗散力. 因此根据上述定理得知, 有阻力的下垂摆的平衡位置 $\theta = 0$ 是渐近稳定的, 而有阻力的倒立摆的平衡位置 $\theta = 0$ 仍是不稳定的.

第 17 节　生物种群系统的稳定性

17.1　几个基本概念

在生态学理论中, 通常是先选定一个固定的生态区域, 当然这个区域可以很大, 也可以相对较小. 然后, 在这个选定的生态区域中, 对生活在其上的生物种群开展理论研究或应用研究. 因此, 在本节的讨论中, 如果没特别说明, 我们始终假定是在一个给定的生态区域上进行的.

定义 17.1　对于一个生物种群, 不妨记为 X. 种群 X 在任何时刻 $t \geqslant t_0$ 的数量或密度, 记为 $x(t)$, 称为种群 X 的数量函数或密度函数. 这里 t_0 为初始时刻.

通常情况下, 如果 $x(t)$ 表示种群 X 的数量, 则 $x(t)$ 是一个非负整数, 这给后面使用高等数学理论研究 $x(t)$ 随时间 t 的变化规律时, 带来很多不便. 为此, 我们可以采用如下方法进行处理: 如果对一系列时间 $t_1, t_2, \cdots$, 我们知道相应的种群数量 $x(t)$ 为

$$x_1 = x(t_1),\ x_2 = x(t_2),\ \cdots,$$

那么我们把 $x(t)$ 开拓为实变量 t 的非负实数值函数 $x = x(t)$, 使得在每个 t_i 处 $x(t)$ 的函数值等于上面已经得到的 $x(t_i)$, 并且使 $x(t)$ 有连续导数. 因此, 在今后的讨论中, 我们不妨人为地假设 $x(t)$ 始终是 t 的连续可微函数. 这种人为的假设已经通过对许多实际问题的研究和检验, 被证实是可行的.

定义 17.2　对于任给的时刻 $t \geqslant t_0$, 种群 X 在时刻 t 在单位时间内出生 (死亡) 的成员数称为这个种群在时刻 t 的绝对出生 (死亡) 率. 而 t 时刻的绝对出生 (死亡) 率与 t 时刻的种群总数量之比称为这个种群在时刻 t 的相对出生 (死亡) 率.

定义 17.3　对于任给的时刻 $t \geqslant t_0$, 种群 X 在时刻 t 的绝对出生率与绝对死亡率之差称为种群 X 在时刻 t 的绝对增长率. 而种群 X 在时刻 t 的相对出生率与相对死亡率之差称为种群 X 在时刻 t 的相对增长率.

注意在以后的讨论中, 相对增长率我们简称为增长率. 显然地, 我们有

$$种群\ X\ 在时刻\ t\ 的绝对增长率 = \dot{x}(t), \tag{17.1}$$

而且

$$种群\ X\ 在时刻\ t\ 的相对增长率 = \frac{\dot{x}(t)}{x(t)}. \tag{17.2}$$

以下我们分别对单个种群、两个作为捕食与食饵的种群, 以及两个作为一般相互作用种群的情况进行讨论.

17.2　单种群模型

1. 增长率为常数

设增长率为常数 α. 此时根据式 (17.2), 种群数量或密度 $x = x(t)$ 应满足微分方程

$$\frac{\dot{x}(t)}{x(t)} = \alpha,$$

即

$$\dot{x}(t) = \alpha x(t).$$

设 $t = 0$ 时, 成员数为 $x(0)$, 则满足此初始条件的解为

$$x(t) = x(0)e^{\alpha t}.$$

显然, 当 $\alpha > 0$ 时, 只要 $x(0) > 0$, 就有 $\lim_{t \to +\infty} x(t) = +\infty$. 也就是说, 种群的数量或密度会无限地增长. 而当 $\alpha < 0$ 时, 我们有 $\lim_{t \to +\infty} x(t) = 0$. 这表明, 种群将最终灭亡. 而当 $\alpha = 0$ 时, 我们有 $x(t) \equiv x(0)$. 这表明, 种群的数量或密度将始终保持一个固定的值.

2. 增长率依赖于主要食物供给量

设维持该种群生存的最低食物供给量为 σ_0. 例如, 某种猫只靠捕食鼠为生. 捕食鼠首先要有机会逮到鼠, 因此维持这种猫的生存就要在它的活动范围内有一个最低的鼠的数量 σ_0. 设某种食物的供给量为 σ. 则当 $\sigma > \sigma_0$ 时增长率为正; 当 $\sigma < \sigma_0$ 时增长率为负; $\sigma = \sigma_0$ 时增长率为零.

取满足以上条件的增长率的最简单的形式

$$增长率 = \alpha(\sigma - \sigma_0) \quad (\alpha > 0).$$

于是由式 (17.2) 得到该种群的数量或密度 $x = x(t)$ 应满足的微分方程

$$\dot{x} = \alpha(\sigma - \sigma_0)x,$$

其中常数 α 与 σ_0 反映该种群的特性, 而常数 σ 与环境有关. 此方程满足 $t = 0$ 时 $x = x(0)$ 的解为

$$x(t) = x(0)e^{\alpha(\sigma - \sigma_0)t}.$$

显然

$$\lim_{t \to +\infty} x(t) = \begin{cases} 0, & \sigma < \sigma_0, \\ x(0), & \sigma = \sigma_0, \\ +\infty, & \sigma > \sigma_0. \end{cases}$$

这表示无论开始时该种群有多少数量, 当 $\sigma > \sigma_0$ 时, 种群的数量将随时间增大无限增长; 当 $\sigma = \sigma_0$ 时, 种群的数量维持不变; 而当 $\sigma < \sigma_0$ 时, 此种群将灭绝. 由此可见, 同一个物种在不同的环境里将有不同的前途.

3. 增长率与种群自身的数量有关

设种群所处的环境能容纳的该种群的数量或密度有一个极限值 η, 即当数量或密度超过 η 时增长率为负的, 而当数量或密度小于 η 时增长率可以是正的. 我们通常称 η 为该种群的容纳量. 因此, 我们可以取

$$增长率 = c(\eta - x) \quad (c > 0 为常数).$$

于是种群的数量或密度满足如下微分方程

$$\dot{x} = c(\eta - x)x \quad (c > 0, \eta > 0). \tag{17.3}$$

方程 (17.3) 通常称为单种群 Logistic 模型. 方程右端出现了非线性项: cx^2, 它反映种群内部个体之间的社会摩擦, 即种内相互竞争. 显然它的存在制约了种群的增长, 因此我们通常将这个非线性项称为密度制约项, 并把系数 c 称为密度制约系数.

显然, $x \equiv 0$ 和 $x \equiv \eta$ 都是方程 (17.3) 的解, 即平衡点. 而满足初始条件: $t = 0$ 时 $x = x(0)$ $(x(0) \neq 0, x(0) \neq \eta)$ 的解 $x(t)$ 满足

$$\ln \left| \frac{x(t)}{\eta - x} \right| = \eta c t + \ln \left| \frac{x(0)}{\eta - x(0)} \right|,$$

显然, 我们有: 当 $t \to +\infty$ 时 $x(t) \to \eta$.

我们看到, 若开始时种群的数量为 0 或 η, 则种群的数量将分别始终保持此数量. 而开始时, 不论数量是多于 η 还是少于 η, 种群的数量随着时间增大终将达到极限值 η.

4. 一般单种群自治模型

对于单种群模型可将其写为如下一般形式

$$\dot{x} = xF(x), \tag{17.4}$$

这里函数 $F(x)$ 为种群的增长率, 其特殊情形为 $F(x) = \alpha$ (常数增长率), $F(x) = c(\eta - x)$ (Logistic 增长率). 对于模型 (17.4), 我们给出如下结论.

定理 17.1　如果函数 $F(x)$ 满足下列条件

(i) 有一个正平衡点 x^*, 即存在 $x^* > 0$, 使得 $F(x^*) = 0$;

(ii) 当 $0 < x < x^*$ 时, $F(x^*) > 0$;

(iii) 当 $x > x^*$ 时, $F(x^*) < 0$,

则 $x = x^*$ 在 $x > 0$ 的范围内全局渐近稳定.

证明　考虑 Lyapunov 函数

$$V(x) = x - x^* - x^* \ln\left(\frac{x}{x^*}\right),$$

则 $V(x)$ 为定正函数. 事实上 $V(x) \geqslant 0$ 且仅当 $x = x^*$ 时, $V(x) = 0$. 此外当 $x \to 0^+$ 和 $x \to +\infty$ 时, 我们也有 $V(x) \to +\infty$. 因此, $V(x)$ 在 R_+ 上也是具有无穷大性质的. $V(x)$ 沿着模型 (17.4) 计算全导数得

$$\dot{V}(x) = (x - x^*)F(x) < 0, \quad x \neq x^*,$$

因此 $x = x^*$ 全局渐近稳定. 定理证毕.

下面是一些著名单种群模型.

例 17.1　Logistic 模型

$$\dot{x}(t) = rx\left(1 - \frac{x}{K}\right),$$

其中, r 为物种的 "内禀增长率", 它表示物种在食物和生存空间非常充足的情况下所具有的增长率, 也就是物种所能得到的最大增长率. K 为环境所能容纳的物种成员数的容纳量.

解　$F(x) = r\left(1 - \dfrac{x}{K}\right)$, $x = K$ 是正平衡点, 应用定理 17.1 可知 $x = K$ 全局渐近稳定.

例 17.2　Gilpin 和 Ayala (1973) 考虑了模型

$$\dot{x}(t) = rx\left(1 - \left(\frac{x}{K}\right)^\theta\right),$$

其中 r, K 和 θ 是正常数. r 和 K 分别为内禀增长率和容纳量.

解　模型有正平衡点 $x = K$, 这里 $F(x) = r\left(1 - \left(\dfrac{x}{K}\right)^\theta\right)$ 是单调减少函数, 当 $0 < x < K$ 时为正, 而当 $x > K$ 时为负. 由定理 17.1, 平衡点 $x = K$ 全局渐近稳定.

例 17.3　Swann 和 Vincent (1977) 考虑了模型

$$\dot{x}(t) = -\alpha x\left(\ln\left(\frac{x}{K}\right)\right),$$

其中 α 和 K 是正常数.

解　函数 $F(x) = -\alpha\left(\ln\left(\frac{x}{K}\right)\right)$ 是单调减少函数. 当 $x \to 0^+$ 时, $F(x) \to +\infty$. 正平衡点是 $x = K$. 根据理 17.1, 平衡点 $x = K$ 全局渐近稳定.

例 17.4　Schoener (1973) 考虑了模型

$$\dot{x}(t) = rx\left(\frac{I}{x} - c - bx\right),$$

其中 r, I, c 和 b 是正常数.

解　$F(x) = r\left(\frac{I}{x} - c - bx\right)$ 是严格单调减少函数, 有正平衡点

$$x^* = \frac{-c + \sqrt{c^2 + 4bI}}{2b},$$

当 $0 < x < x^*$ 时, $F(x) > 0$, 而当 $x > x^*$ 时, $F(x) < 0$. 则正平衡点 $x = x^*$ 全局渐近稳定.

17.3　捕食与食饵模型

两个相互作用的种群, 一个的地位为捕食者, 其数量或密度为 y, 另一个的地位是食物, 其数量或密度为 x.

1. Volterra 模型

设捕食者 y 的食物量是食饵的数量 x, 应用 17.2 小节 2 中的结论得到捕食者 y 满足的微分方程

$$\dot{y} = \alpha(x - \sigma_0)y,$$

其中 $\alpha > 0, \sigma_0 > 0$, 且都是常数. 我们把上述方程改写为

$$\dot{y} = (Cx - D)y \quad (C > 0, D > 0\text{为常数}). \tag{17.5}$$

在方程 (17.5) 中, D 表示捕食者 y 的死亡率, C 表示 y 消化食饵 x 的消化能力, Cx 表示单位时间内 y 消化 x 所获得的增长率.

设食饵 x 的食物是充分供给的, 因此 x 有一个稳定的出生率 A. 食饵 x 的死亡率等于单位时间内食饵 x 个体的死亡数量与 x 之比. 而单位时间内食饵 x 个

体的死亡数量应该与 x 和 y 都是成正比的, 即 Bxy. 这是因为两倍的捕食者将吃掉两倍的食饵, 食饵有两倍就使得捕食者有两倍的机会捕食到食饵. 这里系数 B 表示 y 捕食 x 的捕食能力, By 表示单位时间内 x 被 y 捕食后 x 所获得的减少率. 于是由式 (17.1) 得

$$x \text{ 的增长率} = A - \frac{Bxy}{x} = A - By.$$

从而得到食饵 x 满足的微分方程

$$\dot{x} = (A - By)x \quad (A > 0, B > 0). \tag{17.6}$$

联合方程 (17.5) 和 (17.6) 得到著名的 Volterra 的捕食-食饵方程

$$\begin{cases} \dot{x} = (A - By)x, \\ \dot{y} = (Cx - D)y, \end{cases} \tag{17.7}$$

其中 A, B, C, D 皆为正数. 我们在右上半平面 $R_+^2 = \{(x, y) : x \geqslant 0, y \geqslant 0\}$ 中讨论它的轨线的性质.

方程 (17.7) 有平衡点 $O(0,0)$ 和 $Z(\bar{x}, \bar{y})$, 这里 $\bar{x} = \dfrac{D}{C}$, $\bar{y} = \dfrac{A}{B}$. 使用线性近似的方法可以得到, O 是不稳定的平衡点, 而 Z 可能稳定或不稳定.

当 $x = 0$ 时方程 (17.7) 变为 $\dot{y} = -Dy$, 其满足初始条件 $y(t_0) = y_0$ 的解为 $y(t) = y_0 e^{-D(t-t_0)}$. 容易看出 $(x(t), y(t)) = (0, y_0 e^{-D(t-t_0)})$ 是方程 (17.7) 的解, 位于 y 轴上, 且当 $y_0 > 0$ 时有 $y(t) > 0$, $\lim_{t\to\infty} y(t) = 0$. 同理可得, $(x(t), y(t)) = (x_0 e^{A(t-t_0)}, 0)$ 也是方程 (17.7) 的解, 位于 x 轴上, 且 $x_0 > 0$ 时有 $x(t) > 0$, $\lim_{t\to\infty} x(t) = +\infty$. 这表明 x 轴和 y 轴分别都由方程 (17.7) 的轨线所组成. 因此, 方程 (17.7) 的从第一象限 (即 R_+^2) 出发的轨线将始终保持在 R_+^2 内, 不会穿过坐标轴进入其他象限, 否则将破坏解的存在唯一性. 进一步我们看到, 直线 $y = \dfrac{A}{B}$ 是铅直等倾线, $x = \dfrac{D}{C}$ 是水平等倾线. 它们将 R_+^2 分成了 4 块, 每一块中 $\dot{x}$ 和 $\dot{y}$ 的符号不变. 随着时间 t 的增加, 轨线的走向大致如图 17.1 所示.

将方程 (17.7) 中两式相除, 得方程

$$\frac{dy}{dx} = \frac{(Cx - D)y}{(A - By)x}.$$

分离变量, 求得解为

$$Cx + By - D\ln x - A\ln y = k.$$

也就是说, 方程 (17.7) 的每一条轨线沿着函数

$$H(x,y) = Cx + By - D\ln x - A\ln y$$

的等位线, 即 $H(x,y) = E$ 为某个常数. 显然, 函数 $H(x,y)$ 在 R^2 内以点 Z 为唯一的极小值点. 所以方程的每一条轨线 (除去平衡点与坐标轴之外) 都是闭轨, 由此得到 Z 是稳定但不渐近稳定的平衡点, 轨线结构如图 17.2 所示.

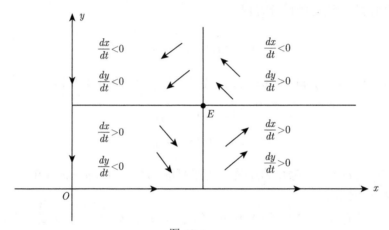

图 17.1

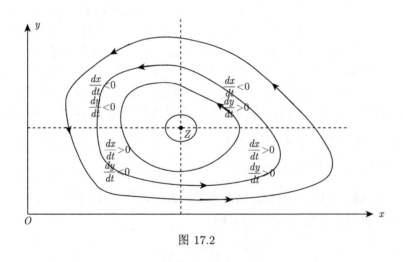

图 17.2

　　由图 17.2 可见, 如果开始时只有捕食者而没有食饵, 则初始点在 y 轴上, 结果是捕食者将灭绝. 如果从一开始没有捕食者, 则初始点在 x 轴上, 那么食饵将会无限增长. 如果开始时捕食者数量为 $\dfrac{A}{B}$, 食饵的数量为 $\dfrac{D}{C}$, 则捕食者和食饵

将永远维持在这个平衡状态. 如果开始时两个种群的数量 $(x(0), y(0))$ 有 $x(0) > 0, y(0) > 0$, 但不是 $\left(\dfrac{D}{C}, \dfrac{A}{B}\right)$, 则捕食者与食饵的数量将循环震荡, 没有一个会灭绝, 也没有一个会无限增长.

关于上述捕食与被捕食模型的建立, 还有一段有趣的历史. 1925 年, 意大利生物学家 D. Ancona 对意大利 Finme 港口大鱼 (捕食性鱼) 和小鱼 (被捕食性鱼) 捕获量百分比的周期性变化感到疑惑, 他无法用生物学的观点来解释这一现象, 于是他就求助于当时的意大利著名数学家 V. Volterra, 希望能用数学的方法解释这一现象. Volterra 建立了一个简单的微分方程模型, 圆满地解释了这一现象. 他把鱼分为两类: 一类捕食种群 y, 另一类食饵种群 x, 按它们之间相互作用的自然规律给出著名的 Volterra 捕食-食饵模型 (17.7).

2. 密度制约模型

像在 17.2 小节 3 中一样, 由于考虑种群内部的密度制约现象, 所以要增加非线性的密度制约项. 由方程 (17.7) 进而得到如下的两种群捕食-被捕食方程

$$\begin{cases} \dot{x} = (A - By - \lambda x)x, \\ \dot{y} = (Cx - D - \mu y)y, \end{cases} \tag{17.8}$$

其中 A, B, C, D, λ 和 μ 都是正常数. λx 和 μy 分别为 x 和 y 的密度制约项, λ 和 μ 为密度制约系数.

当 $x = 0$ 时方程 (17.8) 变为

$$\dot{y} = -(D + \mu y)y.$$

设其满足初始条件 $y(t_0) = y_0$ 的解为 $y(t) = y(t, t_0, y_0)$, 我们有当 $y_0 = 0$ 时 $y(t, t_0, y_0) = 0$, 而当 $y_0 > 0$ 时 $y(t, t_0, y_0) > 0$, 且 $\lim_{t \to \infty} y(t, t_0, y_0) = 0$. 显然, $(x(t), y(t)) = (0, y(t, t_0, y_0))$ 是方程 (17.8) 的解, 位于 y 轴上. 同理可得, $(x(t), y(t)) = (x(t, t_0, x_0), 0)$ 也是方程 (17.8) 的解, 位于 x 轴上, 其中 $x(t, t_0, x_0)$ 是如下方程

$$\dot{x} = (A - \lambda x)x$$

满足初始条件 $x(t_0) = x_0$ 的解, 我们有当 $x_0 = 0$ 时 $x(t, t_0, x_0) = 0$, 而当 $x_0 > 0$ 时 $x(t, t_0, x_0) > 0$, 且 $\lim_{t \to \infty} x(t, t_0, x_0) = \dfrac{A}{\lambda}$. 因此, x 轴和 y 轴分别都是方程 (17.8) 的轨线所组成, 并且方程 (17.8) 的从 R_+^2 出发的轨线将始终保持在 R_+^2 内, 不会穿过坐标轴进入其他象限.

我们看到 R_+^2 被铅直等倾线

$$L : A - By - \lambda x = 0$$

与水平等倾线

$$M : Cx - D - \mu y = 0$$

分成了几块, 每一块内 $\dot{x}$ 和 $\dot{y}$ 是不变符号的, 如图 17.3 和图 17.4 所示.

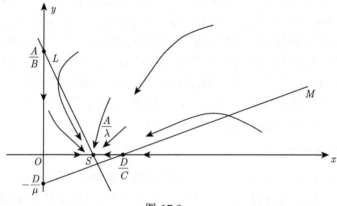

图 17.3

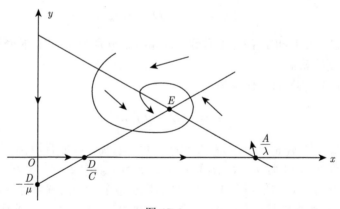

图 17.4

下面分别对两条直线在 R_+^2 内相交或不交进行讨论.

(1) L 与 M 在 R_+^2 内不交 (图 17.3), 即 $\dfrac{A}{\lambda} < \dfrac{D}{C}$.

此时平衡点有两个 $O(0,0)$ 和 $S\left(\dfrac{A}{\lambda}, 0\right)$, 且在 R_+^2 内没有正平衡点. 使用稳定性的线性近似方法不难证明, $O(0,0)$ 是不稳定的平衡点. $S\left(\dfrac{A}{\lambda}, 0\right)$ 是渐近稳定的平衡点.

为了得到 $S\left(\dfrac{A}{\lambda}, 0\right)$ 关于 R_+^2 的全局稳定性, 我们使用 Lyapunov 函数方法.

选取 Lyapunov 函数 $V(x,y)$ 如下:

$$V(x,y) = x - x^* - x^* \ln \frac{x}{x^*} + ry,$$

其中 $x^* = \dfrac{A}{\lambda}$, $r > 0$ 为待定常数. $V(x,y)$ 满足: 当 $x \to 0^+$ 和 $x \to +\infty$ 时 $V(x,y) \to +\infty$, 当 $y \to +\infty$ 时 $V(x,y) \to +\infty$, 当 $(x,y) \in R_+^2$, 且 $(x,y) \neq (x^*, 0)$ 时 $V(x,y) > 0$. 因此, $V(x,y)$ 在 R_+^2 上定正, 且具有无穷大性质. 计算 $V(x,y)$ 关于系统 (17.8) 的全导数, 我们得到

$$\begin{aligned}
\frac{dV(x,y)}{dt} &= \dot{x} - \frac{x^*}{x}\dot{x} + r\dot{y} \\
&= (x - x^*)(A - By - \lambda x) + ry(Cx - D - \mu y) \\
&= (x - x^*)(-\lambda(x - x^*) - By) + ry(C(x - x^*) - \mu y) \\
&= -\lambda(x - x^*)^2 - r\mu y^2 + (rC - \lambda)y(x - x^*).
\end{aligned}$$

选取 $r = \dfrac{\lambda}{C}$, 则我们进一步有

$$\frac{dV(x,y)}{dt} = -\lambda(x - x^*)^2 - r\mu y^2$$

是定负的. 故由全局渐近稳定定理得知, $S\left(\dfrac{A}{\lambda}, 0\right)$ 在 R_+^2 上是全局渐近稳定的.

我们看到, 初值在 y 轴上的轨线趋于原点, 初值在 R_+^2 内或 x 轴上的轨线都趋于平衡点 $\left(\dfrac{A}{\lambda}, 0\right)$. 也就是说, 不论开始时捕食者与食饵的数量各是多少, 都将以捕食者灭绝而告终, 并且若开始时食饵数量大于零, 那么食饵的最终数量将稳定在 $\dfrac{A}{\lambda}$.

(2) L 与 M 在 R^2 内相交 (图 17.4), 即 $\dfrac{D}{C} < \dfrac{A}{\lambda}$.

此时平衡点有三个: $O(0,0)$, $S\left(\dfrac{A}{\lambda}, 0\right)$ 和正平衡点 $Z(\bar{x}, \bar{y})$, 且 Z 是直线 L 与 M 的交点. 使用稳定性的线性近似方法, 我们得到: $O(0,0)$ 与 $\left(\dfrac{A}{\lambda}, 0\right)$ 是不稳定平衡点, 而 Z 是一个渐近稳定的平衡点.

为了得到 Z 在 R_+^2 上的全局稳定性, 我们使用 Lyapunov 函数方法. 选取 Lyapunov 函数如下:

$$V(x,y) = x - \bar{x} - \bar{x}\ln\frac{x}{\bar{x}} + r\left(y - \bar{y} - \bar{y}\ln\frac{y}{\bar{y}}\right),$$

其中 $r > 0$ 为待定常数. 当 $x > 0, y > 0$ 且 $(x, y) \neq (\bar{x}, \bar{y})$ 时 $V(x, y) > 0$, 当
$x \to 0^+$ 或 $x \to +\infty$ 和当 $y \to 0^+$ 或 $y \to +\infty$ 时 $V(x, y) \to +\infty$. 因此, $V(x, y)$
在 R_+^2 上定正, 且具有无穷大性质. 计算 $V(x, y)$ 关于方程 (17.8) 的全导数, 我们
得到

$$
\begin{aligned}
\frac{dV(x, y)}{dt} &= \dot{x} - \frac{\bar{x}}{x}\dot{x} + r\left(\dot{y} - \frac{\bar{y}}{y}\dot{y}\right) \\
&= (x - \bar{x})(A - By - \lambda x) + r(y - \bar{y})(Cx - D - \mu y) \\
&= -(x - \bar{x})(B(y - \bar{y}) + \lambda(x - \bar{x})) + r(y - \bar{y})(C(x - \bar{x}) - \mu(y - \bar{y})) \\
&= -\lambda(x - \bar{x})^2 - r\mu(y - \bar{y})^2 + (rC - B)(x - \bar{x})(y - \bar{y}).
\end{aligned}
$$

选取 $r = \dfrac{B}{C}$, 则我们进一步有

$$
\frac{dV(x, y)}{dt} = -\lambda(x - \bar{x})^2 - r\mu(y - \bar{y})^2
$$

是定负的. 因此, 由全局渐近稳定性定理得知, 平衡点 Z 在 R_+^2 上是全局渐近稳
定的.

为什么 $\dfrac{A}{\lambda}$ 与 $\dfrac{D}{C}$ 的相对大小会导致如此不同的结果呢? 我们回顾这些常数
的实际意义. 由式 (17.5) 看到 $\dfrac{D}{C} = \sigma_0$ 是捕食者维持生存所需的最少食物量. 而
A 是食饵的出生率, λ 是它的密度制约系数, 所以 A/λ 的大小反映了食饵的繁殖、
生存能力. $\dfrac{A}{\lambda} < \dfrac{D}{C}$ 表示捕食者维持生存所需的最少食物量相对于食饵的繁殖生
存能力而言过大, 当然它只好灭绝. 反之, 它们能共同生存下去.

17.4　一般两种群 Lotka-Volterra 模型

自从 Volterra 的研究工作被人们认识之后, 关于种群模型的研究得到了很大
的发展. 今天我们把如下模型称为两种群 Lotka-Volterra 模型

$$
\begin{cases}
\dot{x}_1 = x_1(b_1 + a_{11}x_1 + a_{12}x_2), \\
\dot{x}_2 = x_2(b_2 + a_{21}x_1 + a_{22}x_2).
\end{cases}
\tag{17.9}
$$

由参数 $a_{ij}(i = 1, 2, j = 1, 2)$ 的符号, 可以表示两种群之间的关系为:

(1) 当 $a_{12} < 0, a_{21} > 0$ 时, 两种群为捕食-被捕食关系;

(2) 当 $a_{12} < 0, a_{21} < 0$ 时, 两种群为相互竞争关系;

(3) 当 $a_{12} > 0, a_{21} > 0$ 时, 两种群为互惠共存关系.

模型 (17.9) 的非负平衡点记为 (x_1^*, x_2^*), 它为方程

$$b_i + \sum_{j=1}^{2} a_{ij}x_j^* = 0, \quad i = 1, 2$$

的解. 如果它为正平衡点, 即有 $x_1^* > 0$, $x_2^* > 0$, 作变换 $y_i = x_i - x_i^*(i = 1, 2)$ 并线性化模型 (17.9) 得到

$$\begin{cases} \dot{y}_1 = x_1^* a_{11} y_1 + x_1^* a_{12} y_2, \\ \dot{y}_2 = x_2^* a_{21} y_1 + x_2^* a_{22} y_2. \end{cases} \tag{17.10}$$

显然, 方程 (17.10) 的零解 (0,0) 渐近稳定的充要条件为

$$x_1^* a_{11} + x_2^* a_{22} < 0, \quad x_1^* x_2^* (a_{11} a_{12} - a_{12} a_{21}) > 0.$$

下面给出模型 (17.9) 全局稳定的一个定理.

定理 17.2　两种群 Lotka-Volterra 模型 (17.9) 为全局稳定的充分条件:

(i) 存在正平衡点;

(ii) 正平衡点局部渐近稳定;

(iii) $a_{11} < 0$, $a_{22} < 0$ (即两种群本身是密度制约的).

证明　由条件 (ii), $\det(A) > 0$, 这里 $A = (a_{ij})$, 又设 (x_1^*, x_2^*) 是正平衡点, 所以有

$$\begin{cases} b_1 + a_{11}x_1^* + a_{12}x_2^* = 0, \\ b_2 + a_{21}x_1^* + a_{22}x_2^* = 0. \end{cases} \tag{17.11}$$

由 (17.11) 解出 b_1, b_2, 代入 (17.9) 有

$$\begin{cases} \dot{x}_1 = x_1[a_{11}(x_1 - x_1^*) + a_{12}(x_2 - x_2^*)], \\ \dot{x}_2 = x_2[a_{21}(x_1 - x_1^*) + a_{22}(x_2 - x_2^*)]. \end{cases} \tag{17.12}$$

作 Lyapunov 函数

$$V(x) = c_1\left(x_1 - x_1^* - x_1^* \ln \frac{x_1}{x_1^*}\right) + c_2\left(x_2 - x_2^* - x_2^* \ln \frac{x_2}{x_2^*}\right),$$

这里 c_1, c_2 为待定正常数. 沿着模型 (17.9) 即沿 (17.12) 求全导数得

$$\begin{aligned} \dot{V}(x) &= c_1(x_1 - x_1^*)\frac{\dot{x}_1}{x_1} + c_2(x_2 - x_2^*)\frac{\dot{x}_2}{x_2} \\ &= c_1 a_{11}(x_1 - x_1^*)^2 + c_1 a_{12}(x_1 - x_1^*)(x_2 - x_2^*) \\ &\quad + c_2 a_{21}(x_1 - x_1^*)(x_2 - x_2^*) + c_2 a_{22}(x_2 - x_2^*)^2 \end{aligned}$$

$$= \frac{1}{2}(x - x^*)^{\mathrm{T}}(CA + A^{\mathrm{T}}C)(x - x^*), \tag{17.13}$$

这里 $C = \mathrm{diag}(c_1, c_2)$, A^{T} 为 A 的转置. 由于 $V(x)$ 在 R_+^2 上定正, 具有无穷大性质, 故由 (17.13) 我们得到模型 (17.9) 为全局稳定的充分条件是: 存在正的对角矩阵 C 使得 $CA + A^{\mathrm{T}}C$ 是定负的.

矩阵 $CA + A^{\mathrm{T}}C$ 为定负的条件是

$$c_1 a_{11} < 0, \quad c_2 a_{22} < 0; \tag{17.14}$$

$$4c_1 c_2 a_{11} a_{22} - (c_1 a_{12} + c_2 a_{21})^2 > 0. \tag{17.15}$$

由条件 (iii) 可知 (17.14) 满足. 关于 (17.15) 可分三种情况来讨论.

(a) $a_{12} a_{21} = 0$. 这时 $a_{12} = 0$ 或 $a_{21} = 0$, 或者 $a_{12} = a_{21} = 0$. 如果 $a_{12} = 0$, 则 (17.15) 变成

$$c_2(4c_1 a_{11} a_{22} - c_2 a_{21}^2) > 0. \tag{17.16}$$

显然这种情况下可选取常数 c_1 和 c_2 使得 (17.16) 成立, 因为 $a_{11} a_{22} > 0$, 只要取 c_1 适当大, c_2 适当小, 不等式 (17.16) 即可成立. 关于 $a_{21} = 0$ 或者 $a_{12} = a_{21} = 0$ 可作类似讨论.

(b) $a_{12} a_{21} > 0$. 这时 $a_{12} > 0$, $a_{21} > 0$ 或者 $a_{12} < 0$, $a_{21} < 0$, 条件 (17.15) 可写成

$$4c_1 c_2(a_{11} a_{22} - a_{12} a_{21}) - (c_1 a_{12} - c_2 a_{21})^2 > 0,$$

由于 $a_{12} a_{21} > 0$, 所以可选取常数 c_1 和 c_2 使得

$$c_1 a_{12} - c_2 a_{21} = 0,$$

再由正平衡点是局部渐近稳定的知 $a_{11} a_{22} - a_{12} a_{21} > 0$, 因此 (17.15) 成立.

(c) $a_{12} a_{21} < 0$. 由于 a_{12} 和 a_{21} 都非零并且有相反的符号, 因此可选取正数 c_1 和 c_2 使得 $c_1 a_{12} + c_2 a_{21} = 0$, 从而 (17.15) 成立. 定理证毕.

更一般地, 可考虑如下具有功能反应的捕食-被捕食模型

$$\begin{cases} \dot{x} = x(A - \lambda x) - \phi(x)y, \\ \dot{y} = (C\phi(x) - D - \mu y)y, \end{cases}$$

其中函数 $\phi(x)$ 为食饵 x 对捕食者 y 的某种功能反应, 例如防御、避难等, 以及如下 n 个种群的 Lotka-Volterra 模型

$$\dot{x}_i = x_i\left(r_i + \sum_{j=1}^n a_{ij} x_j\right), \quad i = 1, 2, \cdots, n.$$

它是描述具有 n 个物种 (可以包括动物、植物和作为营养元素的微生物) 的生态系统的数学模型. 其中, x_i 是第 i 个物种的数量 (或密度, 或某些生物量); $\dot{x}_i$ 是这个物种的绝对增长率, 而 $\dfrac{\dot{x}_i}{x_i}$ 是相对增长率; r_i 是内禀增长率; a_{ii} 表示第 i 个种群因有限的食物及环境等限制而对自身增长率的抑制 ($a_{ii} < 0$) 或互助 ($a_{ii} > 0$) 或无影响 ($a_{ii} = 0$); a_{ij} 表示种群 x_i 与 x_j 的相互作用; $a_{ij} > 0 (= 0, < 0)$ 表示第 j 个种群对第 i 个种群的生长有利 (无关、妨碍). Goh (1979) 将定理 17.2 的结果推广到一般的 n 种群的 Lotka-Volterra 模型. 关于以上模型的研究工作, 感兴趣的读者可参考相关文献.

第 18 节　传染病系统的稳定性

传染病是严重危害人类健康的一类疾病. 第一次世界大战期间, 肆虐欧洲的一场流感大流行曾导致 2000 万人死亡, 这也是促使 "一战" 结束的原因之一. 纵观历史, 对人类危害最严重的传染病有: 天花、黑死病 (学名鼠疫)、艾滋病 (AIDS)、登革热、西尼罗热、非典 (SARS)、霍乱、埃博拉、血吸虫病、禽流感、脊髓灰质炎等. 虽然科学技术的进步和医疗水平的提高有效地预防和控制了一些传染病, 但是对传染病发病机理、传播规律和防治策略的研究也日益突出. 本节我们将简要介绍怎样用常微分方程来描述传染病的流行过程.

一般地, 对传染病传播过程有直接影响的因素有: 染病者 (已经感染得病, 并且能够感染其他易感者得病的人) 的数量及其在人群中的分布, 易感者 (即容易被感染得病的健康者) 的数量, 以及疾病传播方式、传染力和免疫力, 等等. 在传染病理论研究中, 长期以来所使用的数学模型是所谓的 "仓室" (Compartment) 模型, 它是由英国科学家 Kermack 与 Mckendrick 于 1927 年创立的, 一直沿用至今. 其基本思想如下.

在建立模型时将总人口分成若干类, 通常是三类: 易感者 (Susceptibles) 类, 其数量记为 $S(t)$, 表示 t 时刻未染病但有可能被传染的人数; 染病者 (Infectives) 类, 其数量记为 $I(t)$, 表示 t 时刻已被感染成病人而且具有传染力的人数; 恢复者 (Recovered) 类, 其数量记为 $R(t)$, 表示 t 时刻恢复的病人且具有免疫能力不会马上再被传染的人数. 给出下面三个基本假设.

(1) 变量 $S(t)$, $I(t)$ 和 $R(t)$ 是连续可微的. 易感者的外部输入 (包括出生、迁移等) 为常数 Λ. 各类人口的自然死亡率为 μ.

(2) 人群中三类成员均匀分布, 传播方式为接触性传播. 单位时间内一个染病者同其他个体的接触率 (即一个染病者在单位时间内与一个易感者接触, 使其感染得病的概率) 为常数 β, 与所有 S 类成员的接触率为 βS, 单位时间内总的新生病人数为 βSI, 称之为疾病的发生率 (Incidence).

(3) 染病者的恢复率为 γ, 不考虑死亡时一个病人的平均染病期为 $\frac{1}{\gamma}$, 事实上, 由恢复率的意义可知若病人数量为 n, 则单位时间恢复的数量为 γn, 故经过 $\frac{1}{\gamma}$, 病人全部恢复. 若考虑自然死亡时, 一个病人的平均染病期为 $\frac{1}{\mu + \gamma}$.

下面我们建立两个简单的传染病模型来阐述仓室模型的基本思想和研究方法

等. 首先考虑一类 SIS 型传染病模型, 把总人口分成 S 类和 I 类, 易感者 S 被染病者 I 感染得病变成新的染病者, 染病者 I 治愈后不产生免疫能力直接成为易感者 S. SIS 模型中的相互关系由如下仓室图所示 (图 18.1).

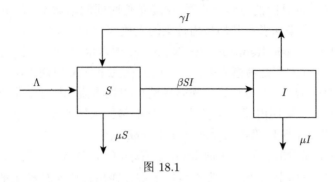

图 18.1

由图 18.1 可得到如下的微分方程

$$\begin{cases} \dfrac{dS}{dt} = \Lambda - \beta SI - \mu S + \gamma I, \\[2mm] \dfrac{dI}{dt} = \beta SI - (\mu + \gamma)I, \\[2mm] S(0) = S_0 > 0, \quad I(0) = I_0 > 0. \end{cases} \tag{18.1}$$

总人口用 $N(t) = S(t) + I(t)$ 表示, 容易得到总人口 $N(t)$ 满足微分方程

$$\frac{dN}{dt} = \Lambda - \mu N, \quad N(0) = S_0 + I_0.$$

上式蕴涵 $\lim_{t \to \infty} N(t) = \dfrac{\Lambda}{\mu}$. 因为我们将要考虑模型 (18.1) 当时间趋向于无穷时的渐近行为, 所以不妨假设 $S + I = \dfrac{\Lambda}{\mu}$, 令 $S = \dfrac{\Lambda}{\mu} - I$ 代入模型 (18.1) 可将模型 (18.1) 简化为

$$\begin{cases} \dfrac{dI}{dt} = \beta \left(\dfrac{\Lambda}{\mu} - I \right) I - (\mu + \gamma)I, \\[2mm] I(0) = I_0 > 0. \end{cases} \tag{18.2}$$

将模型 (18.2) 改写为

$$\begin{cases} \dfrac{dI}{dt} = \beta I \left(1 - \dfrac{1}{\sigma} - I \right), \\[2mm] I(0) = I_0 > 0. \end{cases} \tag{18.3}$$

其中 $\sigma = \beta\dfrac{\Lambda}{\mu}\dfrac{1}{\mu+\gamma}$. $\beta\dfrac{\Lambda}{\mu}$ 表示当总人口为 $\dfrac{\Lambda}{\mu}$, 且均为易感者时, 一个病人在单位时间内感染易感者得病的人数, $\dfrac{1}{\mu+\gamma}$ 表示染病者的平均染病期 (有时也称为病程), 因为 μ 是单位时间的自然死亡率, γ 是单位时间的治愈率. 故 σ 表示所有人都是易感者时一个染病者在其病程内传染的人数, 称为基本再生数.

基本再生数 (Basic Reproductive Number) 通常也用 R_0 表示, 它表示在传染病流行初期, 所有人都是易感者时, 一个病人在其平均染病期内所传染易感者得病的人数. 显然, $R_0 = 1$ 可作为疾病是否消亡的临界值 (阈值), 即当 $R_0 < 1$ 时, 一个病人在平均染病期内能传染易感者得病的最大人数小于 1, 于是疾病自然逐步消亡; 反之若 $R_0 > 1$, 疾病将始终存在而形成地方病.

由 (18.3) 容易看出, 当 $\sigma < 1$ 时 $\lim_{t\to\infty} I(t) = 0$; 而当 $\sigma > 1$ 时, $\lim_{t\to\infty} I(t) = 1 - \dfrac{1}{\sigma}$. 这一结论与实际情况一致: 当每个病人在病程内平均传染的人数小于 1 时, 染病者将会逐渐减少, 最终导致疾病消亡; 而当每个病人在病程内平均传染的人数大于 1 时, 染病者将会不断增加, 但不会无限地增加而是趋向于一个平衡状态从而形成地方病 (Endemic). 由此可见, $\sigma = 1$ 是一个非常重要的量, 它区分疾病是否流行, 我们称它为阈值.

接下来我们以一个经典的 SIRS 传染病模型为例介绍研究传染病模型的基本方法. SIRS 模型将总人口分为三类: 易感者 S, 染病者 I, 恢复者 R. 易感者被感染得病成为染病者, 染病者经过治愈成为恢复者, 而恢复者具有暂时免疫力, 在免疫力消失后又回到易感者. 此外, 我们也假定该传染病具有因病死亡. 给出如下的仓室图 (图 18.2).

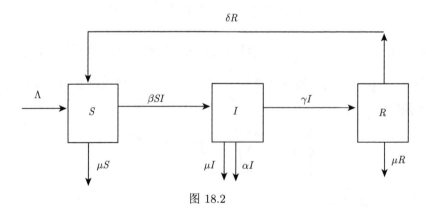

图 18.2

其中 α 是染病者的因病死亡率, δ 是恢复者的免疫丧失率. 根据传染病仓室的建模思想可得如下 SIRS 模型

$$\begin{cases} \dfrac{dS}{dt} = \Lambda - \beta SI - \mu S + \delta R, \\[2mm] \dfrac{dI}{dt} = \beta SI - (\mu + \alpha + \gamma)I, \\[2mm] \dfrac{dR}{dt} = \gamma I - (\mu + \delta)R. \end{cases} \tag{18.4}$$

为求模型 (18.4) 的平衡点, 令其右端为零, 从而求得可能存在的两个非负平衡点 $E^0(S^0, 0, 0)$ 和 $E^*(S^*, I^*, R^*)$, 其中 $S^0 = \dfrac{\Lambda}{\mu}$, $S^* = \dfrac{\mu + \alpha + \gamma}{\beta}$,

$$I^* = \frac{(\mu + \delta)[\beta\Lambda - \mu(\mu + \alpha + \gamma)]}{\beta[(\mu + \delta)(\mu + \alpha) + \mu\gamma]}, \quad R^* = \frac{\gamma[\beta\Lambda - \mu(\mu + \alpha + \gamma)]}{\beta[(\mu + \delta)(\mu + \alpha) + \mu\gamma]}. \tag{18.5}$$

上述两平衡点我们分别称为无病平衡点和地方病平衡点 (有时也称为正平衡点).
定义基本再生数

$$R_0 = \frac{\beta\Lambda}{\mu(\mu + \alpha + \gamma)} = \beta \cdot \frac{\Lambda}{\mu} \cdot \frac{1}{\mu + \alpha + \gamma}.$$

这里 $\beta\dfrac{\Lambda}{\mu}$ 表示在疾病流行初期一个病人在单位时间内感染易感者得病的人数, $\dfrac{1}{\mu + \alpha + \gamma}$ 表示染病者的平均染病期, 因为 $\mu + \alpha + \gamma$ 是单位时间的染病者的移除率.

显然, 当 $R_0 \leqslant 1$ 时, 从 (18.5) 可以看出, 模型 (18.4) 仅存在无病平衡点 E^0; 而当 $R_0 > 1$ 时, 模型 (18.4) 除存在无病平衡点 E^0 外, 还存在唯一的地方病平衡点 E^*. 上述过程说明对于大多数简单的传染病模型可通过寻找地方病平衡点的存在条件来得到相应的基本再生数表达式, 因为基本再生数能确定是否存在地方病平衡点.

下面我们讨论模型 (18.4) 的无病平衡点的稳定性. 先作一些准备工作, 令模型 (18.4) 的右端如下

$$\begin{cases} P(S, I, R) = \Lambda - \beta SI - \mu S + \delta R, \\ Q(S, I, R) = \beta SI - (\mu + \alpha + \gamma)I, \\ F(S, I, R) = \gamma I - (\mu + \delta)R. \end{cases}$$

计算相应的 Jocabian 矩阵, 得到

$$J = \begin{bmatrix} \dfrac{\partial P}{\partial S} & \dfrac{\partial P}{\partial I} & \dfrac{\partial P}{\partial R} \\[3mm] \dfrac{\partial Q}{\partial S} & \dfrac{\partial Q}{\partial I} & \dfrac{\partial Q}{\partial R} \\[3mm] \dfrac{\partial F}{\partial S} & \dfrac{\partial F}{\partial I} & \dfrac{\partial F}{\partial R} \end{bmatrix}$$

$$= \begin{bmatrix} -(\mu + \beta I) & -\beta S & \delta \\ \beta I & \beta S - (\mu + \alpha + \gamma) & 0 \\ 0 & \gamma & -(\mu + \delta) \end{bmatrix}. \qquad (18.6)$$

关于个平衡点的稳定性, 我们有下面的结论.

定理 18.1 当 $R_0 \leqslant 1$ 时, 模型 (18.4) 的无病平衡点 E^0 全局渐近稳定; 当 $R_0 > 1$ 时, 无病平衡点不稳定, 地方病平衡点 E^* 局部渐近稳定.

证明 对于每个平衡点, 我们采用第 14 节中的线性近似方法, 将平衡点代入 Jocabian 矩阵 (18.6) 即可得到模型 (18.4) 在该平衡点处的线性近似系统的系数矩阵. 首先考虑无病平衡点的稳定性. 在无病平衡点 E^0 处, 模型 (18.4) 的线性近似系统的系数矩阵为

$$J(E^0) = \begin{bmatrix} -\mu & -\beta \dfrac{\Lambda}{\mu} & \delta \\ 0 & \beta \dfrac{\Lambda}{\mu} - (\mu + \alpha + \gamma) & 0 \\ 0 & \gamma & -(\mu + \delta) \end{bmatrix},$$

特征方程为

$$(\lambda + \mu)\left(\lambda - \beta \frac{\Lambda}{\mu} + (\mu + \alpha + \gamma)\right)(\lambda + \mu) = 0,$$

特征根为

$$\lambda_1 = -\mu < 0, \quad \lambda_2 = \beta \frac{\Lambda}{\mu} - (\mu + \alpha + \gamma), \quad \lambda_3 = -(\mu + \delta) < 0.$$

所以, 当 $R_0 < 1$ 时 $\lambda_2 < 0$, 无病平衡点局部渐近稳定. 当 $R_0 > 1$ 时 $\lambda_2 > 0$, 无病平衡点不稳定.

接下来, 我们考虑无病平衡点的全局稳定性. 令

$$\Omega = \left\{ (S, I, R) : S, I, R \geqslant 0, S + I + R \leqslant \frac{\Lambda}{\mu} \right\}.$$

由

$$\frac{d}{dt}(S + I + R) \leqslant \Lambda - \mu(S + I + R)$$

得知 Ω 是模型 (18.4) 的正向不变集和全局吸引子. 选取 Lyapunov 函数

$$V(S, I, R) = I(t),$$

则 $V(t)$ 关于模型 (18.4) 求全导数得到

$$\dot{V}(S, I, R) = [\beta S - (\mu + \alpha + \gamma)]I \leqslant I\left[\beta \frac{\Lambda}{\mu} - (\mu + \alpha + \gamma)\right].$$

显然当 $R_0 \leqslant 1$ 时 $\dot{V}(S, I, R) \leqslant 0$, 所以由定义 9.3 可知 $V(S, I, R)$ 是模型 (18.4) 在 Ω 上的 Lyapunov 函数, 且 $M = \{(S, I, R) \in \Omega : \dot{V}(S, I, R) = 0\} = \{(S, I, R) \in \Omega : I = 0\}$. 可以推出, 在集合 M 中模型 (18.4) 除了 $\{E^0\}$ 外不含其他任何正半轨线. 则当 $R_0 \leqslant 1$ 时 E^0 全局渐近稳定.

最后, 我们考虑模型 (18.4) 的地方病平衡点的稳定性. 在平衡点 E^* 处, 模型 (18.4) 的线性近似系统的系数矩阵为

$$J(E^*) = \begin{bmatrix} -(\mu + \beta I^*) & -(\mu + \alpha + \gamma) & \delta \\ \beta I^* & 0 & 0 \\ 0 & \gamma & -(\mu + \delta) \end{bmatrix},$$

特征方程为

$$\lambda^3 + a_1 \lambda^2 + a_2 \lambda + a_3 = 0,$$

其中

$$a_1 = 2\mu + \delta + \beta I^*,$$
$$a_2 = \beta I^*(\mu + \alpha + \gamma) + (\mu + \delta)(\mu + \beta I^*),$$
$$a_3 = \beta I^*(\mu + \alpha + \gamma)(\mu + \delta) - \beta I^* \delta \gamma.$$

由多项式 Hurwitz 准则, 只需验证如下条件

$$H_1 = a_1 > 0, \quad H_2 = \begin{vmatrix} a_1 & 1 \\ a_3 & a_2 \end{vmatrix} > 0, \quad H_3 = a_3 H_2 > 0.$$

显然 $a_1 > 0$ 且 $a_3 > 0$. 故只需证明 $H_2 > 0$. 事实上,

$$\begin{aligned} H_2 &= a_1 a_2 - a_3 \\ &= (2\mu + \delta + \beta I^*)[\beta I^*(\mu + \alpha + \gamma) \\ &\quad + (\mu + \delta)(\mu + \beta I^*)] - \beta I^*(\mu + \alpha + \gamma)(\mu + \delta) + \beta I^* \delta \gamma \\ &> (\mu + \delta)\beta I^*(\mu + \alpha + \gamma) - \beta I^*(\mu + \alpha + \gamma)(\mu + \delta) = 0. \end{aligned}$$

从而所有的特征根都具有负实部, 所以地方病平衡点 E^* 局部渐近稳定. 定理证毕.

下面讨论地方病平衡点的全局稳定性. 我们这里只考虑一个特殊情形, 即 $\delta = 0$. 则模型 (18.4) 成为一个 SIR 模型. 其地方病平衡点的全局稳定性可以用 Lyapunov 函数给予解决. 事实上, 对模型 (18.4) 作如下变换

$$S = S^*(1 + x), \quad I = I^*(1 + y), \quad R = R^*(1 + z).$$

则模型 (18.4) 变为

$$\begin{cases} \dfrac{dx}{dt} = -\beta I^* \left[\left(1 + \dfrac{\mu}{\beta I^*}\right) x + y + xy \right], \\ \dfrac{dy}{dt} = \beta S^* x (1 + y), \\ \dfrac{dz}{dt} = \mu(y - z). \end{cases} \tag{18.7}$$

相应的区域 Ω 变为

$$\Gamma = \left\{ (x, y, z) : x, y, z \geqslant -1, S^*(1 + x) + I^*(1 + y) + R^*(1 + z) \leqslant \dfrac{\Lambda}{\mu} \right\},$$

而平衡点 E^* 变为 $(0, 0, 0)$. 构造 Lyapunov 函数

$$W(x, y, z) = \dfrac{x^2}{2\beta I^*} + \dfrac{1}{\beta S^*} [y - \ln(1 + y)],$$

$W(x, y, z)$ 沿方程 (18.7) 求全导数得到

$$\dot{W}(x, y, z) = -x^2 \left(\dfrac{\mu}{\beta I^*} + 1 + y \right) \leqslant 0,$$

集合 $T = \{(x, y, z) \in \Gamma : \dot{W} = 0\} = \{(x, y, z) \in \Gamma : x = 0\}$ 中除了 $(0, 0, 0)$ 外不含其他整条积分曲线, 因此方程 (18.7) 的平衡点 $(0, 0, 0)$ 全局渐近稳定. 即当 $\delta = 0$ 时模型 (18.4) 的地方病平衡点全局渐近稳定.

此外, 对于模型 (18.4) 来说, 当 $\alpha = 0$ 时的全局稳定性可根据极限方程理论和平面定性理论中 Dulac 函数方法给予解决. 有兴趣的读者可查阅相关文献.

本节中我们只考虑了两个比较简单的传染病模型, 旨在介绍传染病数学模型理论方面一些基本术语和基本的研究方法. 对于传染病数学模型的研究, 目前已经有了非常大的发展, 特别是数学模型的类型可以说是成百上千. 就常微分方程模型来说, 如果进一步考虑传染病的潜伏期、传染病的隔离、垂直传染、预防接种等因素, 则可以建立一系列不同的常微分方程模型. 此外, 疾病发生率对于不同的传染病, 甚至是同一个传染病在不同环境中也会发生改变, 除了双线性发生率 βSI, 也可以有标准发生率 $\beta \dfrac{SI}{N}$ 和非线性发生率 $\beta f(S, I, R)$ 等形式. 这里我们举一个例子, 考虑具有潜伏期和标准发生率的 SEIRS 型传染病模型, 其仓室图如下 (图 18.3).

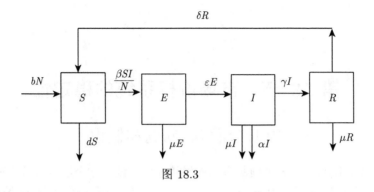

图 18.3

根据这个仓室图 (图 18.3), 我们可以建立如下常微分方程模型

$$
\begin{cases}
\dfrac{dS}{dt} = bN - \beta \dfrac{S}{N} I - dS + \delta R, \\[2mm]
\dfrac{dE}{dt} = \beta \dfrac{S}{N} I - (\mu + \varepsilon) E, \\[2mm]
\dfrac{dI}{dt} = \varepsilon E - (\mu + \alpha + \gamma) I, \\[2mm]
\dfrac{dR}{dt} = \gamma I - (\mu + \delta) R.
\end{cases}
\tag{18.8}
$$

感兴趣的读者可采用本节的方法, 并使用本书给出的各类稳定性的判定准则, 得到模型 (18.8) 的无病平衡点和地方病平衡点的局部和全局稳定性的判别准则.

第 19 节　市场价格系统的稳定性

19.1　模型、问题和假设

在本节中我们考虑一个商品市场的经济系统. 设在这个经济系统中有 n 种商品进行交易, 它们分别记为 $x_1, x_2, \cdots, x_n$. 进一步, 设在时刻 t 这 n 种商品的交易价格分别为 $p_1(t), p_2(t), \cdots, p_n(t)$.

对每个商品 x_i, $i \in \{1, 2, \cdots, n\}$, 设 x_i 在 t 时刻的需求和供给分别为 $D_i(t)$, $S_i(t)$. 根据市场经济理论, 我们可以假设 $D_i(t)$ 和 $S_i(t)$ 分别由商品的价格 $p_1(t)$, $p_2(t), \cdots, p_n(t)$ 所决定, 即 $D_i(t)$ 和 $S_i(t)$ 都是 $p_1(t), p_2(t), \cdots, p_n(t)$ 的函数

$$D_i(t) = D_i(p_1(t), p_2(t), \cdots, p_n(t)) = D_i(p(t))$$

和

$$S_i(t) = S_i(p_1(t), p_2(t), \cdots, p_n(t)) = S_i(p(t)),$$

这里 $p(t) = (p_1(t), p_2(t), \cdots, p_n(t))$ 称为价格向量函数.

当 $D_i(t) > S_i(t)$ 时, 表明在 t 时刻市场上商品 x_i 的需求将大于供给, 于是我们可以肯定, 此时商品 x_i 的价格将是上涨的, 即 $\dfrac{dp_i(t)}{dt} > 0$. 根据市场经济理论, 我们能够假设 $\dfrac{dp_i(t)}{dt}$ 的大小与需求与供给的差额 $D_i(t) - S_i(t)$ 成正比, 即

$$\frac{dp_i(t)}{dt} = k_i(D_i(t) - S_i(t)) = k_i(D_i(p(t)) - S_i(p(t))).$$

类似地, 当 $D_i(t) < S_i(t)$ 时, 我们也有公式

$$\frac{dp_i(t)}{dt} = k_i(D_i(t) - S_i(t)) = k_i(D_i(p(t)) - S_i(p(t))),$$

其中比例系数 $k_i > 0$.

根据上述分析, 我们看到在具有 n 种商品的市场经济系统中, 每个商品的价格 $p_i(t)$ 的变化规律将由下面常微分方程组所确定

$$\frac{dp_i(t)}{dt} = k_i(D_i(p(t)) - S_i(p(t))), \quad i = 1, 2, \cdots, n. \tag{19.1}$$

为此我们有下面的定义.

定义 19.1　我们称方程组 (19.1) 为描述具有 n 种商品的市场经济系统中的商品价格变化规律的数学模型.

为了今后书写方便, 我们令 $H_i(p(t)) = D_i(p(t)) - S_i(p(t))$, 于是模型 (19.1) 将写成

$$\frac{dp_i(t)}{dt} = k_i H_i(p(t)), \quad i = 1, 2, \cdots, n. \tag{19.2}$$

在模型 (19.2) 中, 我们假设存在一个常数向量 $p = p_0 = (p_{10}, p_{20}, \cdots, p_{n0})$, 且 $p_{i0} > 0 (i = 1, 2, \cdots, n)$, 使得 $H_i(p_0) = 0$, 即 $D_i(p_0) = S_i(p_0) (i = 1, 2, \cdots, n)$. 于是 $p = p_0$ 是模型 (19.2) 的常数解, 并且根据解的存在唯一性得知 $p = p_0$ 也是模型 (19.2) 满足初始条件 $p(t_0) = p_0$ 的唯一解. 因此我们看到, 当市场中 n 个商品的价格 p 在初始时刻 $t = t_0$ 取常数价格 p_0 时, 则在整个商品交易过程中这 n 个商品的价格始终为 $p = p_0$, 而且在整个 $t \geqslant t_0$ 的交易过程中这 n 个商品的供应和需求将始终保持平衡状态, 即 $D_i(p_0) = S_i(p_0) (i = 1, 2, \cdots, n)$. 为此我们有如下定义.

定义 19.2　我们把满足方程组 $H_i(p_0) = 0 (i = 1, 2, \cdots, n)$ 的常数价格向量 $p_0 = (p_{10}, p_{20}, \cdots, p_{n0})$, 且 $p_{i0} > 0 (i = 1, 2, \cdots, n)$, 称为模型 (19.2) 的均衡价格.

设 $p = p(t) = (p_1(t), p_2(t), \cdots, p_n(t))$ 是模型 (19.2) 的任何一个正解, 即 $p_i(t) > 0 (i = 1, 2, \cdots, n)$ 对一切 $t \geqslant t_0$. 如果在初始时刻 $t = t_0$ 时我们有 $p(t_0) \neq p_0$, 这里 p_0 为模型 (19.2) 的均衡价格, 则根据解的存在唯一性可得知 $p(t) \neq p_0$ 对一切 $t \geqslant t_0$. 于是我们有 $\dfrac{dp(t)}{dt} \neq 0$, 即

$$\frac{dp_i(t)}{dt} = k_i(D_i(p(t)) - S_i(p(t))) \neq 0 \quad (i = 1, 2, \cdots, n) \quad 对一切 \quad t \geqslant t_0.$$

从而

$$D_i(p(t)) - S_i(p(t)) \neq 0 \quad (i = 1, 2, \cdots, n)$$

对一切 $t \geqslant t_0$. 这表明 n 个商品的价格如果在初始时刻 $t = t_0$ 不是均衡价格 p_0, 则在 $t \geqslant t_0$ 以后的商品交易中它们的价格 $p(t)$ 将始终不能达到均衡价格, 即 $p(t) \neq p_0$. 而且这 n 个商品的供应和需求在整个 $t \geqslant t_0$ 的交易过程中也将始终不能达到平衡的状态, 即 $D_i(p(t)) \neq S_i(p(t))$. 为此我们有如下定义.

定义 19.3　设 $p = p(t)$ 是模型 (19.2) 的某一个正解, 且 $p(t_0) \neq p_0$, 这里 p_0 是模型 (19.2) 的均衡价格, 我们称 $p(t)$ 是模型 (19.2) 的一个非均衡价格函数.

关于模型 (19.2) 的均衡价格 p_0 和非均衡价格函数 $p(t)$, 我们有下面的两个非常重要的而且也是非常基本的问题.

问题 19.1 在什么情况下, 模型 (19.2) 一定存在一个均衡价格 $p = p_0$, 这就是市场经济系统中均衡价格的存在性问题. 这是商品市场经济系统的一个基本问题.

问题 19.2 在什么情况下, 模型 (19.2) 的每个非均衡价格函数 $p(t)$ 在 $t \to \infty$ 时, 一定趋向于均衡价格 p_0, 即 $\lim_{t\to\infty} p(t) = p_0$. 这就是市场经济系统中的均衡价格 $p = p_0$ 的稳定性问题. 这是商品市场经济系统中的又一个基本问题.

在本节中我们的主要任务就是讨论上述两个基本问题. 我们将引入一系列条件, 在这一系列条件下我们将证明模型 (19.2) 一定存在均衡价格 p_0, 并且所有非均衡价格函数 $p(t)$ 在 $t \to \infty$ 时一定趋向于均衡价格 p_0, 即 $\lim_{t\to\infty} p(t) = p_0$.

为了研究上面提出的两个重要问题, 我们对模型 (19.2) 引入下面的一系列假设. 设 $R_+^n = \{p = (p_1, p_2, \cdots, p_n) : p_i \geqslant 0, i = 1, 2, \cdots, n\}$.

(H_1) 需求函数 $D_i(p)$ 和供给函数 $S_i(p)(i = 1, 2, \cdots, n)$ 都在 R_+^n 上连续可微.

(H_2) $H_i(p)|_{p_i=0} = (D_i(p) - S_i(p))|_{p_i=0} > 0$ 对一切 $p_j \geqslant 0$ $j = 1, 2, \cdots, n, j \neq i$.

(H_3) 存在常数 $r_i > 0(i = 1, 2, \cdots, n)$ 使得对每个 $i = 1, 2, \cdots, n$ 都有

$$r_i \frac{\partial H_i}{\partial p_i}(p) + \sum_{j \neq i}^n r_j \left| \frac{\partial H_i}{\partial p_j}(p) \right| < 0 \quad \text{对一切} \quad p \in R_+^n.$$

(H_4) 存在常数 $r_i > 0(i = 1, 2, \cdots, n)$, 使得对每个 $i = 1, 2, \cdots, n$ 均有

$$r_i \frac{\partial H_i}{\partial p_i}(p) + \sum_{j \neq i}^n r_j \left| \frac{\partial H_j}{\partial p_i}(p) \right| < 0 \quad \text{对一切} \quad p \in R_+^n.$$

在上述假设中, 假设 (H_1) 是基本的. 假设 (H_2) 是为了保证具有正初始条件的模型 (19.2) 的解 $p = p(t)(p(t_0) > 0)$ 在 $t \geqslant t_0$ 上始终保持正的. 假设 (H_2) 的经济学意义是在具有 n 种商品的市场经济系统中, 当某个商品的价格非常低, 并且接近于零时, 则不论其他商品的价格如何, 这个商品的需求量始终大于它的供应量. 假设 (H_3)—(H_4) 将分别帮助我们解决上面提出的两个重要问题, 即得到模型 (19.2) 的均衡价格 p_0 的存在性, 以及任何非均衡价格函数 $p = p(t)$ 在 $t \to \infty$ 时趋向于均衡价格 p_0. 假设 (H_3) 的经济意义为在具有 n 种商品的市场经济系统中, 第 i 种商品价格的变化对其自身供应与需求量的影响将大于其他商品价格变化对第 i 种商品供应与需求的影响. 假设 (H_4) 的经济意义是在具有 n 种商品的市场经济系统中, 第 i 种商品价格的变化对其自身供求量的影响将大于第 i 种商品价格变化对其他商品供求量的影响.

19.2　预 备 引 理

首先我们得到关于模型 (19.2) 的非均衡价格函数 $p(t)$ 的非负性的结论.

引理 19.1　如果假设 (H_2) 成立, 则对模型 (19.2) 的任何非均衡价格函数 $p(t)$ 只要初始值 $p(t_0) \geqslant 0$, 则 $p(t) \geqslant 0$ 对一切 $t \geqslant t_0$.

证明　事实上, 对任何 $i \in \{1, 2, \cdots, n\}$, 当 $p_i(t_0) > 0$ 时, 根据 $p(t)$ 的连续性, 如果存在 $t_1 > t_0$, 使得 $p_1(t_1) = 0$, 则一定存在 $t^* \in (t_0, t_1]$, 使得 $p_i(t^*) = 0$ 和 $p_i(t) > 0$ 对一切 $t \in [t_0, t^*)$. 于是 $\dfrac{dp_i(t^*)}{dt} \leqslant 0$. 但是根据假设 (H_2) 我们有

$$
\begin{aligned}
\frac{dp_i(t^*)}{dt} &= k_i H_i(p_1(t^*), p_2(t^*), \cdots, p_i(t^*), \cdots, p_n(t^*)) \\
&= k_i H_i(p_1(t^*), p_2(t^*), \cdots, 0, \cdots, p_n(t^*)) > 0.
\end{aligned}
$$

这是一个矛盾. 故 $p_i(t) > 0$ 对一切 $t > t_0$. 当 $p_i(t_0) = 0$ 时, 根据假设 (H_2) 得知

$$
\frac{dp_i(t_0)}{dt} = k_i H_i(p_1(t_0), \cdots, 0, \cdots, p_n(t_0)) > 0,
$$

于是存在一个 $t_1 > t_0$, 当 $t \in (t_0, t_1]$ 时有 $p_i(t) > 0$. 采用上面关于 $p_i(t_0) > 0$ 情形的类似证明, 我们不难得到 $p_i(t) > 0$ 对一切 $t > t_0$. 于是 $p(t) > 0$ 对一切 $t > t_0$. 引理证毕.

引理 19.2　设 $h_i(t), i = 1, 2, \cdots, n$ 是定义于区间 I 上的 n 个可微函数. 令 $V(t) = \max\limits_{1 \leqslant i \leqslant n} \{h_i(t)\}$. 则对任何 $t \in I$, Dini 右上导数 $D^+V(t)$ 存在, 并且存在一个 $j \in \{1, 2, \cdots, n\}$ 使得 $V(t) = h_j(t)$ 和 $D^+V(t) = \dfrac{dh_j(t)}{dt}$.

证明　我们只对 $n = 3$ 情形给出证明, 其他情形类似可证. 对任何 $t \in I$, 不妨设 $h_1(t) \geqslant h_2(t) \geqslant h_3(t)$. 对任何 $s > 0$, 由微分公式我们得到

$$
h_i(t+s) = h_i(t) + h_i'(t)s + o_i(s), \quad i = 1, 2, 3, \tag{19.3}
$$

其中 $o_i(s)$ 是 $s \to 0$ 时的高阶无穷小. 我们可以分下面三种情形进行证明.

(1) $h_1(t) > h_2(t) \geqslant h_3(t)$. 则由连续性我们得到, 存在充分小 $\delta > 0$, 当 $0 < s < \delta$ 时有 $h_1(t+s) > \max\{h_2(t+s), h_3(t+s)\}$, 于是 $V(t+s) = h_1(t+s)$, 并且 $V(t) = h_1(t)$. 因此

$$
D_+V(t) = \limsup_{s \to 0^+} \frac{1}{s}[h_1(t+s) - h_1(t)] = h_1'(t).
$$

(2) $h_1(t) = h_2(t) > h_3(t)$. 考虑导数 $h_i'(t)$, $i = 1, 2$, 不妨设 $h_2'(t) \geqslant h_1'(t)$. 若 $h_2'(t) > h_1'(t)$, 则从连续性和 (19.3) 我们能得到, 存在充分小的 $\delta > 0$, 当

$0 < s < \delta$ 时有 $h_2(t+s) > h_1(t+s) > h_3(t+s)$, 于是 $V(t+s) = h_2(t+s)$, 并且 $V(t) = h_2(t)$. 因此

$$D_+V(t) = \limsup_{s \to 0^+} \frac{1}{s}[h_2(t+s) - h_2(t)] = h_2'(t).$$

若 $h_2'(t) = h_1'(t)$, 由连续性我们能得到, 存在充分小的 $\delta > 0$, 当 $0 < s < \delta$ 时有 $V(t+s) = \max\{h_1(t+s), h_2(t+s)\}$, 进一步由 (19.3) 得到 $V(t+s) = h_2(t) + h_2'(t)s + \max\{o_1(s), o_2(s)\}$, 并且 $V(t) = h_2(t)$. 因此

$$D_+V(t) = \limsup_{s \to 0^+} \frac{1}{s}[h_2'(t)s + \max\{o_1(s), o_2(s)\}] = h_2'(t).$$

(3) $h_1(t) = h_2(t) = h_3(t)$. 考虑导数 $h_i'(t), i = 1, 2, 3$, 不妨设 $h_3'(t) \geqslant h_2'(t) \geqslant h_1'(t)$. 若 $h_3'(t) > h_2'(t) \geqslant h_1'(t)$, 则从 (19.3) 我们能得到, 存在充分小 $\delta > 0$, 当 $0 < s < \delta$ 时有 $h_3(t+s) > \max\{h_1(t+s), h_2(t+s)\}$, 于是 $V(t+s) = h_3(t+s)$, 并且 $V(t) = h_3(t)$. 因此

$$D_+V(t) = \limsup_{s \to 0^+} \frac{1}{s}[h_3(t+s) - h_3(t)] = h_3'(t).$$

若 $h_3'(t) = h_2'(t) > h_1'(t)$, 则从 (19.3) 我们能得到, 存在充分小的 $\delta > 0$, 当 $0 < s < \delta$ 时有 $h_3(t+s) > h_1(t+s)$ 和 $h_2(t+s) > h_1(t+s)$, 于是 $V(t+s) = \max\{h_2(t+s), h_3(t+s)\} = h_2(t) + h_2'(t)s + \max\{o_2(s), o_3(s)\}$, 并且 $V(t) = h_2(t)$. 因此

$$D_+V(t) = \limsup_{s \to 0^+} \frac{1}{s}[h_2'(t)s + \max\{o_2(s), o_3(s)\}] = h_2'(t).$$

若 $h_3'(t) = h_2'(t) = h_1'(t)$, 则从 (19.3) 我们能得到, 存在充分小的 $\delta > 0$, 当 $0 < s < \delta$ 时有 $V(t+s) = h_1(t) + h_1'(t)s + \max\{o_1(s), o_2(s), o_3(s)\}$, 并且 $V(t) = h_1(t)$. 因此

$$D_+V(t) = \limsup_{s \to 0^+} \frac{1}{s}[h_1'(t)s + \max\{o_1(s), o_2(s), o_3(s)\}] = h_1'(t).$$

由此我们最终证明, 对任何 $t \in I$, Dini 右上导数 $D^+V(t)$ 存在, 并且存在一个 $j \in \{1, 2, \cdots, n\}$ 使得 $V(t) = h_j(t)$ 和 $D^+V(t) = \dfrac{dh_j(t)}{dt}$. 引理证毕.

19.3　主要结论

关于模型 (19.2) 的均衡价格 p_0 的存在性和全局稳定性问题, 我们有如下两个主要结论.

定理 19.1　如果假设 (H₁)—(H₃) 成立, 则模型 (19.2) 一定存在唯一的全局渐近稳定的均衡价格 p_0.

证明　我们分三部分证明此定理. 设常数

$$\sigma = -\inf\left\{ r_i\frac{\partial H_i}{\partial p_i}(p) + \sum_{j\neq i}^{n} r_j\left|\frac{\partial H_i}{\partial p_j}(p)\right| : p \in R_+^n, i = 1, 2, \cdots, n \right\}.$$

首先证明模型 (19.2) 的任何正解的有界性. 我们采用 Lyapunov 函数方法. 设 $p(t) = (p_1(t), p_2(t), \cdots, p_n(t))$ 是模型 (19.2) 的任何一个正解, 且 $p(t_0) \geqslant 0$. 由引理 19.1 得知 $p(t) > 0$ 对一切 $t > t_0$. 选取 Lyapunov 函数如下:

$$V(t) = \max_{1\leqslant i\leqslant n}\left\{ \frac{p_i(t)}{r_i} \right\}.$$

对任何 $t \geqslant t_0$, 计算 $V(t)$ 在 t 时刻的 Dini 导数, 由引理 19.2 和微分中值定理我们能得到, 存在一个 $i = i(t)$, 使得 $V(t) = \dfrac{p_i(t)}{r_i}$ 和

$$
\begin{aligned}
D^+V(t) &= \frac{1}{r_i}\frac{dp_i(t)}{dt} \\
&= \frac{H_i(p_1(t), p_2(t), \cdots, p_n(t))k_i}{r_i} \\
&= \frac{H_i(p_1(t), p_2(t), \cdots, p_n(t))k_i}{r_i} - \frac{H_i(0, \cdots, 0)k_i}{r_i} + \frac{H_i(0, \cdots, 0)k_i}{r_i} \\
&= \frac{\left[\dfrac{\partial H_i}{\partial p_1}(\xi(t))p_1(t) + \dfrac{\partial H_i}{\partial p_2}(\xi(t))p_2(t) + \cdots + \dfrac{\partial H_i}{\partial p_n}(\xi(t))p_n(t)\right]k_i}{r_i} \\
&\quad + \frac{H_i(0, \cdots, 0)k_i}{r_i} \\
&\leqslant \frac{\left[\dfrac{\partial H_i}{\partial p_i}(\xi(t))p_i(t) + \displaystyle\sum_{j\neq i}^{n}\left[\left|\dfrac{\partial H_i}{\partial p_j}(\xi(t))\right|p_j(t)\right]k_i\right]}{r_i} + \frac{H_i(0)k_i}{r_i},
\end{aligned}
$$

这里 $\xi(t) = (\xi_1(t), \xi_2(t), \cdots, \xi_n(t))$, 并且每个 $\xi_i(t)$ 位于 0 和 $p_i(t)$ 之间. 由于对任何 $j = 1, 2, \cdots, n$, 我们有 $\dfrac{p_j(t)}{r_j} \leqslant \dfrac{p_i(t)}{r_i}$. 因此

$$
\begin{aligned}
D^+V(t) &\leqslant \frac{k_i}{r_i}\left[\frac{\partial H_i}{\partial p_i}(\xi)p_i(t) + \sum_{j\neq i}^{n}\left[\left|\frac{\partial H_i}{\partial p_j}(\xi)\frac{r_j}{r_i}p_i(t)\right|\right]\right] + \frac{H_i(0)k_i}{r_i} \\
&= \frac{k_i}{r_i^2}\left[r_i\frac{\partial H_i}{\partial p_i}(\xi) + \sum_{j\neq i}^{n} r_j\left|\frac{\partial H_i}{\partial p_j}(\xi)\right|\right]p_i(t) + \frac{H_i(0)k_i}{r_i}
\end{aligned}
$$

$$\leqslant -\sigma \min_{1\leqslant i\leqslant n}\left\{\frac{k_i}{r_i^2}\right\}V(t) + \max_{1\leqslant i\leqslant n}\left\{\frac{k_i H_i(0)}{r_i}\right\}.$$

显然, 存在常数 $K > 0$, 当 $t \geqslant t_0$ 和 $|p(t)| = \max_{1\leqslant i\leqslant n}\{p_i(t)\} \geqslant K$ 时, 我们有:
$D^+V(t) < 0$ 是定负的. 进一步由于 $V(t) = \max_{1\leqslant i\leqslant n}\left\{\dfrac{p_i(t)}{r_i}\right\}$ 在 $t \geqslant t_0$ 和 $p(t) \in R_+^n$
上是定正的, 并且具有无穷小上界和无穷大性质. 因此根据定理 11.6 得知, 模型
(19.2) 的所有解是一致有界的和一致最终有界的.

其次证明均衡价格 p_0 的存在性. 由于对任何常数 $T > 0$, 模型 (19.2) 也是 T-
周期的模型. 因此直接应用第 11 节中的周期解存在性定理 (定理 11.5) 得知, 模型
(19.2) 一定存在 T-周期的解 $p_T(t)$. 现在证明 $p_T(t)$ 对任何 $T > 0$ 是唯一的, 即对
任何 $T_1 \neq T_2$, 都有 $p_{T_1}(t) = p_{T_2}(t)$ 对一切 $t \in R$. 用反证法, 假设 $p_{T_1}(t) \neq p_{T_2}(t)$.
进一步设 $p_{T_1}(t) = (x_1(t), x_2(t), \cdots, x_n(t))$ 和 $p_{T_2}(t) = (y_1(t), y_2(t), \cdots, y_n(t))$.
我们构造函数

$$U(t) = \max_{1\leqslant i\leqslant n}\left\{\frac{|x_i(t) - y_i(t)|}{r_i}\right\}, \quad t \in R.$$

由于 $p_{T_1}(t)$ 和 $p_{T_2}(t)$ 是不相同的周期函数, 故当 $t \to \infty$ 时, $U(t)$ 不趋近于 0. 对
于任何 $t \geqslant 0$ 计算 $U(t)$ 在 t 时刻的 Dini 导数. 由引理 19.2, 存在一个 $i = i(t) \in$
$\{1, 2, \cdots, n\}$ 使得

$$U(t) = \frac{|x_i(t) - y_i(t)|}{r_i}$$

和

$$D^+U(t) = \begin{cases} \dfrac{x_i(t) - y_i(t)}{|x_i(t) - y_i(t)|} \cdot \dfrac{x_i'(t) - y_i'(t)}{r_i}, & x_i(t) - y_i(t) \neq 0, \\[2mm] \dfrac{x_i'(t) - y_i'(t)}{r_i}, & x_i(t) - y_i(t) = 0, \ x_i'(t) - y_i'(t) > 0, \\[2mm] \dfrac{-(x_i'(t) - y_i'(t))}{r_i}, & x_i(t) - y_i(t) = 0, \ x_i'(t) - y_i'(t) < 0, \\[2mm] 0, & x_i(t) - y_i(t) = x_i'(t) - y_i'(t) = 0. \end{cases}$$

根据微分中值定理我们进一步有

$$\begin{aligned} x_i'(t) - y_i'(t) &= k_i(H_i(p_{T_1}(t)) - H_i(p_{T_2}(t))) \\ &= k_i(H_i(x_1(t), x_2(t), \cdots, x_n(t)) - H_i(y_1(t), y_2(t), \cdots, y_n(t))) \\ &= k_i\left[\sum_{j=1}^n \frac{\partial H_i}{\partial p_j}(\xi(t))(x_j(t) - y_j(t))\right]. \end{aligned}$$

这里 $\xi(t) = (\xi_1(t), \xi_2(t), \cdots, \xi_n(t))$, 并且每个 $\xi_i(t)$ 位于 $x_i(t)$ 和 $y_i(t)$ 之间. 于是我们不难计算得到

$$D^+U(t) \leqslant \frac{k_i}{r_i}\left[\frac{\partial H_i}{\partial p_i}(\xi(t))|x_i(t) - y_i(t)| + \sum_{j \neq i}^{n}\left|\frac{\partial H_i}{\partial p_j}(\xi(t))\right||x_j(t) - y_j(t)|\right].$$

由于对任何 $j = 1, 2, \cdots, n$ 我们有

$$\frac{|x_j(t) - y_j(t)|}{r_j} \leqslant \frac{|x_i(t) - y_i(t)|}{r_i}.$$

因此, 我们有

$$\begin{aligned} D^+U(t) &\leqslant \frac{k_i}{r_i}\left[\frac{\partial H_i}{\partial p_i}(\xi)|x_i(t) - y_i(t)| + \sum_{j \neq i}^{n}\left|\frac{\partial H_i}{\partial p_j}(\xi)\right|\frac{r_j}{r_i}|x_i(t) - y_i(t)|\right] \\ &= \frac{k_i}{r_i^2}\left[r_i\frac{\partial H_i}{\partial p_i}(\xi) + \sum_{j \neq i}^{n}r_j\left|\frac{\partial H_i}{\partial p_j}(\xi)\right|\right]|x_i(t) - y_i(t)| \\ &\leqslant -\sigma \min_{1 \leqslant i \leqslant n}\left\{\frac{k_i}{r_i}\right\}U(t) \\ &= -\sigma^*U(t), \end{aligned}$$

其中 $\sigma^* = \sigma \min_{1 \leqslant i \leqslant n}\left\{\dfrac{k_i}{r_i^2}\right\}$. 于是从 t_0 到 $t(t \geqslant t_0)$ 积分得

$$U(t) \leqslant U(t_0)\exp(-\sigma^*(t - t_0)) \quad 对一切 \quad t \geqslant t_0.$$

当 $t \to \infty$ 时, 我们有 $U(t) \to 0$, 这是一个矛盾. 这表明对任何 $T > 0$ 有 $p_T(t) \equiv p(t)$ 是唯一的, 即 $p(t + T) = p(t)$ 对任何 $t \in R$ 和 $T > 0$ 都成立. 特别地, 当 $t = 0$ 时有 $p(T) = p(0)$ 对一切 $T > 0$, 即 $p(t)$ 是一个常数解. 于是

$$p_i'(t) = k_iH_i(p(t)) = k_iH_i(p(0)) = 0, \quad i = 1, 2, \cdots, n.$$

即 $p(0) = p_0$ 是模型 (19.2) 的均衡价格.

最后证明均衡价格 p_0 的全局渐近稳定性. 我们继续采用 Lyapunov 函数方法, 选取 Lyapunov 函数如下:

$$W(t) = \max_{1 \leqslant i \leqslant n}\left\{\frac{|p_i(t) - p_{i0}|}{r_i}\right\},$$

这里 $p(t) = (p_1(t), p_2(t), \cdots, p_n(t))$ 是模型 (19.2) 的正解, 且 $p_0 = (p_{10}, p_{20}, \cdots, p_{n0})$. 对任何 $t \geqslant t_0$ 计算 $W(t)$ 在 t 时刻的 Dini 右上导数, 由引理 19.2, 存在一

个 $i = i(t) \in \{1, 2, \cdots, n\}$ 使得

$$W(t) = \frac{|p_i(t) - p_{i0}|}{r_i}$$

和

$$D^+W(t) = \begin{cases} \dfrac{p_i(t) - p_{i0}}{|p_i(t) - p_{i0}|} \cdot \dfrac{p_i'(t)}{r_i}, & p_i(t) - p_{i0} \neq 0, \\[3mm] \dfrac{p_i'(t)}{r_i}, & p_i(t) - p_{i0} = 0, \ p_i'(t) > 0, \\[3mm] -\dfrac{p_i'(t)}{r_i}, & p_i(t) - p_{i0} = 0, \ p_i'(t) < 0, \\[3mm] 0, & p_i(t) - p_{i0} = p_i'(t) = 0. \end{cases}$$

根据微分中值定理我们进一步有

$$\begin{aligned} p_i'(t) &= k_i H_i(p_1(t), p_2(t), \cdots, p_n(t)) \\ &= k_i[H_i(p_1(t), p_2(t), \cdots, p_n(t)) - H_i(p_{10}, p_{20}, \cdots, p_{n0})] \\ &= k_i \left[\sum_{j=1}^n \frac{\partial H_i}{\partial p_j}(\xi(t))(p_j(t) - p_{j0}) \right], \end{aligned}$$

这里 $\xi(t) = (\xi_1(t), \xi_2(t), \cdots, \xi_n(t))$，并且每个 $\xi_i(t)$ 位于 $p_i(t)$ 和 p_{i0} 之间.

类似于上面的讨论，我们不难计算得到

$$D^+W(t) \leqslant -\sigma \min_{1 \leqslant i \leqslant n} \left\{ \frac{k_i}{r_i^2} \right\} W(t).$$

这表明全导数 $D^+W(t)$ 是定负的. 由于 $W(t)$ 是定正的. 并且具有无穷小上界和无穷大性质, 故根据定理 8.2 得知, 模型 (19.2) 的均衡价格 p_0 是全局渐近稳定的. 定理证毕.

定理 19.1 的经济学意义是, 在具有 n 种商品的市场经济系统中, 如果第 i 种商品的价格变化对其自身供求量的影响大于其他商品的价格变化对第 i 种商品供求量的影响, 则这个市场经济系统一定存在一个均衡价格, 并且这个均衡价格是全局渐近稳定的.

定理 19.2 如果假设 (H_1), (H_2) 和 (H_4) 成立, 则模型 (19.2) 一定存在唯一的全局渐近稳定的均衡价格 p_0.

证明 像在定理 19.1 中一样, 我们分三步证明此定理. 设常数

$$\sigma = -\inf\left\{ r_i \frac{\partial H_i}{\partial p_i}(p) + \sum_{j \neq i}^n r_j \left| \frac{\partial H_j}{\partial p_i}(p) \right| : p \in R_+^n, i = 1, 2, \cdots, n \right\}.$$

首先证明模型 (19.2) 的解的有界性. 我们采用 Lyapunov 函数方法. 设 $p(t) = (p_1(t), p_2(t), \cdots, p_n(t))$ 是模型 (19.2) 的任意正解, 且 $p(t_0) \geqslant 0$. 由引理 19.1 得知 $p(t) \geqslant 0$ 对一切 $t > t_0$. 我们选取 Lyapunov 函数如下:

$$V(t) = \sum_{i=1}^{n} \frac{r_i p_i(t)}{k_i}.$$

计算全导数得到

$$
\begin{aligned}
D^+ V(t) &= \sum_{i=1}^{n} \frac{r_i}{k_i} \frac{dp_i(t)}{dt} = \sum_{i=1}^{n} r_i H_i(p(t)) \\
&= \sum_{i=1}^{n} r_i [H_i(p_1(t), p_2(t), \cdots, p_n(t)) - H_i(0, p_2(t), \cdots, p_n(t)) \\
&\quad + H_i(0, p_2(t), \cdots, p_n(t)) - H_i(0, 0, p_3(t), \cdots, p_n(t)) \\
&\quad + \cdots - H_i(0, 0, \cdots, 0) + H_i(0, 0, \cdots, 0)] \\
&= \sum_{i=1}^{n} r_i [H_i(p_1(t), p_2(t), \cdots, p_n(t)) - H_i(0, p_2(t), \cdots, p_n(t))] \\
&\quad + \sum_{i=1}^{n} r_i [H_i(0, p_2(t), \cdots, p_n(t)) - H_i(0, 0, p_3(t), \cdots, p_n(t))] \\
&\quad + \cdots + \sum_{i=1}^{n} r_i [H_i(0, 0, \cdots, 0, p_n(t)) - H_i(0, 0, \cdots, 0)] \\
&\quad + \sum_{i=1}^{n} r_i H_i(0, 0, \cdots, 0) \\
&= \sum_{j=1}^{n} \Bigg[\sum_{i=1}^{n} r_i [H_i(0, 0, \cdots, p_j(t), \cdots, p_n(t)) \\
&\quad - H_i(0, 0, \cdots, p_{j+1}(t), \cdots, p_n(t))] \Bigg] + \sum_{i=1}^{n} r_i H_i(0, 0, \cdots, 0).
\end{aligned}
$$

令 $h_j(u) = \sum_{i=1}^{n} r_i H_i(0, 0, \cdots, u, p_{j+1}(t), \cdots, p_n(t))$, 则 $h_j(u)$ 对 $u \geqslant 0$ 是连续可微的. 于是根据微分中值定理我们得到

$$
\sum_{i=1}^{n} r_i [H_i(0, 0, \cdots, p_j(t), \cdots, p_n(t)) - H_i(0, 0, \cdots, p_{j+1}(t), \cdots, p_n(t))]
$$
$$
= h_j(p_j(t)) - h_j(0) = h_j'(\xi_j(t)) p_j(t),
$$

其中 $\xi_j(t)$ 位于 0 和 $p_j(t)$ 之间. 不难计算得到

$$
\begin{aligned}
h_j'(\xi_j(t)) &= \sum_{i=1}^n r_i \frac{\partial H_i}{\partial p_j}(0,\cdots,0,\xi_j(t),p_{j+1}(t),\cdots,p_n(t)) \\
&\leqslant r_j \frac{\partial H_j}{\partial p_j}(0,\cdots,0,\xi_j(t),p_{j+1}(t),\cdots,p_n(t)) \\
&\quad + \sum_{i\neq j}^n r_i \left| \frac{\partial H_i}{\partial p_j}(0,\cdots,0,\xi_j(t),p_{j+1}(t),\cdots,p_n(t)) \right|.
\end{aligned}
$$

根据假设 (H_4) 我们能得到 $h_j'(\xi_j(t)) \leqslant -\sigma,\ j = 1,2,\cdots,n$. 于是我们有

$$
\begin{aligned}
D^+V(t) &= \sum_{j=1}^n \left[h_j(p_j(t)) - h_j(0) \right] \\
&= \sum_{j=1}^n h_j'(\xi_j(t))p_j(t) + \sum_{i=1}^n r_i H_i(0,0,\cdots,0) \\
&\leqslant -\sigma \sum_{i=1}^n p_i(t) + \sum_{i=1}^n r_i H_i(0,0,\cdots,0).
\end{aligned}
$$

显然存在常数 $K > 0$, 当 $t \geqslant t_0$ 和 $|p(t)| = \sum_{i=1}^n p_i(t) \geqslant K$ 时有 $D^+V(t) < 0$ 是定负的. 进一步由于 $V(t) = \sum_{i=1}^n \dfrac{r_i p_i(t)}{k_i}$ 在 $t \geqslant t_0$ 和 $p(t) \in R_+^n$ 上定正, 并且具有无穷小上界和无穷大性质, 故根据定理 11.6 得知, 模型 (19.2) 的所有非均衡价格函数 $p(t)$ 是一致有界和一致最终有界的.

　　其次证明均衡价格的存在性. 和定理 19.1 的证明一样, 我们得到, 对任何常数 $T > 0$, 模型 (19.2) 都存在 T-周期的解 $p_T(t)$. 现在证明 $p_T(t)$ 对一切 $T \geqslant 0$ 是唯一的. 用反证法, 设 $T_1, T_2 > 0$ 使得 $p_{T_1}(t) \neq p_{T_2}(t)$. 进一步假设

$$
p_{T_1}(t) = (x_1(t),x_2(t),\cdots,x_n(t)), \quad p_{T_2}(t) = (y_1(t),y_2(t),\cdots,y_n(t)).
$$

我们构造函数

$$
U(t) = \sum_{i=1}^n \frac{r_i|x_i(t) - y_i(t)|}{k_i}.
$$

对任何 $t > 0$, 我们定义下标 i 的集合 A_t, B_t, C_t 如下:

$$
A_t = \{i|存在\ h_i > 0\ 使得\ x_i(\xi) > y_i(\xi)\ 对一切\ t \leqslant \xi \leqslant t+h_i\},
$$

$$
B_t = \{i|存在\ h_i > 0\ 使得 x_i(\xi) < y_i(\xi)\ 对一切\ t \leqslant \xi \leqslant t+h_i\}
$$

和

$$C_t = \{1, 2, \cdots, n\} - A_t \cup B_t.$$

根据 Dini 导数的定义, 我们不难计算得到

$$D^+U(t) = \sum_{i \in A_t} \frac{r_i(x_i'(t) - y_i'(t))}{k_i} - \sum_{i \in B_t} \frac{r_i(x_i'(t) - y_i'(t))}{k_i}.$$

对于任何 $i \in \{1, 2, \cdots, n\}$, 我们计算得到

$$
\begin{aligned}
x_i'(t) - y_i'(t) &= k_i H_i(x_1(t), x_2(t), \cdots, x_n(t)) - k_i H_i(y_1(t), y_2(t), \cdots, y_n(t)) \\
&= k_i [H_i(x_1(t), x_2(t), \cdots, x_n(t)) - H_i(y_1(t), x_2(t), \cdots, x_n(t)) \\
&\quad + H_i(y_1(t), x_2(t), \cdots, x_n(t)) - H_i(y_1(t), y_2(t), x_3(t), \cdots, x_n(t)) \\
&\quad + \cdots + H_i(y_1(t), \cdots, y_{n-1}(t), x_n(t)) - H_i(y_1(t), y_2(t), \cdots, y_n(t))] \\
&= k_i [a_{i1}(t) + a_{i2}(t) + \cdots + a_{in}(t)] \\
&= k_i \sum_{k \in A_t \cup B_t} a_{ik}(t),
\end{aligned}
$$

这里

$$
\begin{aligned}
a_{ik}(t) = &\; H_i(y_1(t), \cdots, y_{k-1}(t), x_k(t), \cdots, x_n(t)) \\
&- H_i(y_1(t), \cdots, y_k(t), x_{k+1}(t), \cdots, x_n(t)),
\end{aligned}
$$

于是

$$
\begin{aligned}
D^+U(t) &= \sum_{i \in A_t} r_i \sum_{k \in A_t \cup B_t} a_{ik}(t) - \sum_{i \in B_t} r_i \sum_{k \in A_t \cup B_t} a_{ik}(t) \\
&= \sum_{k \in A_T \cup B_T} \left(\sum_{i \in A_t} r_i a_{ik}(t) - \sum_{i \in B_t} r_i a_{ik}(t) \right).
\end{aligned}
$$

令

$$
\begin{aligned}
h_k(u) = &\sum_{i \in A_t} r_i H_i(y_1(t), \cdots, y_{k-1}(t), u, x_{k+1}(t), \cdots, x_n(t)) \\
&- \sum_{i \in B_t} r H(y_1(t), \cdots, y_{k-1}(t), u, x_{k+1}(t), \cdots, x_n(t)),
\end{aligned}
$$

则不难看到

$$h_k(x_k(t)) - h_k(y_k(t)) = \sum_{i \in A_t} r_i a_{ik}(t) - \sum_{i \in B_t} r_i a_{ik}(t).$$

根据微分中值公式我们得到

$$h_k(x_k(t)) - h_k(y_k(t)) = h'_k(\xi_k(t))(x_k(t) - y_k(t)),$$

这里 $\xi_k(t)$ 位于 $x_k(t)$ 和 $y_k(t)$ 之间. 通过计算我们得到

$$h'_k(\xi_k(t)) = \sum_{i \in A_t} r_i \frac{\partial H_i}{\partial p_k}(\xi_k(t)) - \sum_{i \in B_t} r_i \frac{\partial H_i}{\partial p_k}(\xi_k(t)).$$

因此我们有

$$D^+U(t) = \sum_{k \in A_t \cup B_t} (h_k(x_k(t)) - h_k(y_k(t)))$$

$$= \sum_{k \in A_t \cup B_t} \left[\sum_{i \in A_t} r_i \frac{\partial H_i}{\partial p_k}(y_1(t), \cdots, y_{k-1}(t), \xi_k(t), x_{k+1}(t), \cdots, x_n(t)) \right.$$

$$\left. - \sum_{i \in B_t} r_i \frac{\partial H_i}{\partial p_k}(y_1(t), \cdots, y_{k-1}(t), \xi_k(t), x_{k+1}(t), \cdots, x_n(t)) \right]$$

$$\cdot (x_k(t) - y_k(t)).$$

由于当 $k \in A_t$ 时 $x_k(t) - y_k(t) \geqslant 0$; 而当 $k \in B_t$ 时 $x_k(t) - y_k(t) \leqslant 0$. 于是, 我们最终有

$$D^+U(t) \leqslant \sum_{k=1}^n \left[r_k \frac{\partial H_k}{\partial p_k}(y_1(t), \cdots, y_{k-1}(t), \xi_k(t), x_{k+1}(t), \cdots, x_n(t)) \right.$$

$$\left. + \sum_{i \neq k} r_i \left| \frac{\partial H_i}{\partial p_k} \right|(y_1(t), \cdots, y_{k-1}(t), \xi_k(t), x_{k+1}(t), \cdots, x_n(t)) \right]$$

$$\cdot (x_k(t) - y_k(t))$$

$$\leqslant - \sum_{k=1}^n \sigma |x_k(t) - y_k(t)|$$

$$\leqslant -\sigma \min_{1 \leqslant i \leqslant n} \left\{ \frac{k_k}{r_k} \right\} \sum_{k=1}^n \frac{r_k |x_k(t) - y_k(t)|}{k_k}$$

$$= -\sigma^* U(t),$$

这里 $\sigma^* = \min_{1 \leqslant k \leqslant n} \left\{ \frac{\sigma_k k_k}{r_k} \right\}$. 因此, 我们有

$$U(t) \leqslant U(t_0) \exp(-\sigma(t - t_0)) \to 0 \quad 当\ t \to \infty\ 时.$$

但是, 由于 $p_{T_1}(t)$ 和 $p_{T_2}(t)$ 都是周期函数, 故当 $t \to \infty$ 时 $U(t)$ 不趋近于 0. 因此 $p_T(t) = p(t)$ 是唯一的, 即 $p(t+T) = p(t)$ 对于一切 $t \in R$ 和 $T > 0$. 于是

$p(T) = p(0)$ 对一切 $T > 0$, 这表明 $H_i(p(0)) = 0 (i = 1, 2, \cdots, n)$, 所以 $p(0) = p_0$ 是模型 (19.2) 的一个均衡价格.

最后我们证明均衡价格 p_0 的全局渐近稳定性. 我们采用 Lyapunov 函数方法, 选取 Lyapunov 函数如下:

$$W(t) = \sum_{i=1}^{n} \frac{r_i |p_i(t) - p_{i0}|}{k_i},$$

这里 $p(t) = (p_1(t), p_2(t), \cdots, p_n(t))$ 是模型 (19.2) 的任意一个非均衡价格函数, $p_0 = (p_{10}, p_{20}, \cdots, p_{n0})$ 是模型 (19.2) 的均衡价格.

类似于上面的讨论, 我们定义关于下标 i 的集合 A_t, B_t, C_t. 计算 $W(t)$ 的 Dini 导数, 我们能得到

$$D^+ W(t) = \sum_{i \in A_t} \frac{r_i p_i'(t)}{k_i} - \sum_{i \in B_t} \frac{r_i p_i'(t)}{k_i}.$$

对于任何 $i \in \{1, 2, \cdots, n\}$ 我们能计算得到

$$
\begin{aligned}
p_i'(t) &= k_i H_i(p_1(t), p_2(t), \cdots, p_n(t)) \\
&= k_i [H_i(p_1(t), p_2(t), \cdots, p_n(t)) - H_i(p_{10}, p_2(t), \cdots, p_n(t)) \\
&\quad + H_i(p_{10}, p_2(t), \cdots, p_n(t)) - H_i(p_{10}, p_{20}, p_3(t), \cdots, p_n(t)) \\
&\quad + \cdots + H_i(p_{10}, \cdots, p_{(n-1)0}, p_n(t)) - H_i(p_{10}, p_{20}, \cdots, p_{n0})] \\
&= k_i (b_{i1}(t) + b_{i2}(t) + \cdots + b_{in}(t)) \\
&= k_i \sum_{k \in A_t \cup B_t} b_{ik}(t),
\end{aligned}
$$

这里

$$
\begin{aligned}
b_{ik}(t) &= H_i(p_{10}, \cdots, p_{(k-1)0}, p_k(t), \cdots, p_n(t)) \\
&\quad - H_i(p_{10}, \cdots, p_{k0}, p_{(k+1)}(t), \cdots, p_n(t)).
\end{aligned}
$$

于是, 我们有

$$
\begin{aligned}
D^+ W(t) &= \sum_{i \in A_t} r_i \sum_{k \in A_t \cup B_t} b_{ik}(t) - \sum_{i \in B_t} r_i \sum_{k \in A_t \cup B_t} b_{ik}(t) \\
&= \sum_{k \in A_T \cup B_T} \left(\sum_{i \in A_t} r_i b_{ik}(t) - \sum_{i \in B_t} r_i b_{ik}(t) \right).
\end{aligned}
$$

根据微分中值定理, 并且类似于上面关于 $D^+U(t)$ 的计算过程, 我们最终能够计算得到

$$
\begin{aligned}
D^+W(t) \leqslant &\sum_{k=1}^{n} \left[r_k \frac{\partial H_k}{\partial p_k}(p_{10}, \cdots, p_{(k-1)0}, \xi_k(t), p_{k+1}(t), \cdots, p_n(t)) \right. \\
&\left. + \sum_{i \neq k} r_i \left| \frac{\partial H_i}{\partial p_k} \right| (p_{10}, \cdots, p_{(k-1)0}, \xi_k(t), p_{k+1}(t), \cdots, p_n(t)) \right] (p_k(t) - p_{k0}) \\
\leqslant &-\sigma \sum_{i=1}^{n} |p_k(t) - p_{k0}|,
\end{aligned}
$$

这里 $\xi_k(t)$ 位于 $p_k(t)$ 和 p_{i0} 之间. 这表明全导数 $D^+W(t)$ 是定负的. 由于 $W(t)$ 是定正的, 并且具有无穷小上界和无穷大性质, 根据定理 8.2 我们得到模型 (19.2) 的均衡价格 p_0 是全局渐近稳定的. 定理证毕.

定理 19.2 的经济学意义是, 在具有 n 种商品的市场经济系统中, 当第 i 种商品的价格变化对其自身供求量的影响大于第 i 种商品的价格变化对其他商品供求量的影响时, 这个市场经济系统一定存在一个均衡价格, 并且这个均衡价格是全局渐近稳定的.

第 20 节　控制系统的稳定性

1944 年苏联科学家 Lurie (鲁里叶) 在研究飞机自动驾驶仪的设计问题中提出了如下形式的具有反馈控制项的微分方程

$$
\begin{cases}
\dfrac{dx}{dt} = Ax + Bu, \\[2mm]
u = f(\sigma), \quad \sigma = C^{\mathrm{T}}x,
\end{cases}
\tag{20.1}
$$

其中, $x \in R^n$ 为状态变量, A 是 $n \times n$ 常数矩阵, B 和 C 为 n 维常数列向量, u 为反馈控制变量, 也称为输入变量, σ 为观测变量, 也称为输出变量, 输入和输出之间满足函数关系 $u = f(\sigma)$, 这里 $f(\sigma) : R \to R$ 为非线性连续函数, 并且 $f(\sigma)$ 是一个具体形式未知的函数, 我们仅仅知道 $f(\sigma)$ 属于某个函数集合 F, 并且 $f(0) = 0$.

一般地, 在许多实际问题中函数集合 F 具有以下几种形式:

$$F = F[0,k] = \{f(\cdot) \in C(R,R) : 0 \leqslant \sigma f(\sigma) \leqslant k\sigma^2, \sigma \in R, f(0) = 0\};$$

$$F = F(0,k] = \{f(\cdot) \in C(R,R) : 0 < \sigma f(\sigma) \leqslant k\sigma^2, \sigma \in R, \sigma \neq 0, f(0) = 0\};$$

$$F = F(0,k) = \{f(\cdot) \in C(R,R) : 0 < \sigma f(\sigma) < k\sigma^2, \sigma \in R, \sigma \neq 0, f(0) = 0\};$$

$$F = F[0,\infty) = \{f(\cdot) \in C(R,R) : 0 \leqslant \sigma f(\sigma), \sigma \in R, f(0) = 0\};$$

$$F = F(0,\infty) = \{f(\cdot) \in C(R,R) : 0 < \sigma f(\sigma), \sigma \in R, \sigma \neq 0, f(0) = 0\},$$

这里 $k > 0$ 是一个常数.

方程 (20.1) 的反馈控制工作原理我们可以从图 20.1 中看到.

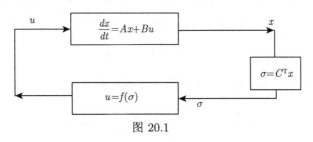

图 20.1

由于 Lurie 建立的方程 (20.1) 在许多实际控制问题中得到了广泛的应用, 为了纪念 Lurie 的这个开创性工作, 现在我们通常称方程 (20.1) 为 Lurie 非线性控制系统.

根据实际问题的需要, Lurie 非线性控制系统通常被分成了两大类:

(1) 系数矩阵 A 没有零实部特征值, 此时我们称为直接控制系统.

(2) 系数矩阵 A 至少有一个零实部特征值, 此时我们称为间接控制系统.

在系统 (20.1) 中由于 $f(\sigma)$ 是一个不确定的函数, 我们只知道它的一个范围, 因此, Lurie 在研究这类系统的稳定性问题时, 提出了一类新的稳定性概念, 这就是下面的绝对稳定性的定义.

定义 20.1 我们称系统 (20.1) 关于函数集合 F 是绝对稳定的, 如果对任何函数 $f(\sigma) \in F$, 系统 (20.1) 的零解 $x = 0$ 都是全局渐近稳定的.

在本节中, 作为稳定性基本理论的应用, 我们给出关于系统 (20.1) 的绝对稳定性判定的一些经典结果.

20.1 间接控制系统的绝对稳定性

这里我们只对如下形式的间接控制系统进行研究

$$\begin{cases} \dfrac{dx}{dt} = Ax + B\phi(\sigma), \\ \dfrac{d\sigma}{dt} = C^{\mathrm{T}}x + \rho\phi(\sigma), \end{cases} \tag{20.2}$$

其中 $x \in R^n$, A 是 $n \times n$ 常数矩阵, B 和 C 是 n 维常数列向量, ρ 是一个常数, 函数 $\phi(\sigma) \in F(0, \infty)$. 系统 (20.2) 之所以被称为间接控制系统, 是因为控制输入 $u = \phi(\sigma)$ 不是直接得到的, 而是由一个微分方程

$$\frac{d\sigma}{dt} = C^{\mathrm{T}}x + \rho\phi(\sigma)$$

间接确定的.

在系统 (20.2) 中我们假设矩阵 A 是一个稳定阵, 即 A 的特征值都具有负实部. 于是对于一个给定的定正矩阵 G 存在一个定正的矩阵 P 使得

$$PA + A^{\mathrm{T}}P = -G,$$

对于系统 (20.2) 我们构造如下形式的 Lyapunov 函数

$$V(x, \sigma) = x^{\mathrm{T}}Px + \beta \int_0^\sigma \phi(s)ds, \tag{20.3}$$

这里 β 是待定的正常数. 显然, $V(x, \sigma)$ 是 (x, σ) 的定正函数, $V(0, 0) = 0$. 计算全导数我们得到

$$\dot{V}(x, \sigma) = \dot{x}^{\mathrm{T}}Px + x^{\mathrm{T}}P\dot{x} + \beta\phi(\sigma)\dot{\sigma}$$

$$
\begin{aligned}
&= (Ax + B\phi(\sigma))^{\mathrm{T}} Px + x^{\mathrm{T}} P(Ax + B\phi(\sigma)) \\
&\quad + \beta\phi(\sigma)(C^{\mathrm{T}}x + \rho\phi(\sigma)) \\
&= x^{\mathrm{T}}(A^{\mathrm{T}}P + PA)x + \phi(\sigma)(2B^{\mathrm{T}}P + \beta C^{\mathrm{T}}) + \beta\rho\phi^2(\sigma) \\
&= -x^{\mathrm{T}}Gx + 2\phi(\sigma)d^{\mathrm{T}}x + \beta\rho\phi^2(\sigma) \\
&= -(x, \phi(\sigma))
\begin{bmatrix}
G & -d \\
-d^{\mathrm{T}} & -\beta\rho
\end{bmatrix}
\begin{bmatrix}
x \\
\phi(\sigma)
\end{bmatrix},
\end{aligned}
$$

其中 $d = B^{\mathrm{T}}P + \dfrac{1}{2}\beta C^{\mathrm{T}}$. 显然我们有全导数 $\dot{V}(x, \sigma)$ 关于 (x, σ) 定负等价于矩阵

$$
\begin{bmatrix}
G & -d \\
-d^{\mathrm{T}} & -\beta\rho
\end{bmatrix}
\tag{20.4}
$$

定正. 而矩阵 (20.4) 定正又等价于

$$
G > 0, \quad -\beta\rho > d^{\mathrm{T}}G^{-1}d.
$$

根据以上讨论, 我们有下面的结论.

定理 20.1　设定正矩阵 P 和 G 满足 $PA + A^{\mathrm{T}}P = -G$. 若存在常数 $\beta > 0$ 使得

$$
\beta\rho < -d^{\mathrm{T}}G^{-1}d,
$$

则系统 (20.2) 在 $F(0, \infty)$ 上绝对稳定.

证明　由上面的计算我们得到 $V(x, \sigma)$ 定正, 而全导数 $\dot{V}(x, \sigma)$ 定负. 显然, 为了得到全局渐近稳定性, 我们只需证明系统 (20.2) 的任何解 $(x(t), \sigma(t))$ 在 $t \geqslant t_0$ 上有界. 由于对任何 $\phi(\sigma) \in F(0, \infty)$, 系统 (20.2) 的零解 $x = 0, \sigma = 0$ 是渐近稳定的. 特别地, 对函数 $\phi(\sigma) \equiv \sigma$, 系统 (20.2) 的零解 $x = 0, \sigma = 0$ 也是渐近稳定的. 而当 $\phi(\sigma) = \sigma$ 时系统 (20.2) 变为

$$
\begin{cases}
\dfrac{dx}{dt} = Ax + B\sigma, \\
\dfrac{d\sigma}{dt} = C^{\mathrm{T}}x + \rho\sigma.
\end{cases}
$$

于是系数矩阵

$$
A^* =
\begin{bmatrix}
A & B \\
C^{\mathrm{T}} & \rho
\end{bmatrix}
$$

是稳定的, 故我们有 $(-1)^{n+1}|A^*| > 0$. 由于 A 也是稳定的, 故我们也有 $(-1)^n|A| > 0$. 由于 $|A^*| = |A|(\rho - C^{\mathrm{T}}A^{-1}B)$, 因此我们有 $\rho - C^{\mathrm{T}}A^{-1}B < 0$.

我们将使用第 10 节建立的解的一般有界性的判定准则来证明系统 (20.2) 的解的有界性. 首先考虑 Lyapunov 函数 (20.3), 我们有 $V(x,\sigma) \geqslant x^{\mathrm{T}}Px$. 由于矩阵 P 定正, 故存在正常数 α_1 和 α_2, 使得 $\alpha_1|x|^2 \leqslant x^{\mathrm{T}}Px \leqslant \alpha_2|x|^2$ 对一切 $x \in R^n$. 选取函数 $a(r) = \alpha_1 r^2$, 则我们有 $V(x,\sigma) \geqslant a(|x|)$ 对一切 $(x,\sigma) \in R^n \times R$. 于是定理 10.5 的条件 (i) 成立. 由于对任何 $\sigma \in R$ 都有 $\displaystyle\int_0^\sigma \phi(u)du \leqslant \max_{|u| \leqslant |\sigma|}\{|\phi(u)|\}|\sigma|$. 选取函数 $b(r,s) = \alpha_1 r^2 + \beta \max\limits_{|u| \leqslant s}\{|\phi(u)|\}s$, 则我们有

$$V(x,\sigma) \geqslant \alpha_2|x|^2 + \beta \max_{|u| \leqslant |\sigma|}\{|\phi(u)|\}|\sigma| = b(|x|,|\sigma|)$$

对一切 $(x,\sigma) \in R^n \times R$. 因此定理 10.5 的条件 (ii) 成立. 由上面的计算我们已经得到了全导数 $\dot{V}(x,\sigma)$ 定负, 所以定理 10.5 的条件 (iii) 也成立.

其次, 选取 Lyapunov 函数

$$W(x,\sigma) = \operatorname{sign}(\sigma)(\sigma - C^{\mathrm{T}}A^{-1}x).$$

对任何常数 $M > 0$, 选取常数 $K_1 = K_1(M) > 0$ 足够大, 使得当 $|\sigma| \geqslant K_1$ 和 $|x| \leqslant M$ 时有 $\frac{1}{2}|\sigma| - |C^{\mathrm{T}}A^{-1}x| > 0$. 于是选取函数 $d(r) = \frac{1}{2}r$, 则当 $|\sigma| \geqslant K_1$ 和 $|x| \leqslant M$ 时我们有 $W(x,\sigma) \geqslant |\sigma| - |C^{\mathrm{T}}A^{-1}x| \geqslant d(|\sigma|)$, 这表明定理 10.5 的条件 (iv) 成立. 进一步当 $|\sigma| \geqslant K_1$ 和 $|x| \leqslant M$ 时我们有

$$W(x,\sigma) \leqslant |\sigma| + |C^{\mathrm{T}}A^{-1}x| \leqslant |\sigma| + \max_{|x| \leqslant M}\{|C^{\mathrm{T}}A^{-1}x|\}.$$

选取非负连续函数 $c(r)$ 如下:

$$c(r) = \begin{cases} r + \max\limits_{|x| \leqslant M}\{|C^{\mathrm{T}}A^{-1}x|\}, & r \geqslant K_1, \\ c_0 r, & 0 \leqslant r < K_1, \end{cases}$$

其中常数 $c_0 = 1 + \dfrac{1}{K_1} \max\limits_{|x| \leqslant M}\{|C^{\mathrm{T}}A^{-1}x|\}$. 于是当 $|\sigma| \geqslant K_1$ 和 $|x| \leqslant M$ 时我们有 $W(x,\sigma) \leqslant c(|\sigma|)$, 因此定理 10.5 的条件 (v) 成立. 最后计算全导数得到

$$\dot{W}(x,\sigma) = \operatorname{sign}(\sigma)[C^{\mathrm{T}}x + \rho\phi(\sigma) - C^{\mathrm{T}}A^{-1}(Ax + B\phi(\sigma))]$$
$$= \operatorname{sign}(\sigma)[\rho\phi(\sigma) - C^{\mathrm{T}}A^{-1}B\phi(\sigma)]$$
$$= |\phi(\sigma)|(\rho - C^{\mathrm{T}}A^{-1}B) \leqslant 0.$$

这说明定理 10.5 的条件 (vi) 也成立. 于是根据定理 10.5 我们最终得到, 系统 (20.2) 的所有解一致有界.

最后, 根据全局渐近稳定性定理得知系统 (20.2) 的零解是全局渐近稳定的. 定理证毕.

20.2　直接控制系统的稳定性

首先引入如下关于定正矩阵的一个性质.

引理 20.1　设 G 是一个定正矩阵, 则存在非奇异矩阵 H, 使得 $G = H^{\mathrm{T}}H$.

在系统 (20.1) 中我们假设矩阵 A 是稳定的, 并且非线性函数 $\phi(\sigma) \in F[0, k]$. 于是对于事先给定的定正矩阵 G, 存在一个定正矩阵 P 使得

$$PA + A^{\mathrm{T}}P = -G.$$

我们选取 Lyapunov 函数如下:

$$V(x) = x^{\mathrm{T}}Px + \beta \int_0^\sigma \phi(s)ds,$$

这里 $\beta > 0$ 是一个待定常数. 显然, 当 $\phi(\sigma) \in F[0, k]$ 时 $V(x)$ 在 $x \in R^n$ 上定正, 并且具有无穷大性质. 计算 $V(x)$ 关于系统 (20.1) 的全导数, 我们得到

$$\begin{aligned}
\dot{V}(x) &= \dot{x}^{\mathrm{T}}Px + x^{\mathrm{T}}P\dot{x} + \beta\phi(\sigma)\dot{\sigma} \\
&= (Ax + B\phi(\sigma))^{\mathrm{T}}Px + x^{\mathrm{T}}P(Ax + B\phi(\sigma)) \\
&\quad + \beta\phi(\sigma)C^{\mathrm{T}}(Ax + B\phi(\sigma)) \\
&= x^{\mathrm{T}}(PA + A^{\mathrm{T}}P)x + \phi(\sigma)B^{\mathrm{T}}Px + x^{\mathrm{T}}PB\phi(\sigma) \\
&\quad + \beta\phi(\sigma)C^{\mathrm{T}}Ax + \beta C^{\mathrm{T}}B\phi^2(\sigma) \\
&= -x^{\mathrm{T}}Gx + 2\phi(\sigma)B^{\mathrm{T}}Px + \beta\phi(\sigma)C^{\mathrm{T}}Ax + \beta C^{\mathrm{T}}B\phi^2(\sigma).
\end{aligned}$$

设 $d = PB + \dfrac{1}{2}\beta C^{\mathrm{T}}A$. 由引理 20.1 可得 $G = H^{\mathrm{T}}H$, 这里 H 是一个非奇异矩阵. 则我们有

$$\begin{aligned}
\dot{V}(x) &= -x^{\mathrm{T}}H^{\mathrm{T}}Hx + 2d^{\mathrm{T}}x\phi(\sigma) + \beta C^{\mathrm{T}}B\phi^2(\sigma) \\
&= -[(Hx)^{\mathrm{T}}(Hx) - 2(Hx)^{\mathrm{T}}(H^{-1})^{\mathrm{T}}d\phi(\sigma) - \beta C^{\mathrm{T}}B\phi^2(\sigma)] \\
&= -[Hx - (H^{-1})^{\mathrm{T}}d\phi(\sigma)]^{\mathrm{T}}[Hx - (H^{-1})^{\mathrm{T}}d\phi(\sigma)] \\
&\quad + (d^{\mathrm{T}}G^{-1}d + \beta C^{\mathrm{T}}B)\phi^2(\sigma) \\
&= \begin{cases}
0, & x = 0, \\
-x^{\mathrm{T}}Gx, & \phi(\sigma) = 0, \\
-U(x)\phi^2(\sigma), & \phi(\sigma) \neq 0,
\end{cases}
\end{aligned}$$

其中

$$U(x) = \left(H\frac{x}{\phi(\sigma)} - (H^{-1})^{\mathrm{T}}d\right)^{\mathrm{T}}\left(H\frac{x}{\phi(\sigma)} - (H^{-1})^{\mathrm{T}}d\right) - (d^{\mathrm{T}}G^{-1}d + \beta C^{\mathrm{T}}B).$$

由于 $\sigma\phi(\sigma) \leqslant k\sigma^2$ 对任何 $\sigma \in R$, 所以 $\phi(\sigma) \in F[0,k]$, 且 $\phi(\sigma) \neq 0$ 等价于

$$\frac{\sigma}{\phi(\sigma)} \geqslant \frac{1}{k}. \tag{20.5}$$

于是, 我们要证明: 当 x 满足不等式 (20.5) 时有 $U(x) > 0$. 这样全导数 $\dot{V}(x)$ 在 R^n 上定负.

设 $y = H\dfrac{x}{\phi(\sigma)} - (H^{-1})^{\mathrm{T}}d$, 则 $U(x)$ 变为

$$U(y) = y^{\mathrm{T}}y - \rho, \quad \rho = d^{\mathrm{T}}G^{-1}d + \beta C^{\mathrm{T}}B,$$

并且不等式 (20.5) 变化为

$$C^{\mathrm{T}}H^{-1}(y + (H^{-1})^{\mathrm{T}}d) \geqslant \frac{1}{k}.$$

于是我们需要证明: 当 y 满足

$$C^{\mathrm{T}}H^{-1}(y + (H^{-1})^{\mathrm{T}}d) \geqslant \frac{1}{k}$$

时有

$$U(y) = y^{\mathrm{T}}y - \rho > 0,$$

此时必有全导数 $\dot{V}(x)$ 定负.

显然, 证明上述不等式等价于证明函数 $U(y) = y^{\mathrm{T}}y - \rho$ 在超平面

$$\pi: \quad C^{\mathrm{T}}H^{-1}(y + (H^{-1})^{\mathrm{T}}d) = \frac{1}{k}$$

上有最小值 $U(y^*) > 0$. 我们采用欧拉乘数法求函数 $U(y)$ 在超平面 π 上的最小值. 设

$$\Phi(y, \lambda) = U(y) + \lambda\left[C^{\mathrm{T}}H^{-1}(y + (H^{-1})^{\mathrm{T}}d) - \frac{1}{k}\right],$$

则我们有

$$\frac{\partial \Phi}{\partial y} = 2y + \lambda(C^{\mathrm{T}}H^{-1})^{\mathrm{T}}.$$

由 $\dfrac{\partial \Phi}{\partial y} = 0$ 解得 $y^* = -\dfrac{1}{2}(C^{\mathrm{T}}H^{-1})^{\mathrm{T}}$ 为最小值点. 代入

$$C^{\mathrm{T}}H^{-1}(y + (H^{-1})^{\mathrm{T}}d) = \frac{1}{k},$$

解得 $\lambda^* = \dfrac{1 - kC^{\mathrm{T}}G^{-1}d}{kC^{\mathrm{T}}G^{-1}C}$. 于是, 函数 $U(y)$ 的最小值为

$$U(y^*) = \frac{1}{C^{\mathrm{T}}G^{-1}C}\left[\frac{1}{k} - C^{\mathrm{T}}G^{-1}d\right]^2 - d^{\mathrm{T}}G^{-1}d - \beta C^{\mathrm{T}}B.$$

显然只要

$$\frac{1}{C^{\mathrm{T}}G^{-1}C}\left[\frac{1}{k} - C^{\mathrm{T}}G^{-1}d\right]^2 - d^{\mathrm{T}}G^{-1}d - \beta C^{\mathrm{T}}B > 0,$$

则在超平面 π 上就有

$$U(y) = y^{\mathrm{T}}y - \rho > 0.$$

这样我们最终得到如下结果.

定理 20.2 对于系统 (20.1), 设矩阵 A 稳定, 选取定正矩阵 P 和 G 使得 $PA + A^{\mathrm{T}}P = -G$. 若存在常数 $\beta > 0$ 使得

$$\frac{1}{C^{\mathrm{T}}G^{-1}C}\left[\frac{1}{k} - C^{\mathrm{T}}G^{-1}d\right]^2 - d^{\mathrm{T}}G^{-1}d - \beta C^{\mathrm{T}}B > 0, \quad d = PB + \frac{1}{2}\beta AC^{\mathrm{T}},$$

则系统 (20.1) 在 $F[0,k]$ 上绝对稳定.

推论 20.1 对于系统 (20.1), 设矩阵 A 稳定, 选取定正矩阵 P 和 G 使得 $PA + A^{\mathrm{T}}P = -G$. 若存在常数 $\beta > 0$ 使得

$$(C^{\mathrm{T}}G^{-1}d)^2 - C^{\mathrm{T}}G^{-1}C(d^{\mathrm{T}}G^{-1}d + \beta C^{\mathrm{T}}B) \geqslant 0,$$

则系统 (20.1) 在 $F[0,\infty)$ 上绝对稳定.

最后, 需要指出的是, 控制系统理论和控制系统的稳定性理论目前已经发展成为一个内容非常庞大的学科领域和研究方向, 出版了许多这方面的专著和论文. 尤其是近几年来关于复杂系统, 特别是神经网络系统的各类控制问题的提出和研究, 进一步极大地丰富了控制系统理论和控制系统的稳定性理论, 成为目前极具活力的热点研究领域. 本节仅仅是控制系统的初步概念和关于 Lurie 非线性控制系统稳定性的经典结果的一个引入. 感兴趣的读者可进一步研读这方面的专著和论文.

第 21 节　人工神经网络模型的稳定性

人工神经网络是一种应用类似于大脑神经突触连接的结构进行信息处理的数学模型. 它由大量的节点 (或称神经元) 和之间相互连接构成, 每个节点代表一种特定的输出函数 (Activation Function), 每两个节点间的连接代表一个对于通过该连接信号的加权值, 称之为权重, 这相当于人工神经网络的记忆. 网络的输出则依网络的连接方式、权重值和激励函数的不同而不同. 一般认为, 神经网络系统是一个高度复杂的非线性动力学系统, 因此使用动力学方法建立神经网络模型就成为研究人工神经网络的主要手段.

20 世纪 80 年代, 美国加州工学院物理学家 John Hopfield 首次用常微分方程来刻画神经网络的动力学演化, 提出了一种新型的连续神经网络模型——Hopfield 模型 (HNNs), 即

$$C_i \frac{du_i}{dt} = -\frac{u_i}{R_i} + \sum_{j=1}^{n} T_{ij}V_j + I_i, \quad i = 1, 2, \cdots, n,$$

这里电压 u_i 为第 i 个神经元的输入, $V_i = g_i(u_i)$ 是非线性连续可微严格单调递增函数表示第 i 个神经元的输出, R_i 表示电阻, C_i 为电容, 跨导 $T_{ij} = T_{ji}$ 模拟神经元之间互联的突触特征, I_i 为外部输入. Hopfield 神经网络在结构、原理和功能上具有明显的动力系统特征, 用它作为联想记忆模型时, 利用的就是它的非线性反馈动力学特性, 并且以其强大功能和易于用电路实现的特点, 成功地应用到了联想记忆和优化领域.

1988 年, 美国电子学家 L.O.Chua 等受 Hopfield 神经网络的直接影响和细胞自动机的启发以及他本人多年在非线性运放电路中的研究成果, 首创性地提出了如下细胞神经网络 (Cellular Neural Networks, CNNs):

$$C_i \frac{dx_i}{dt} = -\frac{1}{R_i}x_i + \sum_{j=1}^{n} a_{ij}f_j(x_j) + \sum_{j=1}^{n} b_{ij}u_j + I_i, \quad i = 1, 2, \cdots, n,$$

其中 $f_j(x_j) = \frac{1}{2}\||x_j + 1| - |x_j - 1|\|$, $1 \leqslant j \leqslant n$, $C_i > 0$, $R_i > 0$ 分别表示电容、电阻, x_i 表示电压, I_i 表示电流, u_j 表示输入电压. 随后, 细胞神经网络的形式不断地得到推广, 并在图像和电视信号处理、机器人和生物视觉、高级脑功能、求解偏

微分方程、求解代数方程、超混沌同步等领域得到了广泛的应用. 上述两类神经网络 (HNNs, CNNs) 的一般形式可以用下列微分方程描述:

$$\frac{dx_i(t)}{dt} = -c_i x_i(t) + \sum_{j=1}^{n} a_{ij} f_j(x_j(t)) + I_i, \quad i = 1, 2, \cdots, n, \qquad (21.1)$$

其中 $c_i > 0$.

1987 到 1988 年间 Kosko 提出了如下双向联想记忆模型 (BAM 神经网络):

$$\begin{cases} \dfrac{dx_i(t)}{dt} = -x_i(t) + \sum_{j=1}^{m} b_{ij} S(y_j(t)) + I_i, \\[3mm] \dfrac{dy_i(t)}{dt} = -y_i(t) + \sum_{j=1}^{m} b_{ij} S(x_j(t)) + J_i, \end{cases}$$

其中 $i = 1, 2, \cdots, m$, 网络有 I 和 J 两层构成, 每层由 m 个神经元组成, x_i 表示当外部的输入为 I_i 时第 I 层的 m 个神经元的记忆潜能, y_i 表示当外部的输入为 J_i 时第 J 层的 m 个神经元的记忆潜能, 两层之间通过和式连接, 其模型采用了异联想的原理, 网络进行联想时, 网络状态在两层神经元之间来回传递, 模仿人脑异联想思维方式.

1988 年 Cohen 和 Grossberg 提出了 Cohen-Grossberg 竞争网络模型, 即

$$\frac{dx_i(t)}{dt} = d_i(x_i(t)) \left[-b_i(x_i(t)) + \sum_{j=1}^{n} a_{ij} g_j(x_j(t)) + I_i \right], \quad i = 1, 2, \cdots, n, \quad (21.2)$$

其中 $n \geqslant 2$ 表示网络中神经元的个数, x_i 表示第 i 个神经元的状态, $d_i(x_i)$ 表示放大函数, $b_i(x_i)$ 表示固有函数, a_{ij} 表示网络内部各神经元的接触强度, g_j 表示激活函数. Cohen-Grossberg 网络模型具有一般性, 它包含了许多神经网络模型, 如 HNNs 和 CNNs.

1996 年, Tao Yang, Lin-Bao Yang 等首先提出并研究了如下模糊细胞神经网络 (FCNNs):

$$\begin{aligned} C\frac{dx_{ij}}{dt} = & -\frac{x_{ij}}{R_x} + \sum_{C_{kl} \in N_r(i,j)} A(i,j;k,l) y_{kl} + \sum_{C_{kl} \in N_r(i,j)} B(i,j;k,l) u_{kl} + I \\ & + \bigwedge_{C_{kl} \in N_r(i,j)} A_{f_{\min}}(i,j;k,l) y_{kl} + \bigvee_{C_{kl} \in N_r(i,j)} A_{f_{\max}}(i,j;k,l) y_{kl} \\ & + \bigwedge_{C_{kl} \in N_r(i,j)} B_{f_{\min}}(i,j;k,l) u_{kl} + \bigvee_{C_{kl} \in N_r(i,j)} B_{f_{\max}}(i,j;k,l) u_{kl}, \end{aligned}$$

其中 $1 \leqslant i \leqslant M$, $1 \leqslant j \leqslant N$, $A_{f_{\min}}(i,j;k,l)$, $A_{f_{\max}}(i,j;k,l)$, $B_{f_{\min}}(i,j;k,l)$, $B_{f_{\max}}(i,j;k,l)$ 分别为最小模糊反馈模板元、最大模糊反馈模板元、最小模糊前馈模板元、最大模糊前馈模板元, $A(i,j;k,l)$ 和 $B(i,j;k,l)$ 分别为反馈模板元和前馈模板元, $\bigwedge$ 和 $\bigvee$ 分别表示模糊 AND 和模糊 OR, x_{ij}, y_{ij}, u_{ij}, I 分别表示细胞 C_{ij} 的状态、输出、输入和偏差.

随着科学技术的不断进步以及对神经网络模型研究的不断深入, 最近 10 年来, 一些改进的神经网络模型不断涌现, 例如, 时滞 Hopfield 型神经网络、时滞 Cohen-Grossberg 型神经网络、随机神经网络、竞争神经网络、反应扩散神经网络、脉冲神经网络等. 通过对这些模型的深入分析和研究, 对充实神经网络的理论和应用提供了新的思想、方法和手段.

21.1　细胞神经网络模型的平衡点和稳定性

这里我们首先给出模型 (21.1) 的平衡点存在性及其稳定性分析. 对于模型 (21.1), 我们引入如下假设:

(H_1) 激活函数 $f_i(i = 1,2,\cdots,n)$ 在 R 上有界.

(H_2) 激活函数 $f_i(i = 1,2,\cdots,n)$ 在 R 上满足 Lipschitz 条件, 即存在常数 μ_i 使得对任意的 $u,v \in R$ 有

$$|f_i(u) - f_i(v)| \leqslant \mu_i |u - v|.$$

另外, 在本节中, 我们需要如下不等式, 即 Young 不等式.

引理 21.1　假设 $a > 0$, $b > 0$, $p > 1$, $q > 1$ 且 $\dfrac{1}{p} + \dfrac{1}{q} = 1$, 则下列不等式成立:

$$ab \leqslant \frac{1}{p}a^p + \frac{1}{q}b^q.$$

关于模型 (21.1) 平衡点的存在性, 我们有如下结论.

定理 21.1　在假设条件 (H_1) 下, 模型 (21.1) 至少存在一个平衡点.

证明　由 (H_1), 存在常数 $M > 0$ 使得对任意的 $s \in R$ 满足 $|f_i(s)| \leqslant M$. 记

$$K = \max_{1 \leqslant i \leqslant n} \left(\sum_{j=1}^{n} \frac{|a_{ij}|}{c_i} M + \frac{|I_i|}{c_i} \right),$$

$$\Omega = \{(x_1, x_2, \cdots, x_n)^{\mathrm{T}} \in R^n : |x_i| \leqslant K,\ i = 1,2,\cdots,n\}.$$

显然, $\Omega \subset R^n$ 是一个有界闭凸子集. 在 Ω 上定义映射 $F : \Omega \to R^n$ 如下: 对任意的 $x \in \Omega$,

$$F(x) = Bf(x) + I,$$

其中, $B = \left(\dfrac{a_{ij}}{c_i}\right)_{n \times n}$, $I = \left(\dfrac{I_1}{c_1}, \dfrac{I_2}{c_2}, \cdots, \dfrac{I_n}{c_n}\right)$, $f(x) = (f_1(x_1), f_2(x_2), \cdots, f_n(x_n))^{\mathrm{T}}$. 那么 $F(x)$ 的第 i 个分量满足

$$F_i(x) = \sum_{j=1}^{n} \frac{a_{ij}}{c_i} f_j(x_j) + \frac{I_i}{c_i}, \quad i = 1, 2, \cdots, n.$$

根据假设 (H_1), 我们有

$$|F_i(x)| \leqslant \sum_{j=1}^{n} \frac{|a_{ij}|}{c_i} |f_j(x_j)| + \frac{|I_i|}{c_i} \leqslant \sum_{j=1}^{n} \frac{|a_{ij}|}{c_i} M + \frac{|I_i|}{c_i} \leqslant K,$$

这表明 F 是映 Ω 到自身的映射. 根据 Brouwer 不动点定理, F 至少存在一个不动点 $x^* = (x_1^*, x_2^*, \cdots, x_n^*)^{\mathrm{T}}$, 即

$$F(x^*) = Bf(x^*) + I = x^*,$$

亦即

$$c_i x_i^* = \sum_{j=1}^{n} a_{ij} f_j(x_j^*) + I_i, \quad i = 1, 2, \cdots, n.$$

所以, 模型 (21.1) 至少存在一个平衡点 $x^* = (x_1^*, x_2^*, \cdots, x_n^*)^{\mathrm{T}}$. 定理证毕.

定理 21.2　假设 (H_1) 和 (H_2) 成立. 若存在常数 γ_i 使得对每一个 $i = 1, 2, \cdots, n$ 有

$$2c_i > \sum_{j=1}^{n} \mu_j |a_{ij}| + \sum_{j=1}^{n} \frac{\gamma_j}{\gamma_i} \mu_i |a_{ji}|, \tag{21.3}$$

则模型 (21.1) 的平衡点 x^* 是全局渐近稳定的.

证明　由不等式 (21.3) 得知, 存在正常数 $\sigma > 0$ 使得

$$2c_i - \sum_{j=1}^{n} \mu_j |a_{ij}| - \sum_{j=1}^{n} \frac{\gamma_j}{\gamma_i} \mu_i |a_{ji}| \geqslant \sigma, \quad i = 1, 2, \cdots, n. \tag{21.4}$$

做变换 $y_i(t) = x_i(t) - x_i^*$ $(i = 1, 2, \cdots, n)$, 由模型 (21.1) 我们得到

$$\dot{y}_i(t) = -c_i y_i(t) + \sum_{j=1}^{n} a_{ij}(f_j(y_j(t) + x_j^*) - f_j(x_j^*)), \quad i = 1, 2, \cdots, n. \tag{21.5}$$

构造如下 Lyapunov 函数

$$V(t) = \sum_{i=1}^{n} \gamma_i y_i^2(t),$$

显然, $V(t)$ 在 R^n 上是定正的, 具有无穷小上界和无穷大性质. 由假设 (H₂) 和不等式 (21.4), 计算 $V(t)$ 关于 (21.5) 的全导数, 我们得到

$$
\begin{aligned}
\dot{V}(t) &= 2\sum_{i=1}^{n} \gamma_i y_i(t) \dot{y}_i(t) \\
&= -2\sum_{i=1}^{n} \gamma_i c_i y_i^2(t) + 2\sum_{i=1}^{n}\sum_{j=1}^{n} \gamma_i a_{ij} y_i(t)(f_j(y_j(t)+x_j^*) - f_j(x_j^*)) \\
&\leqslant -2\sum_{i=1}^{n} \gamma_i c_i y_i^2(t) + 2\sum_{i=1}^{n}\sum_{j=1}^{n} \gamma_i \mu_j |a_{ij}||y_i(t)||y_j(t)| \\
&\leqslant -2\sum_{i=1}^{n} \gamma_i c_i y_i^2(t) + \sum_{i=1}^{n}\sum_{j=1}^{n} \gamma_i \mu_j |a_{ij}|(y_i^2(t)+y_j^2(t)) \\
&= -\sum_{i=1}^{n} \gamma_i \left(2c_i - \sum_{j=1}^{n} \mu_j |a_{ij}| - \sum_{j=1}^{n} \frac{\gamma_j}{\gamma_i} \mu_i |a_{ji}| \right) y_i^2(t) \\
&\leqslant -\sigma V(t).
\end{aligned}
$$

显然, 全导数 $\dot{V}(t)$ 在 R^n 上是定负的. 于是根据 Lyapunov 全局稳定性定理得知, 模型 (21.1) 的平衡点 x^* 是全局渐近稳定的. 定理证毕.

作为定理 21.2 的一个简单推广, 我们进一步有下面的结论.

定理 21.3 假设 (H₁) 和 (H₂) 成立. 若存在常数 γ_i 和正整数 $p \geqslant 1$ 使得对每一个 $i = 1, 2, \cdots, n$ 有

$$
pc_i > (p-1)\sum_{j=1}^{n} \mu_j |a_{ij}| + \sum_{j=1}^{n} \frac{\gamma_j}{\gamma_i} \mu_i |a_{ji}|, \tag{21.6}
$$

则模型 (21.1) 的平衡点 x^* 是全局渐近稳定的.

证明 由不等式 (21.6) 得知, 存在正常数 $\sigma > 0$ 使得

$$
pc_i - (p-1)\sum_{j=1}^{n} \mu_j |a_{ij}| - \sum_{j=1}^{n} \frac{\gamma_j}{\gamma_i} \mu_i |a_{ji}| \geqslant \sigma, \quad i = 1, 2, \cdots, n. \tag{21.7}
$$

做变换 $y_i(t) = x_i(t) - x_i^*$ $(i = 1, 2, \cdots, n)$, 由模型 (21.1) 我们得到

$$
\dot{y}_i(t) = -c_i y_i(t) + \sum_{j=1}^{n} a_{ij} \Big(f_j(y_j(t)+x_j^*) - f_j(x_j^*) \Big), \quad i = 1, 2, \cdots, n. \tag{21.8}
$$

构造如下 Lyapunov 函数

$$
V(t) = \sum_{i=1}^{n} \gamma_i |y_i(t)|^p,
$$

显然, $V(t)$ 在 R^n 上是定正的, 具有无穷小上界和无穷大性质. 计算 $V(t)$ 关于 (21.8) 的全导数, 由假设 (H_2), 不等式 (21.7) 和引理 21.1, 我们得到

$$\dot{V}(t) = p \sum_{i=1}^{n} \gamma_i |y_i(t)|^{p-1} D^+ y_i(t)$$

$$= -p \sum_{i=1}^{n} \gamma_i c_i |y_i(t)|^p + p \sum_{i=1}^{n} \sum_{j=1}^{n} \gamma_i a_{ij} \operatorname{sign}(y_i(t)) |y_i(t)|^{p-1}$$

$$\cdot (f_j(y_j(t) + x_j^*) - f_j(x_j^*))$$

$$\leqslant -p \sum_{i=1}^{n} \gamma_i c_i |y_i(t)|^p + p \sum_{i=1}^{n} \sum_{j=1}^{n} \gamma_i \mu_j |a_{ij}| |y_i(t)|^{p-1} |y_j(t)|$$

$$\leqslant -p \sum_{i=1}^{n} \gamma_i c_i |y_i(t)|^p + p \sum_{i=1}^{n} \sum_{j=1}^{n} \gamma_i \mu_j |a_{ij}| \left(\frac{p-1}{p} |y_i(t)|^p + \frac{1}{p} |y_j(t)|^p \right)$$

$$= -\sum_{i=1}^{n} \gamma_i \left(p c_i - (p-1) \sum_{j=1}^{n} \mu_j |a_{ij}| - \sum_{j=1}^{n} \frac{\gamma_j}{\gamma_i} \mu_i |a_{ji}| \right) |y_i(t)|^p$$

$$\leqslant -\sigma V(t).$$

这表明全导数 $\dot{V}(t)$ 在 R^n 上是定负的. 根据 Lyapunov 全局稳定性定理得知, 模型 (21.1) 的平衡点 x^* 是全局渐近稳定的. 定理证毕.

下面我们通过一个例子来说明上述定理的具体应用.

例 21.1 考虑如下二元神经网络模型

$$\begin{cases} \dot{x}_1(t) = -c_1 x_1(t) + a_{11} f_1(x_1) + a_{12} f_2(x_2) + I_1, \\ \dot{x}_2(t) = -c_2 x_2(t) + a_{21} f_1(x_1) + a_{22} f_2(x_2) + I_2, \end{cases} \tag{21.9}$$

其中 $c_1 = 1.8$, $c_2 = 2$, $f_1(u) = f_2(u) = \dfrac{1}{2}(|u+1| - |u-1|)$, $I_1 = 1.8$, $I_2 = -2.5$ 且

$$A = (a_{ij})_{2 \times 2} = \begin{bmatrix} 1.0 & 0.8 \\ -0.3 & -1.5 \end{bmatrix}.$$

显然, 激活函数 f_1 和 f_2 是有界的, 那么根据定理 21.1 得知, 模型 (21.9) 存在平衡点. 利用 Matlab 计算得知, 模型 (21.9) 的平衡点是 $x^* = (1.2, -0.8)^{\mathrm{T}}$.

另一方面, 对任意的 $i = 1, 2$ 和 $u, v \in R$,

$$|f_i(u) - f_i(v)| = \frac{1}{2} |(|u+1| - |u-1|) - (|v+1| - |v-1|)|$$

$$= \frac{1}{2} |(|u+1| - |-1-v|) - (|u-1| - |1-v|)|$$

$$\leqslant \frac{1}{2}||u+1|-|-1-v|| + \frac{1}{2}||u-1|-|1-v||$$

$$\leqslant |u-v|,$$

这表明激活函数满足 Lipschitz 条件, 即模型 (21.9) 满足假设 (H_2) 且 $\mu_1 = \mu_2 = 1$. 取 $\gamma_1 = 1$, $\gamma_2 = 2$, 则有

$$2c_1 - \sum_{j=1}^{2}\mu_j|a_{1j}| - \sum_{j=1}^{2}\frac{\gamma_j}{\gamma_1}\mu_1|a_{j1}| = 0.2,$$

$$2c_2 - \sum_{j=1}^{2}\mu_j|a_{2j}| - \sum_{j=1}^{2}\frac{\gamma_j}{\gamma_2}\mu_2|a_{j2}| = 0.3.$$

从以上两个不等式看出条件 (21.3) 成立, 那么根据定理 21.2, 平衡点 x^* 是全局渐近稳定的. 在图 21.1 中, 模型 (21.9) 的以不同初值出发的解最终都趋向于平衡点 x^*, 这进一步表明了 x^* 是全局渐近稳定的.

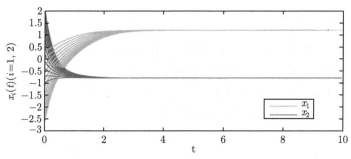

图 21.1　　模型 (21.9) 的平衡点 x^* 的渐近稳定性

21.2　Cohen-Grossberg 神经网络模型的平衡点和稳定性

现在, 我们讨论如下 Cohen-Grossberg 神经网络模型 (21.2) 的平衡点存在性及其稳定性分析. 首先, 我们引入如下假设:

(H_3) 对每个 $i = 1, 2, \cdots, n$, 存在正常数 $\underline{d}_i$ 和 $\bar{d}_i$ 使得对任意的 $u \in R$ 有 $0 < \underline{d}_i \leqslant d_i(u) \leqslant \bar{d}_i$.

(H_4) 每个激活函数 g_i 在 R 上有界且满足 Lipschitz 条件, 即存在常数 $M_i > 0$ 和 $G_i > 0$ 使得对任意的 $u, v \in R$ 有

$$|g_i(u)| \leqslant M_i, \quad |g_i(u) - g_i(v)| \leqslant G_i|u-v|.$$

(H$_5$) 函数 $b_i(u)$ 在 R 上连续并且存在常数 $b_i > 0$ 使得对任意的实数 $u \neq v$ 有

$$\frac{b_i(u) - b_i(v)}{u - v} \geqslant b_i, \quad i = 1, 2, \cdots, n.$$

关于模型 (21.2) 平衡点的存在性, 我们有如下结论.

定理 21.4　在假设 (H$_3$)—(H$_5$) 下, 模型 (21.2) 至少存在一个平衡点.

证明　显然, 如果存在常向量 $x^* = (x_1^*, \cdots, x_n^*)^{\mathrm{T}}$ 使得

$$-b_i(x_i^*) + \sum_{j=1}^{n} a_{ij} f_j(x_j^*) + I_i = 0, \quad i = 1, 2, \cdots, n,$$

那么 x^* 必为模型 (21.2) 的一个平衡点.

另一方面, 对任意的 $u \in R$, 由 (H$_5$) 知, 函数 $b_i(u)$ 存在连续单增的反函数 $b_i^{-1}(s)$. 为了方便, 定义

$$P_i = \sum_{j=1}^{n} |a_{ij}| M_i + |I_i|, \ i = 1, 2, \cdots, n, \quad D_i = \max_{s \in [-P_i, P_i]} |b_i^{-1}(s)|,$$

$$D = [-D_1, D_1] \times [-D_2, D_2] \times \cdots \times [-D_n, D_n].$$

显然, D 是 R^n 上的有界闭凸子集. 对 $x \in D$, 考虑如下映射

$$h_i(x) = b_i^{-1} \left(\sum_{j=1}^{n} a_{ij} f_j(x_j) + I_i \right), \quad i = 1, 2, \cdots, n.$$

则 $|h_i(x)| \leqslant D_i$, $i = 1, 2, \cdots, n$, 即映射 $(h_1, h_2, \cdots, h_n)^{\mathrm{T}}$ 是映 D 到自身的映射. 根据 Brouwer 不动点定理, 存在 $x^* = (x_1^*, x_2^*, \cdots, x_n^*)^{\mathrm{T}}$ 使得

$$b_i^{-1} \left(\sum_{j=1}^{n} a_{ij} f_j(x_j^*) + I_i \right) = x_i^*, \quad i = 1, 2, \cdots, n,$$

即

$$-b_i(x_i^*) + \sum_{j=1}^{n} a_{ij} f_j(x_j^*) + I_i = 0, \quad i = 1, 2, \cdots, n.$$

故模型 (21.2) 至少存在一个平衡点 x^*. 定理证毕.

定理 21.5　在假设 (H$_3$)—(H$_5$) 下, 如果存在常数 $\gamma_i > 0$ 使得

$$b_i > \sum_{j=1}^{n} \frac{\gamma_j}{\gamma_i} G_i |a_{ji}|, \quad i = 1, 2, \cdots, n, \tag{21.10}$$

则模型 (21.2) 的平衡点 x^* 是全局渐近稳定的.

证明 由条件 (21.10) 知存在常数 $\sigma > 0$ 使得对任意的 $i = 1, 2, \cdots, n$ 有

$$b_i - \sum_{j=1}^n \frac{\gamma_j}{\gamma_i} G_i |a_{ji}| > \sigma.$$

作变换 $y_i(t) = x_i(t) - x_i^*$ $(i = 1, 2, \cdots, n)$, 由模型 (21.2) 我们得到

$$\frac{dy_i(t)}{dt} = d_i(y_i(t) + x_i^*) \Bigg[-(b_i(y_i(t) + x_i^*) - b_i(x_i^*))$$
$$+ \sum_{j=1}^n a_{ij}(g_j(y_j(t) + x_j^*) - g_j(x_j^*)) \Bigg], \quad i = 1, 2, \cdots, n. \tag{21.11}$$

构造如下形式的 Lyapunov 函数

$$V(t) = \sum_{i=1}^n \gamma_i \mathrm{sign}(y_i(t)) \int_0^{y_i(t)} \frac{1}{d_i(s + x_i^*)} ds.$$

由假设 (H$_3$) 得到

$$\sum_{i=1}^n \frac{\gamma_i}{\underline{d}_i} |y_i(t)| \geqslant V(t) \geqslant \sum_{i=1}^n \frac{\gamma_i}{\overline{d}_i} |y_i(t)|.$$

由此得知, $V(t)$ 在 R^n 上是定正的, 具有无穷小上界和无穷大性质. 根据假设 (H$_4$), (H$_5$) 和条件 (21.10), 计算 $V(t)$ 关于 (21.11) 的全导数, 我们得到

$$\dot{V}(t) = \sum_{i=1}^n \gamma_i \mathrm{sign}(y_i(t)) \frac{\dot{y}_i(t)}{d_i(y_i(t) + x_i^*)}$$
$$= \sum_{i=1}^n \gamma_i \mathrm{sign}(y_i(t)) \Bigg[-(b_i(y_i(t) + x_i^*) - b_i(x_i^*))$$
$$+ \sum_{j=1}^n a_{ij}(g_j(y_j(t) + x_j^*) - g_j(x_j^*)) \Bigg]$$
$$\leqslant -\sum_{i=1}^n \gamma_i b_i |y_i(t)| + \sum_{i=1}^n \sum_{j=1}^n \gamma_i |a_{ij}| |g_j(y_j(t) + x_j^*) - g_j(x_j^*)|$$
$$\leqslant -\sum_{i=1}^n \gamma_i b_i |y_i(t)| + \sum_{i=1}^n \sum_{j=1}^n \gamma_i G_j |a_{ij}| |y_j(t)|$$
$$= \sum_{i=1}^n \gamma_i \Bigg(-b_i + \sum_{j=1}^n \frac{\gamma_j}{\gamma_i} G_i |a_{ji}| \Bigg) |y_i(t)|$$

$$\leqslant -\sigma \sum_{i=1}^{n} \gamma_i |y_i(t)|,$$

这表明全导数 $\dot{V}(t)$ 在 R^n 上是定负的. 于是根据 Lyapunov 全局稳定性定理得知, 模型 (21.2) 的平衡点 x^* 是全局渐近稳定的. 定理证毕.

下面通过一个实例来说明定理 21.4 和定理 21.5 的具体应用.

例 21.2　考虑如下二元 Cohen-Grossberg 型神经网络模型

$$\begin{cases} \dot{x}_1(t) = d_1(x_1(t))(-b_1 x_1(t) + a_{11}g_1(x_1) + a_{12}g_2(x_2) + I_1), \\ \dot{x}_2(t) = d_2(x_1(t))(-b_2 x_2(t) + a_{21}g_1(x_1) + a_{22}g_2(x_2) + I_2), \end{cases} \tag{21.12}$$

其中, $d_1(u) = 2 - \sin(u)$, $d_2(u) = 1.5 + \cos(u)$, $g_1(u) = \sin(u)$, $g_2(u) = \tanh(u)$, $b_1 = b_2 = 2$, $I_1 = -1.2$, $I_2 = 0.8$, 并且

$$A = (a_{ij})_{2\times2} = \begin{bmatrix} -1.2 & -1.0 \\ 0.7 & 0.9 \end{bmatrix}.$$

容易看出, $1 \leqslant d_1(u) \leqslant 3$, $0.5 \leqslant d_2(u) \leqslant 2.5$, 所以模型 (21.12) 满足假设 (H₃). 显然, 激活函数 g_1 和 g_2 在 R 上有界并满足 Lipschitz 条件, Lipschitz 常数都为 1. 同时, $b_1(u) = b_2(u) = 2u$, 显然满足条件 (H₅). 由定理 21.4 得知, 模型 (21.12) 存在平衡点. 通过 Matlab 计算得知, 平衡点为 $x^* = (-0.5026, 0.4039)^{\mathrm{T}}$.

另一方面, 选取 $\gamma_1 = \gamma_2 = 1$, 则

$$b_1 - \sum_{j=1}^{2} \frac{\gamma_j}{\gamma_1} G_1 |a_{j1}| = 0.1, \quad b_2 - \sum_{j=1}^{2} \frac{\gamma_j}{\gamma_2} G_2 |a_{j2}| = 0.1.$$

这表明条件 (21.10) 成立, 根据定理 21.5, 模型 (21.12) 的平衡点 x^* 是全局渐近稳定的. 在图 21.2 中, 模型 (21.12) 的以不同初值出发的解最终都趋向于平衡点 x^*, 这进一步表明了 x^* 是全局渐近稳定的.

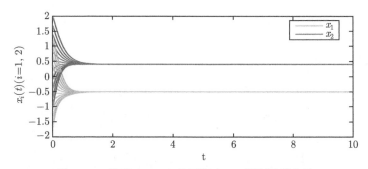

图 21.2　模型 (21.12) 的平衡点 x^* 的渐近稳定性

参 考 文 献

[1] Yoshizawa T. 稳定性理论与周期解和概周期解的存在性. 郑祖麻, 陈纪鹏, 张书年, 译. 南宁: 广西人民出版社, 1985.

[2] 廖晓昕. 稳定性的理论、方法和应用. 武汉: 华中科技大学出版社, 1999.

[3] 张锦炎, 冯贝叶. 常微分方程几何理论与分支问题. 北京: 北京大学出版社, 2000.

[4] 黄琳. 稳定性理论. 北京: 北京大学出版社, 1992.

[5] 陈兰荪. 数学生态学模型与研究方法. 北京: 科学出版社, 1988.

[6] 马知恩, 周义仓, 王稳地, 靳祯. 传染病动力学的数学建模与研究. 北京: 科学出版社, 2004.

[7] Miller R K, Michel A N. Ordinary Differential Equations. Waltham: Academic Press, 1982.

[8] Barbashin E A. Introduction in Stability Theory. Moscow: Science Publishing House "Hayka", 1967.

[9] Rouche N, Habets P, Laloy M. Stability Theory by Lyapunov's Direct Method. Berlin: Springer-Verlag, 1977.

[10] Bhatia N P, Szego G P. Stability Theory of Dynamical Systems. Berlin, New York: Springer-Verlag, 1988.

[11] LaSalle J P. Stability of Dynamical Systems. Philadelphia: Society of Industrial and Applied Mathematics, 1976.

[12] 尤秉礼. 常微分方程补充教程. 北京: 人民教育出版社, 1981.

[13] 王高雄, 周之铭, 朱思铭, 王寿松. 常微分方程. 3 版. 北京: 高等教育出版社, 2006.

《生物数学丛书》已出版书目